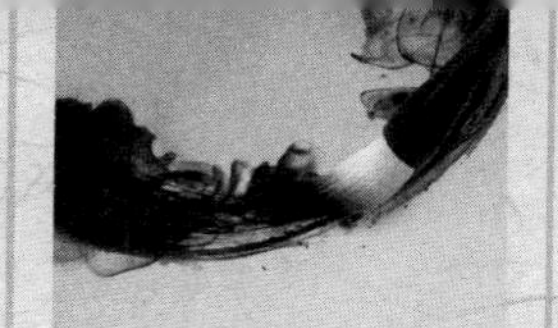

黄河石林与龙文化

滕　力◎著

HUANGHE SHILIN YU
LONG WENHUA

敦煌文艺出版社

图书在版编目（CIP）数据

黄河石林与龙文化 / 滕力著. -- 兰州 : 敦煌文艺出版社, 2020.12（2021.8重印）
ISBN 978-7-5468-1958-7

Ⅰ. ①黄… Ⅱ. ①滕… Ⅲ. ①石林－地质－国家公园－介绍－景泰县②龙－民族文化－中国 Ⅳ. ①S759.93 ②B933

中国版本图书馆CIP数据核字（2020）第168445号

黄河石林与龙文化
滕力 著

责任编辑：尚再宗
装帧设计：王林强

敦煌文艺出版社出版、发行
地址：（730030）兰州市城关区曹家巷1号新闻出版大厦
邮箱：dunhuangwenyi1958@163.com
0931-8152307（编辑部）
0931-8120135（发行部）

三河市嵩川印刷有限公司印刷
开本 710毫米×1000毫米 1/16 印张 17.75 插页 3 字数 300 千
2021年4月第1版 2021年8月第2次印刷
印数：2001~4000

ISBN 978-7-5468-1958-7
定价：68.00元

图 1　黄河石林

图 2　苍鹰回首

图 3　金龙一线天

图 4　观音打坐

图 5　西天取经

前言 Preface

黄河，中华民族的母亲河，华夏文明的摇篮。黄河流域孕育出与尼罗河文明、两河文明、恒河文明等一样璀璨夺目的黄河文明。在中国古代文明的发展中，黄河文明是最有代表性、最具影响力的主体文明。原中共甘肃省委党校常务副校长范鹏教授说："从人文地理的角度来说，黄河在甘肃这一段正好是华夏文明与中华民族形成的地方，黄河两岸支流密布，在这种支流与干流形成和演化的过程中，孕育出了中华民族和中国文化。所以我们把黄河称为'母亲河'。黄河作为'母亲河'，最重要的一段应该是西北地区这一段，这一段可称之为华夏文明的源头。所以黄河文明、黄河文化实际上就是中华文明和中华文化的源头。"

中国的许多历史记载与文化传承都来自黄河文明，其中有真实的历史史实，也有难以置信的古史传说。但这些都是一代代远古先民记忆的缩影，里面包含了华夏民族的形成、氏族部落的兴衰、农耕技术的发展、王权社会的建立、历法制度的滥觞、宗教礼制的出现。尤其是"万姓同根，万宗同源"的宗亲观念，使得诞生了伏羲、炎帝和黄帝等华夏先祖的黄河流域成为海内外亿万华人心目中姓氏、宗族、家庭的根脉之地。根据考古发现，大地湾文化、裴李岗文化、仰韶文化、马家窑文化、二里头文化等在时间与文化序列上保持了毋庸置疑的连续性与关联性。黄河文明的传承不仅是整个中华民族历史的传承，也是华夏民族集体记忆的延续。

中华远古黄河文明的正式兴起，是源于神秘的太极图。大约在8000—7000年前，正是母系社会的繁荣时代，在黄河流域古龙山（今陇山）的西麓，即今天的大地湾一带，诞生了一位始创文明的伟大历史人物——伏羲。相传，伏羲在渭水河畔得到了龙龟，从马衔山（古空同山）天池历尽艰辛，奔腾湍急的渭河送来的"天生神物"——太极图，此图又被称为"天书龙图"。经过长期观察研究，伏羲根据太极图创制了先天八卦，开启了中华民族的灿烂文明历史。《周易·系辞上》："是故易有太极，是生两仪。两仪生四象，四象生八卦。八卦定吉凶，吉凶生大业。"伏羲从而成为华夏民族的人文始祖，太极八卦也就成为中华民族的文化本源。

伏羲八卦是人类文明的瑰宝，是宇宙间的一个高级"信息库"。用八卦可以推演出许多事物的变化，预测事物的发展，用八卦解释天地万物的演化规律和人伦秩序。八卦中的乾为天，坤为地，坎为水，离为火，震为雷，巽为风，艮为山，兑为泽，本是宇宙间八种自然现象，它标志着人类对大自然的认识。伏羲八卦，从表层结构上看，伏羲八卦是标志着宇宙间八种自然现象。但是，在其深层结构中，却是以符号语言传递了远古各种不同类别和形状龙的起源以及龙族生活环境地的信息。

伏羲出于对龙的敬仰和崇拜，将龙奉为本部族的图腾神。《左传·昭公十七年》载："大皞氏以龙纪，故为龙师而龙名。"《竹书纪年》记："太昊伏羲氏，风姓之祖也，有龙瑞，故以龙命官。"《路史》曰："太昊伏羲氏以龙纪官，百师服，皆以龙名。"《史记·补三皇本纪》云："伏羲有龙瑞，以龙纪官，号曰龙师。"北宋刘恕《通鉴外纪》记载："太昊时有龙马负图瑞出于河，因而名官，始以龙纪，号曰龙师。命朱襄为飞龙氏，造书契；昊英为潜龙氏，造甲历；大庭为居龙氏，治居庐；浑沌为降龙氏，驱民害；阴康为土龙氏，治田里；栗陆为北龙氏，繁殖草木，疏导源泉。"《纲鉴易知录》记述：太昊伏羲氏立"春官为青龙氏，夏官为赤龙氏，秋官为白龙氏，冬官为黑龙氏，中官为黄龙氏"。

自从伏羲将龙奉为本部族的图腾神后，龙便成了中国最古老最著名的图腾之神。龙图腾的形成，象征了中华民族主体血脉的汇聚和文化的奠基。龙作为中国的一种文化现象——龙文化，有着极其深厚的内涵。龙文化是黄河文化的重要组成部分，是中国古代传统文化的精髓。龙文化自从形成后，就一直在中国优秀传统文化中得到传承和弘扬。如《易经》乾卦六爻爻辞关于"潜龙勿用"、"见龙在田"、"或跃在渊"、"飞龙在天"、"亢龙"、"见群龙无首"的论述和《易传·文言》对"六龙态"的进一步阐述就是有力佐证。《道德经》："道生一，一生二，二生三，三生万物。万物负阴而抱阳，冲气以为和。"中国文明起源的过程，也是龙文化形成的过程。龙文化的内容不仅在浩瀚古籍中有着多角度体现，而且龙的形象又以历史文化为背景、以文物实体、龙神话为载体出现。

神话本身构成一种独立的实体性文化。神话通常体现着一种民族文化的原始意象，而其深层结构中，深刻地体现着一个民族的早期文化，并在以后的历史进程中，积淀在民族精神的底层，转变为一种自律性的集体无意识性，深刻地影响和左右着文化整体的全部发展。在这个意义上，对上古神话的研究，就绝不仅仅是一种纯文学性的研究。这乃是对一个民族的民族心理、民族文化和民族历史最深层结构的研究——对一种文化之根的挖掘和求索。

龙神话是中国古代神话的重要组成部分，是中华龙文化传承的重要载体之一。黄河流经白银大地，在这一流域形成了一个大S形，黄河石林就像一个巨大的龙龟，伏卧于这个大S形的中心，仿佛正在向人们述说着这里隐藏的龙文化及其传说与故事。

滕　力

2018年3月于靖远

第一章　龙脉交汇

第二章　盘龙洞窟

第三章　龙山龙文

第四章　太极圣地

第五章　黄河龙神

第六章　汉武西巡

第七章　玄奘取经

第八章　龙凤呈祥

第一章 龙脉交汇

第一章

龙脉交汇

据考证，约250万年前，白银地区气候温暖湿润，河水、溪流由东西南北四方向中心地带的黄河涌流，泉水、湖泊随处可见。原始森林密布，水草茂盛。森林间穿梭着猛犸象、野牛和羚羊；湖泊、溪沟里悠游着蜗牛、鱼儿；花丛中飞舞着鸟儿、蜂儿和蝶儿。随着时间的流逝，由于降水量的减少而向干冷的气候渐变。处于北纬36°地震带的白银辖区曾多次发生大地震，使原来的湖泊隆起而变成山梁。广袤的森林及森林中的大象、野牛、羚羊和湖泊中的动植物随着剧烈地震而被埋入地下，形成了白银丰富的煤炭资源和动植物化石。遍布境内的煤矿、出土的猛犸象牙化石、野牛骨化石、水藻及鱼类化石，便是那时气候、地貌及动植物生存的见证。出土于会宁土高乡的披毛犀化石距今258万年以上。

人类的文明总是以江河、水源为依托，古人“依水而居、逐草而迁”，这是基本的生存法则，世界上最伟大的古代文明都是以大河为线而集中展示的。白银黄河段是灿烂的黄河古文明的重要组成，是白银古文明的脊梁和骨架。黄河流经白银大地，从白银段的西峡口，经乌金峡、红山峡，至黑山峡甘肃与宁夏交界处的南长滩村形成了一个神奇的“S”形曲流，整个白银地区就像一个天然的太极图。在这个太极图的中心，有一座集地貌地质、地质构造、自然景观和龙文化于一体的天下奇观——黄河石林，它巧妙地将古石林群、黄河、沙漠、绿洲、戈壁、农庄结合在一起，完美地呈现了一派世外桃源的景观。（彩图1）

黄河石林生成于210万年前新生代第三纪末期和第四纪初期的地质时代，由于地壳运动、风化、雨蚀等地质作用，形成了以黄色沙砾岩为主，造型千姿百态的石林地貌奇观。古石林群内陡崖凌空，景象万千，峰回路转，步移景变，石柱石笋大多高达80—100米之间，最高可达200多米，形成峭壁、岩柱组成的峰林。

黄河石林与国内其他知名景区相比，以古、奇、雄、险、野、幽见长，充分体现了粗犷、雄浑、朴拙、厚重的西部特色，使游客在回归自然、领略奇异风光的同时，陶冶性情，休养身心。徜徉于黄河石林景区，但见长河抱日，曲流回旋，峨峰接云，石林耸奇，危崖横断，平畴十里，小村安卧，老屋旧椽，新滩故道，浓荫铺地，绿蔽河湾，繁枣满枝，瓜果溢香，水车唱晚，浪遏皮筏。若沿天桥古道拾级登上南山之巅，则峰林、曲流、绿洲、戈壁尽收眼底，让人心旷神怡。而沧桑之变中不曾嬗变的原始力量，峡谷间透出的空灵，阳光里荡漾的繁丽，使人于感悟中慧眼顿开。至于观音崖的凶险，老龙沟的深邃，盘龙洞窟的神奇，清凉寺的幽寂，还有环村十沟的扑朔迷离和峡谷内景象万千、古韵犹存的石林峰柱的磅礴气势，以及整个景区内山的梦幻、河的灵秀、绿洲的静谧、戈壁的逍遥，不仅使人在沉思遐想中忘却烦忧，超脱尘俗，更令人叹为观止、流连忘返。

悠久历史的时空，造化神奇的伟力，撼动山川发育成千姿百态的艺术造型。自然的神工，启迪了人们的智慧，触发了人们的灵感。在这片神奇土地上繁衍生息的人们，用自己的智慧和纯朴善良的思想感情，创造了光辉灿烂的历史文化，积淀了景区深厚的文化底蕴。其实是风与水的杰作，它们联手绘制了叹为观止的峥嵘，奇妙磅礴的景观，把人文的思考渗透进来就是：景区内“雄狮当关”、“苍鹰回首”（彩图2）、“金龙一线天”（彩图3）、“观音打坐”（彩图4）、“神女望月”、“大象吸水”、“西天取经”（彩图5）、“木兰远征”、“千帆竞发”、“月下情侣”、“飞来石”、“五指山”等景点形神兼备，惟妙惟肖，栩栩如生。这些擎天柱地、形态万千的石柱石笋石林，都有一个个美丽神奇的传说。

黄河石林集中国地质地貌之大成，国内罕见，西北独有。黄河与石林，河水映崇山，动静结合，刚柔并济，二者不仅组合成了亘古旷世的独特地貌奇观，而且还蕴含着极其丰富的文化。黄河石林的文化内涵是黄河文化，其核心就是黄河文明。黄河文明不仅是东亚地区，也是世界上唯一延续至今的文明。因为，是龙文化开启了黄河文明的早期阶段，并贯穿于黄河文明的发展阶段和兴盛阶段以至于今。所以说，龙文化是黄河石林的精髓和魂魄。

在中国的风水学中，宇宙间唯山最大，山脉即龙脉，也就是伏羲八卦中的山龙。《管氏地理指蒙》解释说：“指山为龙兮，象形势之腾伏。”意思是说，具有腾伏形势的山脉称为龙脉，强调山势的动态。《阴阳二宅全书》也持同样的看法：“地脉之行止起伏曰龙。”《地理大成》说：“龙者何也？山之脉也……土乃龙之肉，石乃龙之骨，草乃龙之毛。”风水以昆仑山为龙脉之源，是地首。古时便被看作为产生原气之所，认为天下的大山都是昆仑的延伸和支脉。“山龙之散见于地，虽有千万之多，而其龙脉之来，皆出于昆仑。”（刘秉忠《镌地理参补评林图诀备平沙玉尺经》）由此可知，天下龙脉其总发源地在中国的昆仑山，龙脉是龙文化的重要组成部分之一。

唐代杨筠松在《撼龙经》中说：“须弥山（昆仑山）是天地骨，中镇天心为巨物。如人背脊与项梁，生出四肢龙突兀。四支分出四世界，南北东西为四脉。”杨筠松认为，昆仑山是连接天地之间的天柱。从昆仑山分出四支山脉，形成大地的脊梁。地上所有的山脉、河流皆起自昆仑，它是生气之源，物本之源。气脉从昆仑山向全世界扩展，世界风水龙脉（地表山脉、地气）的总发源地在中国的青藏高原，准确地讲在青藏高原西部的帕米尔高原，由青藏——帕米尔高原向西、北、东、南四个方向辐射出世界四条大龙脉。（图1）其中世界东大龙脉即古龙山山脉（今六盘山山脉亦称陇山山脉北段）和中国三大干龙之一的北干龙在黄河石林景区十字交汇，被远古先民视为水龙的黄河巨龙，不仅在这里与世界东大龙脉和古龙山脉相交汇，而且还与古丝绸之路东段的北道也在

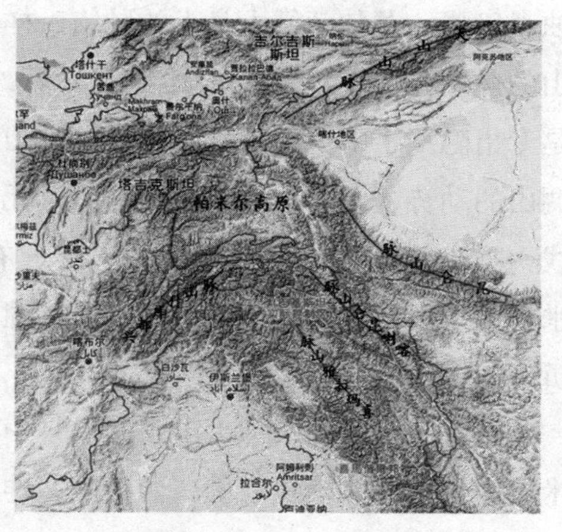

图1 天下龙脉祖山——昆仑山（帕米尔高原）

这里相交汇。古“卍”字符就是这一自然奇观的象征和真实写照，黄河石林就位于这个“卍”十字交汇的中心，使整个黄河石林景区就成了龙脉交汇之地。

一、世界四大龙脉与“卍”字符文化

伏羲先天八卦描述了中国的整体环境，正北方是坤卦，欧亚大陆最广阔的陆地都在中国以北；西北方为艮卦，此方多山，有天下龙脉祖山——昆仑山、华夏龙脉宝山——马衔山；正西方为坎卦，中国的主要河流全部自西而来，坎为流动之水；西南方为巽卦，来自印度洋的西南季风是中国重要的降水来源之一；正南方为乾卦，南方面向赤道越来越火热，纯阳之地；东南方为兑卦，为固定之水——太平洋；正东方为离卦，太阳升起的地方；东北方为震卦，东北地下是太平洋板块深切的地方，多火山与地震，长白山主峰白头山地质史上多次剧烈喷发，都有地质考古作证据，东北正好对应震卦，现在只是人类史上的平静期。

关于中国风水学中的龙脉，明人徐善述、徐善继在《人子须知资孝地理学统宗》中认为：地理家以山名龙，是因为山之变态，千奇百态，或大或小，或起或伏，或逆或顺，或隐或显，蜿蜒起伏，只有龙才具有这样的变化，故名之为龙脉，取其潜现飞跃，变化莫测之意。为何要称为脉呢？是因为人身脉络气血运行，决定了人的禀赋。凡是人之脉络，清者高贵，浊者卑贱。龙脉就像人身上的脉络一样运行不息，如有生气贯注，故审察山的脉络走向，就能识别其吉凶美恶。“龙”主要是指山的外形，“脉”是专指隐藏于山里的生气。故曰：识山易认脉难。把人体之比附于山，强调山的动势，无非就是强调山蕴藏着元气，即生气。龙脉便是宇宙元气如线一样注入人体而潜伏于地中，有起有伏，如人之经脉，外化而为山与水。山虽然静止不动，但一高一低，绵延不绝，如气行于其中；水蜿蜒曲折，依山而行，就像是把山里的气给带了出来。

昆仑山是亚洲中部大山系，也是中国西部山系的主干。该山脉西起帕米尔高原东部，横贯新疆、西藏间，伸延至青海、甘肃境内。中国先秦重要古籍中就有关于昆仑山的记载，《山海经·大荒西经》：“西海之南，流沙之滨，赤水之后，黑水之前，有大山，名曰昆仑之丘。有神，人面虎身，有文有尾，皆白，处之。其下有弱水之渊环之，其外有炎火之山，投物辄然。有人，戴胜，虎齿，有豹尾，穴处，名曰西王母。此山万物尽有。”又《山海经·海内西经》：“海内昆仑之虚在西北，帝之下都。昆仑之虚方八百里，高万仞。上有木禾，长五寻，大五围。面有九井，以玉为槛；面有九门，门有开明兽守之，百神之所在。在八隅之岩，赤水之际，非夷羿莫能上冈之岩。”《尚书》中说：“火炎昆冈，玉石俱焚。”屈原的《楚辞·橘颂》称岷山发源于昆仑山：“凭昆仑以瞰雾露兮，隐岷山以清江。”

昆仑山，准确地应写作“崑崙山”，也有写作“崐崘山”。“昆”是高的意思，是兄长的意思，还有裔群的意思；昆还与“坤”字音义相通，即大地的意思，在大地上还有高山在申，所以昆仑山又称之为神山。昆仑山气势雄伟，是宇宙间最高大的山岭，为宇宙之气所凝结，它气上通天、下通地，山上百神集结。龙脉与昆仑山相通就等于与天上的元气相通，故昆仑山被古人当作是天下的祖山。杨筠松《青囊海角估》云：“山之发根脉从昆仑，昆仑之脉，枝干分明。秉之若五气，合诸五形。天气下降，地气上升，阴阳相配，合乎德刑。四时合序，日月合明。相生相克，祸福悠分。存亡之道，究诸甲庚。天星凶吉，囊括虚盈。”杨筠松第一次把昆仑山作为风水龙脉的祖山，说天下所有的山脉都发脉于此。枝干分明，好像禀赋五气，具备五形。天之气从这里下降，地之气从这里上升。阴阳相配，符合德刑。四时合序，日月合明。主祸福，主存亡，昆仑山浓缩了宇宙的一切生发之道。

在伏羲八卦中，坎卦代表水，西方，为水龙。黄河和长江皆发源于昆仑山，并被远古先民视为两条巨龙，与中国的三大干龙组成“两峡三星”。昆仑山是中国“大江河之源”。昆仑山雪线在海拔 5600 米至 5900 米，雪线以上为终年不化的冰川，冰川面积达到 3000 平方千米以上，是中国的大冰川区之一，冰川融水成为中国几条主要大河的源头，包括长江、黄河、澜沧江（湄公河）、怒江（萨尔温江）和塔里木河。昆仑山这座冰川固体水库的水长年不断地通过黄河、长江、澜沧江、怒江流入到太平洋和印度洋。昆仑山北麓流入塔克拉玛干大沙漠的塔里木河上游有三条干流，西段的叶尔羌河，中段的和田河，东段的车尔臣河。西段叶尔羌河，主要靠公格尔山、慕士塔格山等雪峰上的冰雪融水而成。中段和田河上游有两支流，喀拉喀什河和玉龙喀什河，喀拉喀什河上游雪线附近的降水量达300毫米左右，玉龙喀什河上游的冰雪覆盖面积就达3000平方千米。东段车尔臣河主要靠慕士塔格雪山的融冰流水而成。黄河之源有三曲：扎曲、古宗列曲、卡日曲。扎曲一年之中大部分时间干涸；古宗列曲，仅有一个泉眼，是一个东西长40千米，南北宽约60千米的椭圆形盆地，内有100多个小水泊；卡日曲最长是以五个泉眼开始的，流域面积也最大，在旱季也不干涸，为黄河的正源。此“三曲”均在昆仑山下。

昆仑山古时候便被看作为产生原气之所，古人称昆仑山为万河之源、万山之宗。元人刘秉忠《镌地理参补评林图诀备平沙玉尺经》云：“山龙之散见于地，虽有千万之多，而其龙脉之来，皆出于昆仑。按《搜异录》及《地图志》言昆仑山高一万八千零四十七里，中峰齐天，在中国计之昆仑山则在西北，乾兑（文王八卦）之间，实天下山川之祖。而五岳之入中国，又众山川之太宗也。”对于昆仑这座大山，人们只知道它的高大雄伟，实际上它是中国乃至世界龙脉的发源地。

用远古“卍”字符来描绘世界四条大龙脉的走向，实在是形象而真切。天下龙脉祖山昆仑山居于“卍”的中心，由此而生发的四大龙脉走向世界的东西南北四方。在世界四大龙脉上分别产生了中国文明、印度文明、古巴比伦文明、埃及文明、希腊文明以及玛雅文明。更令人惊奇的是，在世界四大龙脉上不但产生了远古文明，而且还诞生了神奇的“卍”字符。因此，我们说远古“卍”字符，是世界四大龙脉的标识，也是对龙文化的充分彰显。

美国人种学家摩尔根在《古代社会》中说：“姿势及符号语言似乎是原始的东西，是发言分明语言的姐姐……进化了的二者仍然不可分离。姿势语言或说肢体语言以及符号语言和发言分明语言就像姐妹一样，总是相伴而行的。就是人类步入数字化时代，计算机语言普及时，姿势语言和符号语言也没有消失。在时间的隧道里，从远古中走来的卍、十、中国的太极、古埃及的甲壳虫之类的符号，都释放过或还在释放着能量，它们对人类文化产生过正面的或负面的影响。因此，不要怠慢了历史上有过的或者还会产生的符号语言，它告诉你的，比起一个方块字要多得多……”

“卍”字符是世界上最为古老的文化标志，在古代埃及、波斯、希腊、印度、欧洲、西亚及阿尔泰语系民族中，普遍存在“卍”字符崇拜。它除了宗教的含义以外，在世界上不同时期、不同文化中具有不同的象征含义和不同的式样与变体。早在遥远的新石器时代，“卍”字符便已经产生和存在于世界的许多地区。下面我们以世界四大龙脉各自的主要区域走向，来简述其所产生的远古文明和“卍”字符文化：

（一）世界四大龙脉中的南大龙脉是昆仑山之气，由喀喇昆仑山脉通过印度和巴基斯坦北部，入印度而生发高止山，东接缅甸入泰国，经新加坡跨马六甲海峡后，连接印度尼西亚，扩至周边诸国至澳大利亚，至新西兰南大龙气脉才算真正的终止。其支脉生发于印度尼西亚，经马来西亚至菲律宾而止。

印度是世界四大文明古国之一。公元前2500年至1500年之间创造了印度河文明。公元前1500年左右，原居住在中亚的雅利安人中的一支进入南亚次大陆，征服当地土著，建立了一些奴隶制小国，确立了种姓制度，婆罗门教兴起。公元前4世纪崛起的孔雀王朝统一印度，中世纪小国林立，印度教兴起。1600年英国侵入，建立东印度公司。1757年沦为英殖民地。1947年8月15日，印巴分治，印度独立。1950年1月26日，印度共和国成立，为英联邦成员国。

古印度是人类文明的发源地之一，在文学、哲学和自然科学等方面对世界文明做出了独创性的贡献。在文学方面，创作了不朽的史诗《摩诃婆国多》和《罗摩衍那》；在哲学方面，创立了“因明学”，相当于今天的逻辑学；在自然科学方面，最杰出的贡献是发明了16世纪到21世纪世界通用的计数法，创造了包括“0”在内的10个数字符号。所谓阿拉伯数字，实际上起源于印度，然后通过阿拉伯人传播到西方。

古印度文明以其异常丰富、玄奥和神奇深深地吸引着世人，对亚洲诸国包括中国产生过深远的影响。公元前6世纪，这块古老的土地还诞生了世界三大宗教之一的佛教，先后传入中国、朝鲜和日本。中国在西汉时称其为身毒，东汉时改称天竺，到了唐代，高僧玄奘将其译为印度。在古印度，“卍”字符很早就遍见于各处，在雅利安人入侵印度（前2世纪）前，当地印度土著通用的银币上便采用“卍”字符作为标记。

古印度的印度教、耆那教，都以“卍”字符为吉祥的标志，将“卍”字符写在门庭、供物和账本上。在耆那教的宗教仪式上，“卍”字符和宝瓶等是象征吉祥的八件物品之一。“卍”字符在梵文里读音“室利蹉洛刹曩”，意为“致福”，旧译为“吉祥云海相”或“吉祥海云”，即大海与天之间的吉祥象征。佛教把“卍”字符认作‘欢喜天’。在印度，“卍”字符和“卐”字符都有，代表不同的意思。因为它不是一个简单的文化符号，所以在不同的人类社会中使用情况也不同。“卍”字符在今天仍使用在佛教、耆那教中，它代表他们的第七位圣人，“卍”字符的四臂提醒信徒轮回中的四个再生之地：植物或动物、地狱、人间、天堂。

有考古学家认为，“卍”字符可以追溯到印欧民族宗教艺术中的“十字纹”或“太阳纹”。美索不达米亚和古希腊的“卍”字符都可能是古印欧民族的文化烙印。如罗浮宫所藏五千年前的美索不达米亚陶碗，是苏萨坟场出土的古代苏美人陪葬品之一，在这个陶器上，便发现有“卍”字符。（图2）而古代印欧民族在迁移的过程中，在各地都留下了遗迹。其中入侵印度的一族，带去了他们信仰的婆罗门教，也就是印度教的前身。

根据日本国士馆大学光岛督博士的研究，“卍”字符本非文字，公元前八世纪时始见于婆罗门教的记载，乃是主神毗湿笯的胸毛，是称为vatsa的记号而非文字，至公元前三世纪始被用于佛典。“卍”字符是佛的三十二种大人相之一。据《长阿含经》说，它是第十六种大人相，位在佛的胸前。又在《大萨遮尼干子所说经》卷六，说是释迦世尊的第八十种好相，位于胸前。在《十

图2 美索不达米亚陶碗

地经论》第十二卷说，释迦菩萨在未成佛时，胸臆间即有功德庄严金刚卍字相。这就是一般所说的胸臆功德相。但是在《方广大庄严经》卷三，说佛的头发也有五个卍字相。在《有部毗奈耶杂事》第二十九卷，说佛的腰间也有卍字相。“卍”仅是符号，而不是文字。它是表示吉祥无比，称为吉祥海云，又称吉祥喜旋。因此，在《大般若经》第三百八十一卷说：佛的手足及胸臆之前都有吉祥喜旋，以表佛的功德。

一般都会认为“卍”字符是佛教专用的符号，（图 3）其实不然。在世界各地的古代遗址中都发现了“卍”字符的踪迹。在古代的克里特和特洛伊；斯堪的纳维亚、苏格兰、爱尔兰；美洲的印第安土著、中美洲的玛雅文明；阿拉伯、美索不达米亚；罗马和早期的基督教、拜占庭文化以及中国、埃及等等都有发现，“卍”字符出现之广，已经被视为一种普遍的文化现象来研究，人类学家称之为“十字纹”或“太阳纹”，他们认为与早期人类对太阳的信仰有关。

图 3　佛祖胸前的“卍”符

（二）世界四大龙脉中的西大龙脉是昆仑山之气，由兴都库什山脉进入伊朗高原，生发出扎格罗斯山脉，至小亚细亚半岛生发出庞廷山脉和托罗斯山脉，过爱琴海入巴尔干半岛后，经伊朗西部沿海的狄那里克山脉至欧洲最高的山脉——阿尔卑斯山脉，通过中央山地、比里牛斯山进入西班牙伊比利亚半岛结束。主要支脉有三：其一，从土耳其南部托罗斯山脉西段进入伊斯肯德伦山脉，过阿拉威特山脉、黎巴嫩山脉，抵达德鲁兹山，进入阿拉伯半岛赛拉特山脉，穿红海与亚丁湾交汇处，进入非洲大陆的埃塞俄比亚高原，经东非湖群高原、马拉维高地至南非高原。其二，由阿尔卑斯山脉的东部延伸生发出喀尔巴阡山，喀尔巴阡山脉是阿尔卑斯山脉的东部延伸，位于欧洲中部，全长 1450 千米，从斯洛伐克布拉迪斯拉发附近的多瑙河谷起，经波兰、乌克兰边境到罗马尼亚西南多瑙河畔的铁门，呈半环形横卧大地。其三，由阿尔卑斯山脉的北部通过波德平原，生发出斯堪的纳维亚山脉。

世界西大龙脉进入小亚细亚半岛、伊朗高原、阿拉伯高原，形成美索不达米亚平原。早在5000多年前，在两河平原的巴格达便建立了苏美人的城邦。公元前18世纪，被誉为“世界四大文明古国”之一的巴比伦王国登上历史舞台。古巴比伦王国位于美索不达米亚平原，大致在当今的伊拉克共和国版图内。“美索不达米亚”是古希腊语，在《圣经》里被称为“伊甸园”，意为“两条河中间的地方”，故又称为两河流域。“两河”指的是幼发拉底河和底格里斯河。在这个平原上发展了当时世界上少有的几个城市，流传最早的神话、药典、农人历书等，是西方文明的摇篮之一。

巴比伦文明大致以今天的巴格达城为界，分为南北两部分。北部以古亚述城为中心，又称为西里西亚；南部以巴比伦城（今巴比伦省希拉市东北郊）为中心，称为巴比伦尼亚，意思为“巴比伦的国土”。巴比伦尼亚又分为两个地区，南部靠近波斯湾口的地区为苏美尔，苏美尔以北地区为阿卡德，两地居民分别被称为苏美尔人和阿卡德人。美索不达米亚文明最初就是由苏美尔人创造出来的。巴比伦（即“神之门”的意思）美索不达

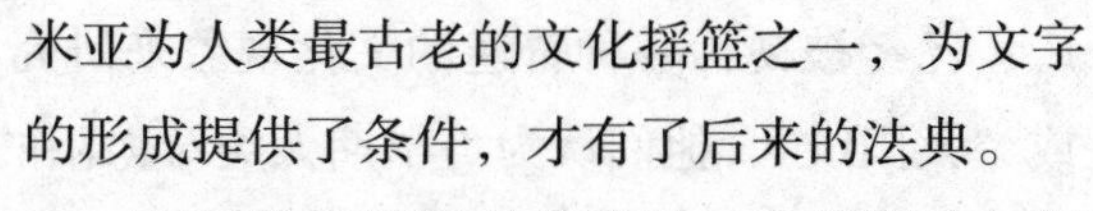

米亚为人类最古老的文化摇篮之一，为文字的形成提供了条件，才有了后来的法典。

西亚的新石器时代遗址——伊朗法尔斯省波斯波利斯之南的巴昆遗址，出土有公元前3500年的彩陶，其中有象征生育的女神陶像，她的肩上就“卐”字符标记。（图4）据载，巴尔蒂斯坦（现隶属巴基斯坦联邦直辖北部地区），还广泛存在着左旋和右旋两种“卍”（雍仲）字符。“在巴尔蒂斯坦，自古以来就将‘卍’作为吉祥的符号。在佛教时代，人们在一块白布上用麦粒组成‘卍’符号，让新郎新娘坐在上面。人们相信这样能使他们生活富足、平安、美满。在

图4 巴昆遗址女神陶像

巴尔蒂斯坦的古代宫室、修道院、清真寺和堡垒里，特别是门和房顶上，'卍'符号至今仍到处可见。"（陆水林《乾隆时期巴尔蒂斯坦与清朝关系初探》）现在，人们更是将"卍"字符当作当地文明的标志。

历史上，属于印欧语系的雅利安人大约在公元前2000年到欧洲，带去他们当时宗教艺术品中的"卍"字符（太阳盘）。从俄国西伯利亚草原洞窟和中国新疆雅利安人洞窟出土的文物中可见到这一证据：大约四千年前生活在塔克拉玛干一带的吐火罗族，属于印欧语系白种人的一支。1977年在中国新疆塔里木盆地发现了古代吐火罗人的墓穴，出土的许多木乃伊保存得相当完好。同时在墓穴中还发现一个陶碗，上面的"卍"字符清晰可辨。显然，"卍"字符在他们的信仰中也和"永生"的观念紧密相连。虽然多数学者认为雅利安人起源于南俄大草原，但美国佛教史学家那瑞因等人提出一种看法，认为远古时代的印欧人种可能居于中国西北的甘肃和内蒙古鄂尔多斯，是游牧民族，他们的祖先可能就是黄河流域齐家文化的建立者。

西大龙脉的支脉之一，由阿拉伯半岛赛拉特山脉，穿红海与亚丁湾交汇处，进入非洲高原。古埃及位于西大龙脉进入南非高原支脉的西侧，这一支脉形成的东非高原是尼罗河的发源地。尼罗河长6670千米，是世界上最长的河流，它孕育了古埃及文明。古埃及是世界四大文明古国之一，是世界上最早的王国。埃及境内拥有很多的名胜古迹，例如国际知名的金字塔、帝王谷。

埃及金字塔是埃及古代奴隶社会的方锥形帝王陵墓，数量众多，分布广泛，是世界七大奇迹之一。胡夫金字塔，又称齐阿普斯金字塔，兴建于公元前2760年，是历史上最大的一座金字塔，也是人造奇迹之一，被列为世界7大奇观的首位。该塔原高146.5米，由于几千年的风雨侵蚀，现高138米。原四周底边各长230米（现长220米）。锥形建筑的四个斜面正对东、南、西、北四方。整个金字塔建在一块巨大的凸形岩石上，占地约5.29万平方米，体积约260万立方米，是由约230万块石块砌成。外层石块约11.5万块，平均每块重2.5吨，最大的一块重约16吨，全部石块总重量为684.8万吨。该金字塔历经数千年沧桑，地震摇撼，不倒塌，不变形，显示了古代不可思议的高度科技水平与精湛的建筑艺术。联合国教科文组织因此把它列为全世界重点保护文物之一，成为古埃及文明的象征。

古埃及最早的“卍”字符可以上溯到公元前三世纪，见于埃及第十二王朝时期域外的塞浦路斯和卡里亚陶器残片上。除埃及之外，在非洲的其他地方也有“卍”字符的踪迹。加纳度量黄金的砝码造型繁多，其中就有“卍”字符标记的。加纳人说“卍”字符和生命有关，是最吉祥的图形。古刚果王国的传统信仰中，菱形的“卍”字符也是神圣的标志。刚果文物的收藏家马克·李奥·费利克斯先生说：“‘卍’字符代表了生命的四个重要时刻：出生、成熟、死亡、再生。上半部是人间，下半部代表灵界。是一种灵魂转生的观点，生命的不断循环。也可解释为一天的四个时刻：早上，中午，黄昏，午夜。”

西大龙脉进入欧洲后，巴尔干半岛山系与爱琴海围成一个风水佳地，古希腊文明在此诞生并成为今日欧洲文明的前身。古希腊紧邻地中海和爱琴海，是海洋文明（西方文明）的源头，所以，古希腊文明又称为海洋文明、爱琴海文明。巴尔干山系也可以看成阿尔卑斯山脉的余脉与南分支（北分支为喀尔巴阡山脉），所以，希腊作为欧洲文明的古发源地理所应当。而发源于阿尔卑斯山北侧的多瑙河自西向东缓缓注入黑海，喀尔巴阡山脉与巴尔干山脉在今日塞尔维亚共和国境内夹道而形成的铁门峡谷非常有名。几条山脉合围的盆地与平原以及山系，诸如奥地利、匈牙利、原南斯拉夫、保加利亚、捷克斯洛伐克等也都是欧洲文明较为古老的地区。阿尔卑斯山脉西端南支脉亚平宁山脉是意大利的主体，北部又有山脉围成的波河平原与亚得里亚海，所以，古罗马文明在意大利诞生与繁荣，一度统治了环地中海地区甚至古巴比伦。

根据考古发现，处于青铜时代的欧洲，“卍”字符就已经流行了，作为装饰性符号，在早期基督教艺术和拜占庭艺术中都可以见到。在英格兰约克郡发现的刻有“卍”字符的巨石，据说这个石头上的“卍”字符图案是公元前2000年左右的时候刻成的，研究者还发现在瑞典和意大利也有类似的石刻存在。高加索墓葬和出土铜器上也发现有“卍”纹图案。

“卍”字符也大量出现在古希腊人的生活中。古希腊描述特洛伊之战的彩绘陶罐，图中马的上方绘制着三个“卍”字符；（图5）公元前十至八世纪生活在爱琴海沿岸的古希腊人，普遍流行使用的彩陶器皿，其中许多就绘有明显的“卍”字符图形。特别引人注意的是一个锡拉岛出土的双耳瓮，上面描绘了一个送葬的图案。三个“卍”字符明显地出现在灵车和死者的前方，似乎带有引路的含义。在古希腊的文物中也多次发现刻有“卍”字符的神像或器皿，刻有两个“卍”字符的如钟的形状的希腊女神。“卍”字符在古希腊神殿和建筑中经常以一种连续图案出现，它也出现在雅典娜女神和巴特农神殿少女祭司的衣服上。而古典画家安格儿笔下的希腊主神宙斯，也穿着“卍”字符图案的衣袍。

图5 古希腊彩绘陶罐“卍”符

到了罗马时期，“卍”字符图案再度出现在祈求和平的祭坛上。罗浮宫收藏的2700年前古希腊扣型饰物上刻制的“卍”形图案，这种图案随着希腊和罗马文化的传播，影响到整个的西方艺术。有考古学家认为，“卍”字符可以追溯到印欧民族宗教艺术中的“十字纹”或“太阳纹”。

在北欧维京人（今天的挪威、丹麦和瑞典）的古老信仰和神话中，奥丁是地位最高的主神，主掌胜利与知识。一块公元8世纪的浮雕残片上，主神奥丁肩上坐着一只乌鸦，左边可见一个完整的“卍”字符为标志。因此，“卍”字符在古代维京人的文化中经常出现：如钱币上、纽扣上、墓石上……维京人的首领经常以一种镌有骑马神像和“卍”字符的金牌作为信物和赠礼，祝愿对方繁荣昌盛。在古北欧字母、符号中就有“卍”符号，这个符号代表“雷神托尔”的雷神之锤，含有阳刚、勇武的意思。托尔（古挪威语），日耳曼地区称他多纳尔，是古北欧神话中负责掌管战争与农业的神。托尔的职责是保护诸神国度的安全与在人间巡视农作，北欧人相传每当雷雨交加时，就是托尔乘坐马车出来巡视，因此称呼托尔为

"雷神"。

(三) 世界四大龙脉中的北大龙脉是地球上最长的一条龙脉带，跨越了二个大洲（亚洲、美洲）。北大龙脉从天山山脉往北偏东，先生发出北塔山和蒙古的阿尔泰山，由此山脉气入俄罗斯后，生发出唐努乌拉山和西萨彦岭、东萨彦岭。这支气脉再生雅布洛诺夫山，又生斯塔诺夫山，过东西伯利亚山地至克利西山。此气穿越白令海峡进入北美洲大陆，首先生发出洛矶山脉，过中美地峡（中美山地）气入南美洲大陆生发出安第斯山脉至德雷克海峡终止。贯穿美洲大陆全境的北大龙脉总体被称为科迪勒拉山系，在此山脉中孕育了拉丁美洲古代印第安人文明——玛雅文明。

玛雅文明是分布于现今墨西哥东南部、危地马拉、洪都拉斯、萨尔瓦多和伯利兹五个国家的丛林文明。虽然处于新石器晚期时代，却在天文学、数学、农业、艺术及文字等方面都有极高成就。玛雅人在没有金属工具、运输工具的情况下，仅凭借新石器时代的原始生产工具，创造出灿烂而辉煌的文明。与印加帝国（安第斯山一带）及阿兹特克帝国（中美山地）并列为美洲三大文明。

玛雅文明作为世界上唯一诞生于热带丛林而不是大河流域的古代文明，是美洲最古老而充满智慧的一个部落种族——印第安玛雅人，在与亚、非、欧古代文明隔绝的条件下，独立创造的伟大文明。玛雅文明约形成于公元前1500年，为何在与亚、非、欧古代文明隔绝的条件下玛雅人能创造出如此辉煌的文明？这只能用中华龙文化来解释这一充满神秘色彩的疑问：玛雅文明诞生于世界北大龙脉的"中美峡地"，与世界东、南、西三大龙脉是同根同源，一脉相承。所以说，发源于昆仑山的世界四大龙脉是人类历史的四条大动脉，人类文明的大动脉，有了这四条大动脉，人类发展才能不断地向前走。

古代北美洲的纳瓦霍印第安人，南美洲和中美洲的玛雅人及玻里尼西亚人也都用过"卍"字符。（图6）纳瓦霍印第安人是美国印第安居民集团中人数最多的一支，以"卍"符号象征风神、雨神。认为"卍"符号以"右旋者为善神象鼻天的象征符号，代表阳性本原，代表着在白天从东至西运行的太阳，并且是光明、生命和荣耀的标志；"以"左旋者乃是女神时母的象征符号，它代表着阴性本原，代表着在黑夜从西至东在地下世界运行的太阳，并且是黑暗、死亡、毁灭的象征。”

图 6　印第安人“卍”字符篮

在加拿大发现的距今大约 1880 年左右的用“卍”作为修饰花纹的被子，研究者认为修饰这样的花纹是因为“卍”字符被认为会带来好运。巴西原始民族卡拉耶人装潢品上也有杂形“卍”字符。

（四）世界四条大龙脉的东大龙脉，沿阿尔金山至当金山口与祁连山（古称“东昆仑”）连接。（图 7）祁连山脉由多条西北—东南走向的平行山脉和宽谷组成，从今天的卫星地图上可以看出，在祁连山的东段（包括走廊南山—冷龙岭—乌鞘岭，大通山—达坂山，青海南山—拉脊山三列平行山系）形成了一个硕大无比的巨型龙头：甘肃武威—民勤、张掖地区形似龙角，青海湖恰似龙眼，西宁、兰州两地区形如龙口。祁连山脉至乌鞘岭后，又分为两条支脉，一条支脉经毛毛山，过古浪县东部，至景泰县寿鹿山与古龙山山脉相连接。另一条支脉从乌鞘岭经马牙雪山向东南方向行至今兰州市西固区达川乡，在湟水进入黄河的入口处，过黄河行至大章山，过燕子山连接于中华龙脉宝山——马衔山。《徐霞客游记·序》：“昆仑距地之中，其旁山麓各入大荒。入中国者，东南支也，其支又于塞外（古陇西，今马衔山地区）分三支。”

东大龙脉从祁连山脉乌鞘岭分为两支脉后，一支东行至黄河石林的寿鹿山，一支东南行至兰州市西固区达川乡湟水进入黄河的入口处，分别与发源于昆仑山的黄河相连接。这就是说，东大龙脉之气融入黄河之后，通过奔腾不息的黄河穿行于黄河流域，从而孕育出与尼罗河文明、两河文明、恒河文明等一样璀璨夺目的黄河文明，成为中华民族优秀文化的代表和象征。世界四大龙脉上产生的各个地区性文明都发展到相当高的水平，学术界都给以高度评价，但是到后来有的文明中断了，有的文明走向低谷，只有黄河文明恰如中流砥柱，朝气蓬勃，吸纳、融合了各地区文明精华，向更高层次发展。黄河文明的形成期大体可分为三个阶段：

早期阶段。黄河文明的形成期大体在公元前5800年至公元前2800年之间，前后经历了三千年之久。这一时期正是被称为华夏民族人文始祖的伏羲、神农、黄帝繁衍、生息、发展的时期。诞生于古龙山（今小陇山亦称陇山山脉南段）西麓的伏羲，又被称为华夏民族的人文初祖。伏羲因在渭水河畔得到龙龟送来的“天书龙图”——太极图而创制了八卦，从而开启了中华民族8000年的灿烂文明历史，太极八卦也就成为华夏民族文化的本源。距今7800年前的大地湾文化遗址就是有力的佐证。

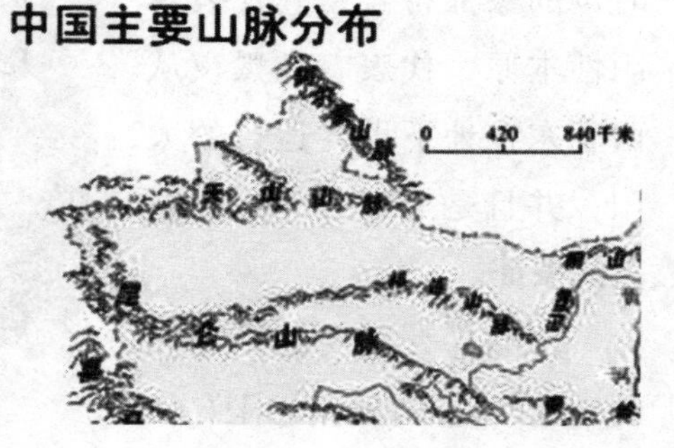

图7　昆仑山东大龙脉——祁连山脉

发展阶段。在这一时期主要是指中国历史上的五帝时代和夏商周三代。五帝时代颛顼、帝喾、唐尧、虞舜、大禹。据文献记载，他们的族群主要在黄河中下游地区繁衍生息，传承和发展了灿烂的黄河文明。这时的社会是邦国林立，出现了城郭、农业生产社会化、手工业专门化、礼制规范化。贫富分化，阶级产生，文化艺术也有长足的发展。这时的黄河文明处于大交融的形成时期，可以称为邦国文明。在夏商周三代，黄河文明都代表中华文明的最高成就，最主要的例证就是夏商周都邑分布，当时的都邑主要分布在黄河流域。

兴盛阶段。黄河文明的兴盛期，是进入封建帝国文明的历史阶段。秦始皇统一六国，废封建，立郡县，车同轨，书同文，统一度量衡。汉承秦制，对这一重大文明创造进一步规范、完善和推广。先秦时期的儒家、道家等学说，在历代王朝都得到继承和发扬光大。汉学，是汉代学者创立的一个重要学派，源远流长，影响很大，他们对经学研究的成果，一直被后世学者奉为经典。宋代的理学，对塑造中华民族的性格起到了重大的作用。

在中国，“卍”字符有着悠久的历史，它既是一个图形符号，又是一

图 8　小河沿文化陶器

图 9　马家窑文化彩陶

个音形义具备的汉字。最早的“卍”字符见于东北辽河流域小河沿文化的翁牛特旗石棚山墓地中，出土有四件绘制有十二个原始文字符号的陶器上有七个属于“卍”字符，距今 4000—4500 年。（图 8）略晚于小河沿文化的“卍”字符，见于黄河上游地区的马家窑文化马厂类型中，出土彩陶单耳长颈壶上有大量的“卍”、“十”、“X”等字符，其中“卍”字符近百件，大多位于陶器的腹部和底部，距今 4200 年。（图 9）夏商周时期也有大量“卍”字符极其变体的发现，如二里头遗址出土的一件陶鼎腹部便有“卍”字符，似与太阳和火有关；又如，战国时期的一件车马猎纹青铜壶上下方也有“卍”字符。距今 4800 年左右的广东石峡文化，发现了卍字纹陶器；在内蒙古小河沿文化出土的一件大口深腹罐也绘制有“卍”字符，其年代距今 4870 年左右。不仅在西北的甘、青陶器图案中发现“卍”字符，而且在中原腹地的新石器遗址中也出现了“卍”字符，还常见于商周甲骨文和青铜铭纹中。这些事实说明“卍”字符的崇拜早在佛法传入前就已存在了。

本教是藏族古代盛行的原始宗教，藏语称“本波”，亦称“苯教”，公元前 117 年以前流行于整个青藏高原地区。本教的发展经历了两个阶段：原始本教时期和敦巴辛绕传播的雍仲本教时期。“雍仲”，古代的词意为“永恒”、“永固”，也指“卍”字符，因而“雍仲本教”也就是“永恒的本教”，本教并采用“卍”字符为标志。龙神崇拜在本教中亦居于极重要的地位。藏地龙神是人祖，还是氏族的名称。传说本教祖师贤若半波降临人世后与一龙女结合，生有一女，于是“拥宗宝溯”的所有龙女皆都从善，从此藏地平安，风调雨顺，连年丰收。《格萨尔王传》中的格萨尔相传也是天神与龙女结合的产物。《吐蕃历史文书》载："至托托曰弄赞，在此王之前皆与神女和龙女婚配，自此王起，才与臣民通婚。"藏族龙的色彩，本教经典中有《十万龙经》，据说为本教祖师亲口所传，上部为《十万白龙经》、中部为《十万花龙经》、下部为《十万黑龙经》。

由上可知，在世界各地文化区域，先后发现"卍"字符的考古实例和各种变体，"卍"字符崇拜在许多民族中十分盛行，是一个源远流长的原始文化信仰符号，其中融合了原始宇宙观和原始的人本主义思想。"卍"字符在中国，它既是世界四大龙脉的标识，又是"天书龙图"——太极图（动态）的一个图形符号，也是中华龙文化河图、洛书、八卦的标志符号。

二、中国三大干龙与远古"凤"文化

世界四大龙脉的东大龙脉，从乌鞘岭经马牙雪山向东南方向行至今兰州市西固区达川乡，在湟水进入黄河的入口处，不仅与黄河相接融合，而且过黄河行至大章山，经燕子山连接于中华龙脉宝山——马衔山。马衔山地处黄河支流洮河的北岸，是甘肃省榆中县与临洮县两县的界山。在大地构造上是介于秦岭地槽系和祁连山地槽系之间的秦祁台上的孤岛状的石质山地。高耸的地势和气候条件，使马衔山的地貌景物与周围截然不同。随着海拔的变化，马衔山呈现出不同的景色，每年夏季可见到山顶白雪飘，山腰百花艳，山下绿波荡漾的奇特景观，真可谓"一山有四季，十里不同天！"（图10）马衔山不仅拥有奇特的自然景观，更是隐藏着一个具有非

图10　中华龙脉宝山——马衔山自然景观

常神奇色彩的龙神话故事，这个神话故事述说的就是龙神金龙营造出中国三大干龙汇聚于马衔山的美丽传说。

从远古先民流传至今的盘古开天辟地的神话，正是中国龙神话的初始。盘古是“龙首蛇身”，所以被远古先民尊称为“龙祖”。龙祖盘古对世界的伟大功绩就是开天辟地。从太极图中可以看出，龙祖盘古在宇宙间创生的最早和最大的龙，是两条不同颜色的龙，即一条白色的龙和一条黑色的龙。白色的龙代表太阳，为阳，为天龙；黑色的龙代表地球，为阴，为地龙。天龙和地龙被称为天象龙，又被称为阴阳二龙，它们自然形状均为圆形，所以在太极图中它们的象征是白色龙眼“○”和黑色龙眼“●”。龙祖盘古在创造天龙与地龙的同时，又创生了天象龙中的星象龙，这些星象龙是由天空的星体组成的。它们就是中国远古时代先民心目中的东方苍龙星、南方朱雀星、西方白虎星、北方玄武星，这四大星象各自由七个星体组成。

华夏人文初祖伏羲，依据太极图在长期地“仰以观于天文，俯以察于地理”的过程中，通过观察白天黑夜日影的长短规律，“是故知幽明之故”而发现了春、夏、秋、冬四季，且四季正好分别处在太极图中的四正（春分、夏至、秋分、冬至）位置。与此同时，伏羲还有一重大发现，就是发现了天空中的苍龙、朱雀、白虎、玄武四象星座。通过对四象星座的进一步观察研究，“近取诸身，远取诸物”，由四象星的苍龙星形态与大地上相对应的蛟鳄、鼍鳄形体及其特征进行了类比，使伏羲发现了“龙”。从此，伏羲认为天空中的四象星座，就是不同形态的四大星象龙。

四大星象龙源于远古先民的星宿信仰，从而形成了四象文化。该文化的核心内容就是龙神崇拜，其崇拜蕴藏着丰富而深远的龙文化内涵。那么，在四象文化中蕴藏着怎样丰富而深远的龙文化内涵？早在2000年前，东汉唯物主义哲学家王充，在其《论衡》中做出了精辟的论说：“天有苍龙、白虎、朱鸟、玄武之象也，地亦有龙虎鸟龟之物。四星之精，降生四兽。”（《论衡·龙虚篇》）这就是说，天上的“四星之精”——苍龙、白虎、朱鸟、玄武四星象龙于不同时期先后降生到了大地上，成了恐龙、翼龙、蛟鳄、鼍鳄、鸟类、虎、龟、蛇这几种具有神性的动物。时隔一千多年后的19世纪，恐龙化石的发现，揭示了中生代（距今约2.45亿年—6600万年前）生活在地球上的各种爬行动物，竟然与王充《论衡》中的论断“地亦有龙虎鸟龟之物”完全相吻合，真可谓一大奇迹。

1842年，一位名叫理查德·欧文的英国科学家研究了一些巨大的爬行动物化石。他认为，这些爬行动物属于一个之前没有被认识过的种群，他称之为“恐龙”。化石是一种很有魅力的东西，无怪乎很多人都愿意收集它们。而对于古生物家——研究地球生命史的科学家来说，它们还是重要的信息来源。化石可以表明动物是从何时存在又是如何生存的，它们会吃些什么？有时还能反映出，动物是怎样繁殖的。如若没有化石，人们对地球生命史的了解只能上溯几千年而已。而有了化石，科学家们便能够研究那些曾经在远古时代出没的动物。

人类如果不借助于化石，对恐龙这一神秘的物种就会一无所知。科学家们通过各种手段寻找恐龙化石的蛛丝马迹，并借助现代高科技手段来复原化石和研究恐龙。通过他们的工作，我们渐渐了解了恐龙的外形及生活习性，使之更接近事实的真相。恐龙起源于一群名叫祖龙的爬行动物。在晚三叠纪（距今约2.08亿年前），祖龙自身演化成了一个更加广泛的动物集群，它们是古鳄、铁沁鳄、沙洛维龙、长鳞龙、引鳄、水龙兽、派克鳄、蜥锷、锹鳞龙、兔鳄等。从而形成了大量新兴的爬行动物族群，包括恐龙、鳄目动物和可飞行的翼龙。

2.45亿年前，二叠纪在一场动物生命史上最大的灭绝中结束了。这场灾难在海洋中的影响是最恶劣的，大约有96%的海洋生命灭绝了，而陆地上则有75%的物种遭到了灭顶之灾。地球生命史由此而跨入了中生代。地质学家将中生代具体划分为三叠纪、侏罗纪、白垩纪。在中生代，“四星之精”之中的苍龙星、朱雀星、玄武星所降之兽来到了大地。它们就是新兴的爬行动物族群中的恐龙、鳄鱼、翼龙、鸟类、龟、蛇。

三叠纪初期，动物生命刚从二叠纪大灭绝的余波中复苏。在人类还没有出现的遥远年代里，一群前所未有的生物龙——恐龙，出现在了地球上。所以，三叠纪被称为恐龙出现的时代。

在侏罗纪（距今约2.08亿—1.44亿年前）时期，恐龙开始遍布整个大陆，鸟类也开始出现，但会飞的爬行动物——翼龙，仍掌握着天空的主导权。河里栖息着大量的鳄鱼和一种叫蛇颈龙的大型爬行动物，外形酷似海豚的鱼龙和鲨鱼则在海洋里遨游。侏罗纪的海洋生命特别丰富，因为当时的海平线比今天普遍要高。被阳光照射的浅滩处，有着丰富的沉积物，其中充满了各种各样的软体动物和其他一些小动物。

到白垩纪（距今约 1.44 亿年—6600 万年前）初，恐龙已经有了长达 8000 多万年的历史。白垩纪被称为恐龙极盛时代。（图 11）在这一时期，恐龙已遍布整个世界，地球上的恐龙种数比其他任何时代都要多，每种恐龙都在地球上繁衍生息了数百万年，而且每时每刻又会有新的种类诞生。这些新形成的恐龙包括阿贝力龙、甲龙、鸭嘴龙以及泰坦巨龙——南方蜥脚龙的一个族群，其中可能包含着最重的恐龙。除了这些植食性恐龙，晚白垩纪还见证了暴龙的出现，暴龙科中有着陆地上最大的掠食者，它们曾遍布全球。恐龙统治地球长达 1.75 亿年，是自地球形成以来最成功的动物种类之一。

图 11　超龙　巨超龙　地震龙

在 6600 万年前，一场大灾难使恐龙灭绝了。是小行星撞击地球，还是火山爆发引起的气候剧变？证据已被深埋地下，难以捉摸而又充满争议。不管怎样，所有的证据都指向了一个事实——恐龙的灭绝无疑是地球历史上最富灾难性的大规模物种灭绝事件之一。化石记录表明，恐龙只是 6600 万年前那场大灾难的众多受害者中的一部分。其他动物也都大量减少或灭绝了。

在海洋中，蛇颈龙和沧龙全部消失，水生的爬行动物也只有海龟幸存了下来。菊石和箭石（章鱼和乌贼的近亲）也彻底灭绝，一同消失的还有大多数白垩纪浮游生物、腕足动物和蛤蜊。在天空中，翼龙不复存在，而鸟类却存活了下来。在陆地上，哺乳动物和恐龙之外的爬行动物——鳄鱼、蜥蜴和蛇，以及两栖动物、昆虫和其他无脊椎动物都逃过一劫。

鳄鱼，是迄今发现活着的最早和最原始的动物之一。（图 12）出现于

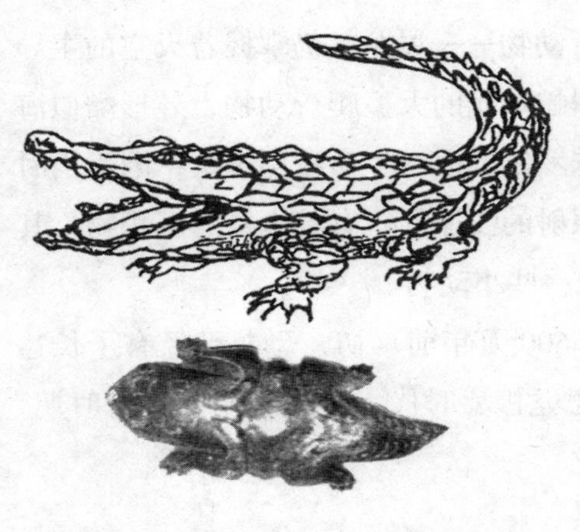

图 12　西周玉鳄（辽宁博物馆藏）

三叠纪至白垩纪的中生代，性情凶猛的脊椎类爬行动物，它和恐龙是同时代的动物，属肉食性动物。鳄鱼分为二大类，即蛟鳄和鼍鳄，古人称它们分别为“蛟龙”与“鼍龙”。秦代李斯《谏逐客令》中写道：“建翠凤之旗，树灵鼍之鼓。”这里鼍和凤相对，鼍者龙也。难怪宋人范成大有诗曰：“神鼍悲鸣老龙怨，”看来鼍和龙属于一类。关于“蛟龙”的记载，在由“龙”字组合的词中居多。《广雅·释鱼》：“有鳞曰蛟龙”；《大戴礼·易本命》：“有鳞之虫三百六十，而蛟龙为之长。”汉代刘向《新序》：“神蛟济于渊，凤凰乘于风。”也是把龙和凤相呼应，可见蛟者亦龙也。《汉书·地理志下》说古越人“文身断发，以避蛟龙之害。”许多学者都认为避蛟龙之害就是避鳄鱼之害。由此可知，古人视鳄鱼为龙。

蛇，属爬行纲，蛇亚目。在古生代石炭纪时期，出现了真正的陆生脊椎动物，这就是爬行动物。在这个时期里，兽类和鸟类的祖先也先后从爬行动物的原始种类中演变出来，鳖、鳄、蜥蜴的老祖宗也诞生了。蛇和蜥蜴的亲缘关系最为密切，它们是近亲，蛇是从蜥蜴演变而来的。最早的蛇类化石发现在白垩纪初期的地层里，距今大约有 1.3 亿年。实际上，蛇的出现比这还要早些。据推测，在距今 1.5 亿年前的侏罗纪，大概就已经有蛇了。毒蛇的出现要晚得多，它是从无毒蛇进化而成的，出现的时间不会早于 2700 万年。蛇类的祖先与恐龙族群、鸟类、鳄目动物和海洋中鱼龙目、蛇颈龙目及沧龙科类等爬行动物都同属一个原始种类演变而来。因此，在中国古籍记载中将蛇称为“小龙”。

龟鳖目俗称龟，其所有成员，是现存最古老的爬行动物。（图 13）特征为身上长有非常坚固的甲壳，当龟受袭击时就把头、尾和四肢缩回龟壳内。大多数龟均为食肉性。龟是通常可以在陆上及水中生活，亦有长时间

在海中生活的海龟。龟的最早化石是南非二叠纪的古龟，已有骨质壳匣，三叠龟与原始龟也已成龟型。在侏罗纪，中国四川省曾有两栖龟和侧颈龟两亚目动物的分布。

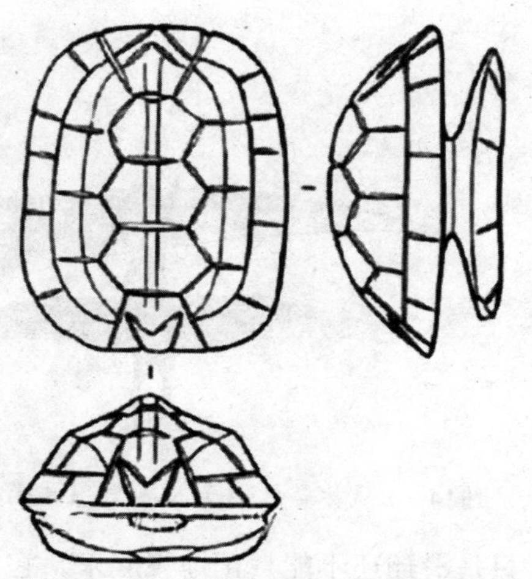

图 13　红山文化牛河遗址玉龟线描图

龟是甲虫之王，所谓“甲虫三百六十，而神龟为之长。”（《大戴礼记》）古人认为，龟是“神异之介虫”，是“神灵之精”，它“黝文五色”，“能见存亡，明于吉凶。”（《洛书》）其形象是“上圆法天，下方法背，背上有盘法丘山，黝文交错以成列宿。”“运应四时”，“不言而信”。（《礼统》）在爬行动物中，龟的生命力大概是最强的了，其寿命可达百岁以上，所谓“神龟虽寿，千岁而灵。”龟也因此而被列入了“天之四灵”（亦称“四神”，指麟、凤、龟、龙或苍龙、白虎、朱雀、玄武）之列。人们相信它能够带来福寿和祥瑞。

虎是“四星之精”中唯一姗姗来迟的动物，属大型猫科动物。虎是由古时期食肉类动物进化而来。在新生代第三纪早期，古食肉类中的猫形类有数个分支：其中一支是古猎豹，贯穿各地质时期而进化为现今的猎豹；一支是犬齿高度特化的古剑齿虎类；一支是与古剑齿虎类相似的伪剑齿虎类；最后一支是古猫类。古剑齿虎类和伪剑齿虎类分别在第三纪早期和晚期灭绝，古猫类得以幸存。其中，类虎古猫就是现今的虎的祖先。后来，古猫类又分化为三支：真猫类、恐猫类和真剑齿虎类。其后二者均在第四纪冰河期灭绝，只有真猫类幸存下来，并分化成猫族和豹族两大类群而延续至今，现今的虎，就是豹族成员之一。

翼龙，是“四星之精，降生四兽”中朱雀星象龙所“传化”的动物，是各种爬行动物之中唯一能飞行的动物。（图 14）翼龙比鸟类早了约 7000 万年飞向天空，在地球上成功地生存了 1.5 亿年。在鸟类进化出现之前，翼龙是爬行动物中曾在空中成功生活过的脊椎动物。最初的爬行动物

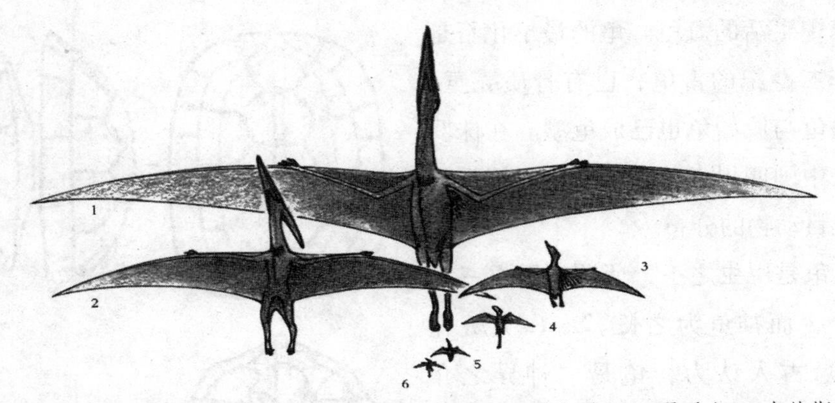

图 14　1 风神翼龙　2 无齿翼龙　3 准噶尔翼龙　4 双型齿翼龙　5 翼手龙　6 索德斯龙

只是滑翔还不能真正地飞起来，它们在树丛间跳跃时，利用特化的鳞翅或者皮瓣来缓冲降落过程。在中生代三叠纪末，出现了一种全新的能飞行的爬行动物族群，拥有以肌肉为动力的翅膀。它们就是翼龙目动物——一群思维敏捷而有时体型巨大的飞行者，可以在空中振翅高飞。

随着晚三叠纪翼龙目的进化，爬行动物已不再是简单的滑翔者，而成了天空中真正的主宰。翼龙目动物有时候会被误认作恐龙，但它们有着明显的特征区别于其他族群，不过它们确实拥有相同的直系祖先。它们不仅出现在相同的时代，还在同一时期遭到了灭绝。直到一场全球性的灾难终结了爬行动物时代为止，翼龙一直都是最大的飞行动物。与滑翔的爬行动物不同，翼龙能够拍动翅膀而停在空中，而且还可能跟现在的鸟类一样机动灵活。

翼龙目动物中的骄子——风神翼龙。因其“飞翔，则天大风”，所以被称为“风神翼龙”，是有史以来最大的飞行动物。像某些古生物学家说的那样，如果阿拉姆波纪纳龙只是一种被错误识别的风神翼龙，那么，风神翼龙就更有资格成为“顶级飞行者”了。风神翼龙的骸骨最早发现于1971 年，由大规模的翼翅骨构成。将这些化石和小型物种的完整骨架进行比较，人们估计风神翼龙的翼幅最长可达 15 米。跟大部分翼龙目动物不同的是，风神翼龙很可能是内陆动物而且飞行中的大部分时候都在滑翔，就像一架具有生命的滑翔机一样。

今天，在我们的地球上不均衡分布着七个大洲。无论是从北美洲到欧洲，还是从非洲到大洋洲，都要穿越成千上万千米的外海。但是，在中生代三叠纪前（距今约2.45亿年前）爬行动物时代初期，地球完全是另一个样子。地球上所有的陆地都连接在一起，形成了一个巨大的超级大陆，被称为盘古大陆，而剩下的部分则被广阔的古代海洋覆盖着。

盘古大陆，是由提出大陆漂移学说的德国地质学家阿尔弗雷德·魏格纳所提出的。阿尔弗雷德·魏格纳主要研究大气热力学和古气象学，1912年提出关于地壳运动和大洋大洲分布的假说——“大陆漂移说”。他根据大西洋两岸，特别是非洲和南美洲海岸轮廓非常相似等资料，认为地壳的硅铝层是漂浮于硅镁层之上的，并设想全世界的大陆在古生代石炭纪以前是一个统一的整体（盘古大陆），在它的周围是辽阔的海洋。后来，特别是在中生代末期，盘古大陆在天体引潮力和地球自转所产生的离心力的作用下，破裂成若干块，在硅镁层上分离漂移，逐渐形成了今日世界上各大洲和大洋的分布情况。

古之空同山（今马衔山，是甘肃临洮与榆中两县的界山），就是2亿多年前盘古大陆的中心，即大地的中心。这个大地的中心，也就是龙祖盘古在开天辟地时，所创生的阴阳二龙之一——地龙（地球）的中心，它在太极图中的标识是黑色龙眼“●”。因为，在太极图中代表地龙（地球）的黑色龙眼“●”与代表天龙（太阳）的白色龙眼“○”相互对应，同为一轴，也就成了太极的中心。由于盘古大陆要在中生代末期（距今约6600万年）破裂成若干块，为了留住大地中心这个神圣的地标——太极的中心，让千秋万代的世人景仰。于是，在8360万年前，龙祖盘古决定让“四星之精，降生四兽”中最具灵性和神力的风神翼龙率领翼龙族群，营造一座由三条巨龙汇聚而成的龙脉宝山矗立于马衔山，因为，过数千万年后，它将成为中国大地上的天心地胆。

为了让世间永远牢记龙祖盘古开天辟地，创生宇宙，营造万物而永不磨灭的伟大功绩，风神翼龙在盘古大陆分裂的第二个阶段后期（距今约8360万年前）开始，至第三阶段率领翼龙族群，不畏艰辛，代代相承，历时1700万年，终于在盘古大陆完全分裂之前，成功地营造出了中国的三大干龙汇聚于马衔山。从而形成“马衔立柱鼎天心”之威势，马衔山也成了华夏民族的龙脉宝山。《金龙训言》曰：

马衔山脉三条龙，盘踞一起口吐水。

一条龙身后山卧，一条龙身前山坐，

一条龙身接空同，仰卧已久未动身。

此条山脉分量沉，脊梁背着太祖文，

腹中藏着伏羲门，口中衔着暂不分。

如此三龙正相构，三家门人同归一，

非看马衔土坐石，古道皇尊也登步。

不幸的是，距今约6600万年前的一场大灾难使恐龙灭绝了。翼龙同样也遭到了灭顶之灾，不复存在，而鸟类却存活了下来。风神翼龙因营造了中国的三大干龙汇聚于马衔山的丰功伟绩而被龙祖敕封居于天龙之宫，每天伴随着天龙——太阳穿行于天空中，巡视大地万物，将阳光撒向人间。

龙祖为何要安排风神翼龙居于天龙之宫伴随天龙呢？因为，8360万年前，风神翼龙在营造华夏三大龙脉时，首先是从北干龙开始的，并且特意在长白山中营造出了一个巨大的龙潭，作为风神翼龙及众翼龙们生活和栖息的营地。风神翼龙也就长此以往地住在了长白山龙潭，率领翼龙族日复一日，年复一年，坚持不懈地营造华夏三大龙脉这一浩大工程。长白山龙潭既是风神翼龙的指挥中心，更是辛苦了一天的翼龙们洗去一身尘埃和除去一天疲劳的沐浴之潭。所以，龙祖安排风神翼龙伴随天龙，就是为了让40亿年如一日，为宇宙万物送去阳光的天龙（太阳），在辛劳一天之后，能够如同当年的翼龙们一样也在长白山龙潭沐浴憩息。从此，天龙便在风神翼龙地伴随下，每天早上从长白山龙潭升起，“翱翔四海之外，过昆仑，饮砥柱，濯羽弱水，莫宿风穴。”（《说文·鸟部》）这里的“风穴”，是后世的人们为了缅怀风神翼龙营造三大龙脉，便将古之长白山龙潭称之为“风穴”，又因风神翼龙每天伴随天龙“莫宿风穴”，所以，又将“风穴”称为“丹穴”、“天池”，这也就是长白山天池的来由。

自从风神翼龙居于天龙之宫，每天伴随天龙穿行于太空，远古的先民

便以为这是风神翼龙驮着太阳在飞行。发现于20世纪50年代的陕西省渭南市华县柳枝镇泉护村遗址，是关中东部地区仰韶文化的重要遗址之一，是仰韶文化中期（庙底沟期）遗存十分重要的遗址。出土的彩陶上有一幅黑鸟驮日图，就形象地描绘了乌鸟驮日的情景。（图15）《山海经·大荒东经》载：“大荒之中，有山名曰孽摇頵羝，上有扶木，柱三百里，其叶如芥。有谷曰温源谷、汤谷，上有扶木。一日方至，一日方出，皆载于乌。”

图15　黑鸟驮日图（仰韶文化）

风神翼龙每天伴随着太阳，“日出于旸谷，浴于咸池，拂于扶桑，是谓晨明。”（《淮南子·天文训》）太阳出来，光芒万丈，世界一片亮堂，万物生长靠太阳。进入新石器时代以后，生产性经济逐步取代了掠夺性经济，太阳同先民们的关系就更直接、更密切了。在古人心目中，太阳显然是能给世间带来光明和温暖的神灵，风神翼龙因驮日飞行，被认为是太阳神鸟。从而形成了远古先民最早的自然崇拜——太阳崇拜和神鸟崇拜。

在中国，成为太阳象征的鸟首推“乌”——太阳神鸟（风神翼龙）。在汉代王充的《论衡·说日》和《太平御览》卷三引《春秋元命苞》里都有“日中有三足乌”之说。而《淮南子·精神训》里则有“日中有踆乌”的说法。这个“踆”字通“竣”，取其“止”的意思。因为“止”的后起字是“趾”，古所谓“趾”指足，不指脚趾。所以，“踆乌”的意思就是说，太阳里有只长着三条腿、三只脚的乌，这只乌要么正在随着太阳行走，要么停止在那儿，而它那与众不同的三只足则使其能够更加方便地停止和歇息。汉代画像石“日中三足乌”就形象地描绘了这一情景。（图16）

在古人眼里，乌和太阳的关系特别密切，不仅是太阳的伴随者、承载者，而且还是太阳的别名。于是，“乌”便常常被人们用来指代和象征太阳。如楚大夫屈原就在他的《楚辞·天问》里问道：“羿焉彃日，乌焉解

图 16　日中三足乌汉代画像石

羽？”在日常生活中人们根据太阳照射出的金色光芒，又将太阳称作“金色的太阳”。因日中有乌，所以“金乌”便常被用作太阳的代名词。“金乌海底初飞来，朱辉散射青霞开。”（韩愈《李花赠张十一署》）以及人们常说的“金乌西坠，玉兔东升”等。随着太阳崇拜和神鸟崇拜的不断发展，太阳神鸟又被称为“金乌中的风神翼龙”，简称“金乌翼龙”。这位“金乌翼龙”也就是千万年来被后世一直传颂至今的龙神——金龙。

四大星象龙在中生代“传化”降生于大地上的生物龙——恐龙、翼龙、鳄鱼、蛇、龟，在6600万年前的大灾中，恐龙和翼龙灭绝了。鳄鱼、蛇、龟虽逃过一劫延续至今，但一直都是生存在地球上的生物龙，只有风神翼龙成了唯一的神物龙——太阳神鸟。庞进先生说：“太阳神鸟，其实也就是凤凰……在中国，对鸟禽的任何神化，几乎都与凤的形成过程相一致——凤凰的形象和神性，足以成为神鸟们的总称和总代表。”（庞进《中国凤文化》第35页）四星象龙之一的朱雀与苍龙、白虎、玄武同根同源，是形态各异的龙。凤是由星象龙朱雀星的化身——“风神翼龙”演变而来，所以说凤是朱雀的别称。

《山海经·大荒西经》：“有五采鸟三名：一曰皇鸟，一曰鸾鸟，一曰凤鸟。”《山海经·南次三经》：“又东五百里，曰丹穴之山，其上多金玉。丹水出焉，而南流注于渤海。有鸟焉，其状如鸡，五采而文，名曰凤皇，首文曰德，翼文曰义，背文曰礼，膺文曰仁，腹文曰信。是鸟也，饮食自然，自歌自舞，见则天下安宁。”至此，我们可以看出，龙神金龙是由天象龙——朱雀星，在晚三叠纪（距今约2.08亿年前）转化为生物龙——风神翼龙，然后又在距今约6600万年前成了神物龙——太阳神鸟——金龙

(金乌翼龙)，也就是会飞的翼龙——凤凰。

从《山海经》中关于凤凰的记述可以看出，与龙崇拜一样，在远古先民的宗教信仰中同样也存在着凤凰崇拜。新石器时代出土的凤纹就是最有力的佐证。在距今7800年至6800年之间的高庙文化遗址出土的陶器上，就有鸟纹与太阳光芒纹在一起的图案。在高庙文化的最早阶段，常见由双线或单线刻画纹构成如网格、带状大方格填叉、鸟头、鸟翅，以及兽面和八角星等不同的图案，图像都很简化；从中期开始及其往后，开始盛行用戳印篦点纹组成各种图案，最具代表性者为形态各异的鸟纹、獠牙兽面纹、太阳纹和八角星纹，另见有平行带状纹、连线波折纹、连续梯形纹、垂幛纹和圈点纹等。同时，还出现了朱红色或黑色的矿物颜料的彩绘和填彩艺术及彩绘图像。图像中的獠牙兽长有双羽，凤鸟载着太阳或八角星象，它们显系超自然的物象。

马家窑文化产生在遥远的史前时代。它的图案之多样，题材之丰富，花纹之精美，构思之灵妙，是史前任何一种远古文化所不可比拟的，它丰富多姿的图案构成了典丽、古朴、大器、浑厚的艺术风格；它神奇的动物图纹，恢宏的歌舞，对比的几何形状，强烈的动感姿态，如黄河奔流的千姿百态，生生不息，永世旋动；它像黄河浪尖上的水珠，引领着浪涛的起伏，日臻达到彩陶艺术的高峰；它留下的极其丰富的图案世界，永远是人类取之不尽的艺术宝库。

凤凰是中国古代传说中的百鸟之王，和龙一样是华夏民族的图腾。它的羽毛一般被描述为赤红色，凤凰和麒麟一样，是雌雄统称，雄为凤，雌为凰，其总称为凤凰。就阴阳而论，凤凰有两个系统，一个是自身系统，一个是与龙对应的系统。自身系统是有阴有阳，所谓凤为阳，凰为阴；与龙对应时，其系统发生了一个转化，即由整体上呈阳转化为整体上为阴。凤凰具有强大的亲和力，它代表着美好事物，代表着喜庆、吉祥，代表着“惩恶扬善”，还代表着高尚的人品，在中国人的心目中具有独特的魅力，是中华民族“和”文化的精神象征，也是华夏文化一次次走出毁灭危机的理念之源。“和”是中华文化的核心理念之一，也是凤凰文化的精髓之一。

仰韶文化中的凤凰纹有许多是做了变形处理的，有的变形幅度相当大。变形幅度大了，就和水流纹、旋涡纹，甚至旋风纹接近了。学者严文明将见于马家窑文化陶器上的鸟纹和相关的几何纹，排了一个由接近具象而渐次抽象的图例，说明“开始是写实的、生动的、形象多样化的，后来都逐步走向图案化、规律化、规范化……鸟纹经过一个时期的发展，到马家窑时期即已开始旋涡化。”再往后，这些鸟纹（旋涡纹）又变成了“大圆圈纹，形象模拟太阳，可称之为拟日纹”了。（《甘肃彩陶的源流》，《文物》1978 年第 10 期）

马家窑文化是仰韶文化向西发展的一种地方类型，其中有一幅变形凤凰纹，其凤与凰头相对，身相盘；头呈黑圆，尖嘴凸出，身体用三道弯线表示，线条流畅，造型夸张，给人一种动态和谐的美感。（图 17）马家窑文化变形凤凰纹的设计者设计的“双凤图”，并未单纯从形象上追求逼真，而是把凤凰图案上的翅膀、爪子等细节统统去掉，仅余下呈黑圆的头部和三道弯线代表凤凰，以一正一反的结构形式，反映出一种深厚的文化底蕴。采用旋转的两只凤鸟组合图案加以表达，两两相对旋转的凤鸟极富动感，显得大气磅礴，这种旋转图案具有太极图结构的因素。

马家窑文化变形凤凰纹，它是继黄河石林盘龙洞窟天然太极图中的龙凤图像之后，又一种对太极文化传承与发展的表达形式。8000 年前，龙龟由马衔山天池出发，送给华夏人文始祖伏羲的太极图，是由代表天龙和地龙的阴阳二龙图式组成，此图被称为“天书龙图”——阴阳二龙太极图；（图 18）至黄河石林盘龙洞后，演变发展为由代表中华龙文化主体的龙凤图式组成，是中国目前发现最早的以龙凤为象征的“龙凤阴阳太极图”；两千多年后，马家窑文化的变形凤凰纹，是在前面两种阴阳太极图图式的基础上，传承和发展演变为由代表阳（凤）和阴（凰）的“双凤图”——凤凰阴阳太极图。在“双凤图”中，呈圆形的两个头部相互对应，同处于圆形太极图中的同一中轴线，由三道弯线代表凤凰，如同两个黑白匀称且相互交感、涵容的阴阳二龙。两个圆形的头部，象征着阴阳二龙太极图中的黑色龙眼“●”与白色龙眼“○”。

5700 多年前的马家窑文化变形凤凰纹，充分体现了马衔山周边地区远

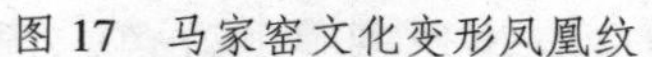

图 17 马家窑文化变形凤凰纹

图 18 阴阳二龙太极图

古先民对龙神金龙的无限崇拜。因为，是金龙在历时 1700 万年，营造出华夏大地上的三大干龙汇聚于马衔山，从而形成了马衔山天池、金龙前池与后池。从此，金龙也就成了太阳神鸟——凤凰。马衔山周边地区远古先民，为了永远缅怀金龙的这一丰功伟绩，从而创制了马家窑文化变形凤凰纹。图像中的三道弯线，象征着金龙营造出的三大干龙汇聚于马衔山——圆形的凤头，亦即太极的中心——大地的中心，又称为大地的轴心，它在太极图中的标识是黑色龙眼“●”。凤凰的尖嘴凸出，象征着昆仑山东大龙脉至祁连山脉乌鞘岭后，分为两条支脉，其中的一条支脉从乌鞘岭向东南方向行至今兰州市西固区达川乡，过黄河行经大章山，至燕子山连接与中华龙脉宝山——马衔山。如果将马家窑文化变形凤凰纹中的三道弯线舒展开来，这样就展现出中国三大干龙和昆仑山的东大龙脉以马衔山为基点，构成了中国龙脉的大“个”字形脉络。马衔山天池的形成，成了太极文化的诞生地和传播地，由最初的“阴阳二龙太极图”，传承发展为“龙凤阴阳太极图”，后又演变为“凤凰阴阳太极图”。但其三者，同根同源，是传承和弘扬龙文化的载体，共同传播着中华龙文化的主体文化——龙凤文化。

凤凰具有自我更新的品性，能够焚毁旧我，产生新我，所谓“凤凰涅槃”。凤凰的形象，也总是与时俱进，新新不已。1996 年诞生的香港凤凰卫视，以其鲜明的形象和品牌成就了传媒奇迹。据说，凤凰卫视中文台的台标设计构想是凤凰卫视台台长刘长乐提出的，由中央美院教授设计完

图 19 凤凰卫视台标

成。（图 19）台标的原型就是马家窑文化变形凤凰纹——“双凤图”，是一凤一凰盘旋飞舞、和谐互动的形象，并使用了中国特有的“喜相逢”结构形式，给人以巨大的形象吸引力和无限的空间想象力，且成功运用华夏文明最推崇的黄色，符合该台为全球华人服务的定位。黄色之中又有热烈耀眼的红色，预示着融合、开放和沟通，其核心是一个“和”字。凤凰卫视独特的台标，给每一个见过它的人都留下了深刻的印象，“小”台标，却有“大”含义。

一阴一阳谓之道，一凤一凰谓凤凰。凤凰卫视的台标设计上结合了阴阳太极图，凤代表阳，凰代表阴，它的直接寓意就是阴阳结合。刘长乐先生认为：“中国人喜欢讲阴阳八卦，如果被什么东西框住了，事业就不会有更大发展。因此，设计上既要突出交汇，更注意围绕一个‘开’字做文章。”而设计者刘波教授说：“优秀的标志特征就是适量、适意、互补，一凤一凰，一阴一阳的两个主题像两团燃烧的火，极富动感地共融在一个圆内，既具直观性又有象征意义。凤尾和凰尾突出开放的特点，必定会使设计作品更具文化性和社会性。”值得注意的是，台标的设计者对马家窑文化变形凤凰纹的借鉴和运用，不是简单地照抄照搬，而是立足于现代审美观念基础上的，对传统造型的再创造，是对“双凤图”的改造、提炼和运用，因而更富有时代特色，同时也体现了民族个性。

凤凰不仅是中国传说中的神鸟，在西方基督教文化中，也有与中国凤凰相似的不死鸟 PHOENIX（与凤凰的英文译名相同），是基督教中的神鸟。在西方文化中，也有不死鸟浴火重生的神话，与中国凤凰涅槃不谋而合。凤凰卫视的诞生其实就是一个东西文化融合的产物，凤凰卫视与美国新闻中心作为独家股东香港卫视的合作，这个“联姻”借凤与凰的阴阳交汇，预示着东西方文化、传统和现代文化的一次历史性的整合重组，更是

对古老的中国太极文化的发扬光大。以凤凰及其图像作为电视台的名称和标识，象征着东西文化的完美结合。标识将富有旋转交融的形象和大众的幻想相结合，从某种程度上消除了意识形态领域坚硬的边界。在东方意识形态与西方意识形态之间，凤凰取得了微妙的平衡，凤凰卫视的台标在中国传统的、封闭的意识形态中找到了出口，由凤凰组成的台标中，所有的口都是开放而非封闭的。寓意其扎根中国，以传播中国文化为己任的目标，更帮助中华民族以更加开放的思维和开阔的视野去认识这个纷繁多姿的世界。

华夏大地上的三大干龙是中华龙文化的重要组成部分。盘踞于马衔山一起口吐水的三条巨龙，它们分别是一条代表龙祖盘古显现于大地的龙身（中条干龙）和二条代表金龙显现于大地的龙身（北条干龙、南条干龙）。三条龙脉中，代表龙祖盘古龙身的中条干龙连接于马衔山中心——马衔山天池；二条代表金龙显现于大地的龙身——北条干龙和南条干龙，分别相连于金龙前池和金龙后池，拱围于中条干龙的左右两边。

金龙历时数千万年营造的中国三大干龙之一的北干龙起始于长白山天池。自今吉林省长白山天池生发出长白山脉，经黑龙江省境内的小兴安岭，连接于黑龙江省与内蒙古自治区的界山——伊勒呼里山，至内蒙古自治区的大兴安岭，过阴山、狼山，进入内蒙古自治区与宁夏回族自治区的界山——贺兰山，达宁夏回族自治区中卫市，溯拥滔滔黄河，经黄河石林，至金城兰州，逾于河连接皋兰山，抵达兴隆山至马衔山金龙前池。1994 年 6 月，辽宁查海遗址发掘出土的石堆塑龙就是其形象的真实写照，（图 20）龙头朝向西南，龙尾落于东北，龙昂首张口，弯身弓背，尾部若隐若现，给人以巨龙腾飞欲奔向西南方的华夏龙岛——马衔山，在那里与中国三大干龙的中干龙、南干龙“盘踞一齐口吐水”之感。

图 20　查海遗址石堆塑龙

中国三大干龙中的中干龙起自山东省泰山，左拥抱淮水入河南省嵩山、崤山，西接陕西省境内秦岭、太华、关中，进入甘肃省朱圉山，溯渭河而上，经鸟鼠山至马衔山，连接于马衔山天池。

中国三大干龙之南干龙是金龙显于大地的又一条龙身。南干龙起自浙江省杭州市余杭区良渚镇金龙山，西入天目山，过江西省黄山、九江，出湘江，过九嶷衡山，达贵州省关索岭，趋云南省绕益，经四川省峨眉山，溯丽江而上至岷山，沿洮河之水北上连接于马衔山的金龙后池。

第二章 盘龙洞窟

第二章

盘龙洞窟

黄河石林是中国西部旅游观光的一处胜地，是黄土高原孕育而成的美丽奇葩。自观景台迂曲而下，转过二十二道弯，再穿过一片枣林和庄稼地就到了黄河岸边。立足河边，转身仰目，峰林耸立，座座相连，颇具天然大园林神韵。沿黄河左行、右行，或过河前行，均可游览石林。景区内峡谷蜿蜒曲折，皆以沟命名：七口沟、盘龙沟、金龙沟、喜望沟等。另外，还有千米洞、盘龙洞等多处洞窟。

盘龙洞窟位于盘龙沟内，与黄河石林一同形成于第三纪末第四纪初的地质年代，由于地壳运动、风化、雨蚀，形成了以黄色沙砾岩为主的天然洞窟。（图 21）盘龙洞深 16 米，宽 13 米，高 3—4 米，最高处达 8 米，洞内常年恒温在 17°C 左右。盘龙洞顶部有天然形成的太极图，图内龙凤呈祥。在春末或秋初时节，洞窟之中早晚有雾气从洞口飘出，相传这是因为龙神仙居所致。另外，此洞还具有天气预报的功能，每当天气有骤变前 3—5 日，洞内便有沙粒落下，大自然的种种恩赐更增添了盘龙洞窟的神秘色彩。

图 21　黄河石林盘龙洞窟

据说，盘龙洞窟所在地龙湾村，在汉代初期是一座小城池。这座小城池是依山临河而筑，形似孟子所曰“三里之城，七里之廓。”城池的四周是用土夯筑而成的城墙，墙的外围除北面临黄河外，其余三面都挖了堑壕，面宽在二丈以上，深一丈左右，引入河水成为护城河。城墙四面各开一门，西门为城池的正门，东门是直通盘龙洞窟的大门，南门是连接金龙沟之门，北门则是通向黄河岸边的神龟古渡。在西、南、北三门之处分别设有壕桥，作为城内与城外通过城壕的信道。在城池的正门之上建有由钟楼和鼓楼组成的城楼。楼上悬有一口巨钟，撞之，其声悠扬；鼓楼内挂有大鼓一面，敲之，其音悦耳。钟鼓二楼，层檐凌空，昭穆对峙，晨钟暮鼓，响彻城池。今天，在盘龙洞窟主洞窟的西侧下方有一洞窟被称为西洞窟，洞窟旁的石窟中建有钟楼，就是对汉代城楼建置的继承。

元鼎五年（前112年），汉武帝西巡至龙湾古城时，在盘龙洞内得到五方龙神守护了数千年的“天书龙图”——龙凤太极图，并在游览黄河石林中得到了“数字化的太极图”——天然洛书。随后，汉武帝一行在视察了媪围城、索桥渡、乌兰关（乌兰津）之后，沿萧关古道返回。汉武帝回到长安不久后便得到禀报，在盘龙洞东南方的一座山（今白银凤凰山）上有凤凰栖落于山巅，随之在周边地区发现了金银之矿。武帝得报，欣喜万分，因为，汉武帝西巡来到了黄河石林的盘龙洞窟，得到了“真文”——天书龙图，为了答谢龙祖盘古的恩赐，汉武帝于盘龙洞窟内设斋酬神。在庄重地设斋拜谢过程中，武帝心中默默地祈祷凤凰“见天下”，护佑他开创汉王朝的强盛时代。于是，汉武帝决定在龙湾古城的西面修建“九龙观”。

汉武帝为何要在龙湾古城对面修建“九龙观”？其一，是为了答谢龙祖盘古恩赐“天书龙图”和凤凰“见天下”降福祉惠民生。其二，汉武帝回到长安后，回顾此次西巡感受最深的是盘龙洞窟内外的天然太极图，不由得使武帝联想到黄河祖厉段曲折迂回，形似太极图中的“S”曲线，盘龙洞窟恰居于这一“S”形曲线的中心，汉武帝认为盘龙洞窟周边地域是太极圣地。其三，因为，被尊为华夏民族人文始祖的“三皇”和道教的“三清”都是龙祖盘古于不同时期的化身，由伏羲创造的八卦，不仅开启了华夏文明，而且由伏羲八卦演变而成的《易经》是中国传统文化的本源，是群经之首。所以，由龙祖盘古于不同时期转化的“三皇”、“三清”和“三世佛祖”被汉武帝认为是九条龙，这也就是汉武帝当初修建九龙观的缘由所在。

龙湾九龙观，是由平定羌人叛乱而镇守枹罕的大将李息负责营造。因为，当年任大行的李息就是在龙湾古城接待了浑邪王派来商谈降汉之事的使者，且李息有着在黄河边上修筑城池的丰富经验，如在元朔年间修筑的金城就是由李息负责建造的。九龙观内首先建成了“玉皇殿”、“三皇殿”、“三清殿”、“九天玄女殿”、“三霄殿”、“黄河龙神殿”；至东汉时期，续建了供奉三世佛的“大雄宝殿”、“观音殿”；宋代以后，后人又续建了“四圣母殿”等建筑。九龙观建成后，观内重重相套，宏阔幽深，庄严雄伟。

时逢庙会，周边民众扶老携幼，纷纷前来九龙观朝拜祭祀。届时，宝烛辉煌，香烟缭绕，钟鼓鸣天，善男信女异常虔诚，观内充满着一派庄严肃穆的景象。在朝拜的信众中，最远的有来自“羲皇故里”成纪的善男信女，他（她）们不辞辛苦，长途跋涉前来祭祀“人祖爷”——伏羲。因为在明代之前，秦州成纪还没有伏羲庙。史料记载，元代统治者对“三皇”特别推崇。他们认为，“三皇”应为伏羲、神农、轩辕。元大德三年(1299年)，成宗铁木尔，诣令全国各州、县，务必修建“三皇”庙，以通祀之。当时，天水市作为秦州府治，又是成纪县地，因之这里的“三皇”庙也便修得特别讲究。此庙就是如今伏羲庙的前身。

一、龙祖盘古

盘龙洞窟共有大小不等、高低相错的五个洞窟。这五个洞窟就是远古时代五方龙神分别仙居的洞窟，因此，被远古先民称为“五龙洞”。五方龙神为何要仙居于盘龙洞窟？这主要与中华远古黄河文明的正式兴起有关。相传，在很久以前的远古时代，中华大地还是一片荒凉、愚蛮的原始景象。仙居于西北马衔山天池的龙祖盘古，为了开启人类的文明，决定派天池龙宫里最有智慧和灵性的龙龟，向其化身伏羲传送用智慧文明形成的“天书龙图”。龙龟将龙祖盘古送给伏羲的“天书龙图”幻化刻印在龟甲上，从马衔山出发，历尽艰辛，到达鸟鼠山，沿奔腾湍急的渭河而下，终于找到了出生于龙首山之西，渭水河畔能识图语、懂天书的圣人伏羲，便将“天书龙图”——阴阳二龙太极图献给了伏羲。（图 18）

龙龟这次出来时，龟身上载负着两副“天书龙图”，一副送交龙祖盘古的化身伏羲；一副龙祖盘古指示龙龟要送到黄河石林老龙湾，将它珍藏于五龙洞内，目的是待到数千年后，在华夏大地上将诞生一位圣人，到时候他会把这副“龙图”带走。龙龟辞别伏羲后，沿古龙山一路来到龙山主峰龙首山（古龙首之山）下的龙潭（今大陇山下的老龙潭，位于宁夏泾源县）。在龙潭作了短暂休整后，便前往龙首山北麓的清水河，一路顺流而下至今天的黄河中卫段。

当龙龟从黄河中卫段溯流而上，在游到黄河上游“老龙湾”的时候，发现大浪东去的黄河，在龙湾这个地方形成了一个神奇的大转弯。石林与黄河山水相依，一阴一阳，刚柔互济，动静结合。龙龟从今天龙湾码头这个地方登上了黄河的南岸，也就是后世称为的“神龟古渡”。登上岸后，龙龟四顾眺望，发现这里是由一条巨大无比的长龙所环抱，龙头居于今盘龙洞之东黄河岸边的观音崖，龙角从龙头上翅出，硕大的龙嘴伸入滔滔黄河之中，如同吸水之状。（图 22）龙尾居于今长窑子黄河岸边的独山拐，当今的黄河石林沿龙湾段就是这条巨龙的龙身，龙湾村恰好处于巨龙的怀抱之中。面对如此奇景，龙龟欣喜万分地叹道：“原来这里正是‘天书龙图’现于大地的‘珍藏之地’呀!”

在环顾龙湾奇景的过程中，龙龟发现老龙湾的南面山峰林立，气势磅礴，只见峰林之中自有雾气飘出，如雾似云，十分神奇。于是，龙龟便朝着这一方向前行，当行之今天的盘龙沟与神农谷两沟口的交叉处时，龙龟发现有一形似圆球的山处于这一交叉之处，其后的山形又如同火焰形状，这使得球形山如同一个巨大的火球。东西两边汇聚而来的山脉如同两条巨龙奔腾而来，从而形成了一个宏大的二龙戏珠的天然景象。龙龟接着朝东南方向冒出雾气的峡谷（今盘龙

图 22　黄河石林龙湾巨龙之龙首

沟）行进，最为奇特的是，当龙龟进入峡谷缓慢地前行一段路后，龙龟蓦然回首，却发现不见了来时的路，好像峡谷两面的陡峭山壁都连为一体了。这一奇特的现象，不由得使龙龟抬头向天空望了一眼，更让龙龟惊叹万分的一幕发生了，原来这里的天空与大地组成了一幅天然混成的太极图，天空形成的景象就是太极图中阳龙的图形，峡谷峭壁代表大地形成了太极图中阴龙的图形。（图 23）

图 23　盘龙洞外天然浑成的太极图（局部）

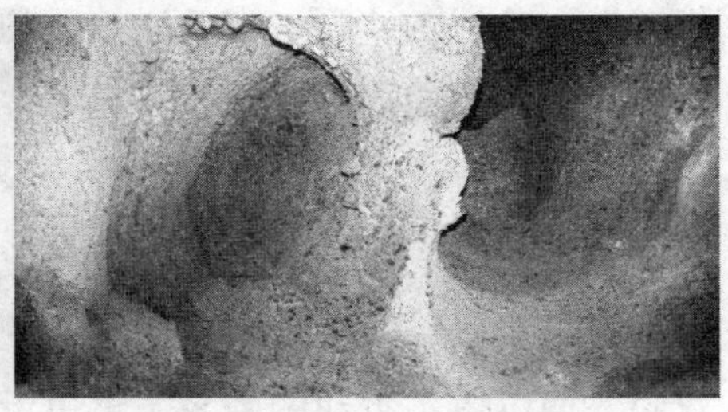

图 24　盘龙洞内顶部天然太极图

在龙龟由衷地赞叹龙祖盘古造化大地万物无比神奇的同时，不觉地已来到了飘出雾气之地——盘龙洞（古五龙洞）。原来，龙龟在神龟古渡看见峰林之中飘出的雾气正是出自此洞口，犹如龙口之仙气，灵气毕露。这时，早有分别身着青、赤、白、黑、黄不同色彩的五条龙出洞相迎，它们自称是来自华夏大地东、南、西、北、中不同方位的龙神，代表五方龙神，奉龙祖盘古之令来此守护“天书龙图”。龙龟进入洞内，高兴地将“天书龙图”交给五龙藏于洞内，再三叮嘱要保护好这份龙文化的瑰宝，把它完整无缺地交予数千年之后诞生的一位圣人手中。后来，考虑到等待的时间太过于久远，于是，五位龙神为了确保“天书龙图”的安全，便将太极图幻化雕刻于五龙洞顶。至今，人们进入洞内，抬头就能望见洞顶有天然形成的太极图，（图 24）图内龙凤呈祥，形神兼备，真可谓鬼斧神工！后世的人们为了纪念龙祖盘古派龙龟送“天书龙图”于五龙洞，便将五龙洞改称为“盘龙洞”。

龙龟完成了传送“天书龙图”的艰巨任务后，准备返回马衔山复命。可是，当它听说这里有一亘古旷世的独特地貌奇观——黄河石林，龙龟便决定要去游览一番。没想到这黄河石林，场面宏大，群峰如同波涛奔涌。

峡谷蜿蜒，千壑竞秀；绝壁凌空，万峰争奇。龙龟看到黄河石林，便被它那气象万千、雄浑壮观的景象所震撼。当龙龟进入石林区最大的一条峡谷饮马沟，各种各样的石峰，风格神奇，造型逼真，活灵活现，栩栩如生。或匆匆急行，或缓缓漫步，那峰回路转、曲径通幽、犹如迷宫一样变幻万千的景象，都能给神龟强烈的冲击力和震撼力。

当龙龟饱览了黄河石林的千姿百态、神妙无穷的景象，以及浸透着雄、奇、险、古、野、幽的原始风韵后，回到石林边的龙湾。龙龟抬头仰望，只见龙湾四周石峰耸立，宛如宝盆环围；宝盆中间的宽阔河滩，水草丰茂，林木茂盛，一片鸟语花香的绿洲美景，恍然一座从黄河深处冒出水面的地上龙宫。龙龟被这美丽的景色深深吸引，又加之游览了近十平方千米的石林胜景，实在是太疲倦了，便想躺下来休息一下。没想到它一合上双眼，便沉入了香甜的梦乡，再也没有醒来。从此以后，有着千百万年灵性的龙龟，与周边同样有千百万年的石林化为一体。龙龟的头始终伸向东南方，一直凝视着不远处的五龙洞，仿佛在等待着圣人莅临将“天书龙图”带走。

随着时光的推移，整个黄河石林区逐渐形成了龟裂状的图形，以当年龙龟行走过的路线出现类似于龟甲络纹区。（图 25）在这个巨大的龟甲络纹区又神奇地呈现出由不同数量山头组成的九组好似花点的图像，九组花点图像的山头数量正好是 1—9 这 9 个数，其中一组以五个山头组成的花点数图像居中，其余八组分别以不同方位居于周边。从而形成了我们今天看见的这一个蕴含无限灵性的自然地理奇观——景泰石林，人们又将它称为“天下第一大神龟”。黄河在白银流域形成了一个神奇的“S”形曲流，就像一个天然的阴阳太极，黄河石林这个巨大的龟甲络纹区正处在“S”形的中心。人们为了弘扬龙

图 25　黄河石林巨大龟甲络纹区（局部）

龟这位伟大使者为传送中华文明曙光而鞠躬尽瘁的献身精神，就将由这个巨大的龟甲络纹区与九组不同数量山头形成的花点数图像称为“天然洛书”。

神话，它是人类最远古的珍贵文化遗产。中国的龙神话，用中华民族大家庭中人人皆知的一句话来概括，就是“自从盘古开天地，三皇五帝到如今。”从这句名言中我们可以得知，在三皇之前，最远古的就是盘古。三皇者，即中华民族的三位人文之祖——伏羲、神农、黄帝。盘古开天辟地是中国最具神话色彩的古老传说之一，史料中对此多有记载。在中国四大奇经之一的《山海经》中，盘古是以其各种化身出现在人们的视野里。如《海内东经》中的“雷神”。袁珂先生在《山海经校注》中说：“谓此神当即是原始的开辟神，征于任昉《述异记》：‘先儒说：盘古氏泣为江河，气为风，声为雷，目瞳为电。古说：盘古氏喜为晴，怒为阴。’《广博物志·卷九》引《五运历年纪》：‘盘古之君，龙首蛇身，嘘为风雨，吹为雷电，开目为昼，闭目为夜。’信然。盘古盖后来传说之开辟神也。”《山海经》与《易经》、《道德经》、《黄帝内经》被称为是中国的四大奇经。其中，《山海经》长期以来被人们视为最难读懂的“天书”，这是因为《山海经》不仅有着诸多的千古未解之谜，而且还蕴藏着丰富而真实的其他古籍未见的远古文明信息。《山海经》中有众多与“龙”有关的记载，而且也透露出了中国龙文化形成与发展的某些信息。

早在商周交替时代，已有盘古名号出现在典籍中。战国时期成书的《六韬》载：“召公对文王曰：‘天道净清，地德生成，人事安宁。戒之勿忘，忘者不祥。盘古之宗不可动也，动者必凶。”（宋《路史·前纪一》罗苹注引）召公，即周初的召公奭和太公望（姜子牙）同保周文王。由此可见，西周太公望作《六韬》时，已有盘古名号，只是从远古时期留下来的盘古祠及祀礼是不能擅自动的，动则招凶。因为，国之大事，在祀与戎。故，召公才对文王建议：“不可动也”。两千多年来，众多典籍和文献都将其中的“龙”理解为先秦时代的“中国神龙”，并无一例外地视为现代“龙”的始祖。据《补衍开辟》中记载：“天人诞降大圣，曰浑敦氏，即盘古氏，初天皇氏也。龙首人身，神灵，一日九变，一万八千岁为一甲子，荆湖南以十月十六日为生辰。”中国上古神话中的人物大多是半人半兽的形象，其中龙蛇经常用来描写开天辟地的大人物，盘古作为人类开天辟地的大英雄，被人们认为是龙首蛇身，所显示的其实也是一种龙神崇拜情结。

三国时，吴人徐整《三五历记》载：“天地混沌如鸡子，盘古生其中。万八千岁，天地开辟，阳清为天，阴浊为地。盘古在其中，一日九变，神于天，圣于地。天日高一丈，地日厚一丈，盘古日长一丈。如此万八千岁，天数极高，地数极深，盘古极长。后乃有三皇。起数于一；立于三，成于五，盛于七，处于九，故天去地九万里。”徐整在《五运历年记》又说：“天气鸿蒙，萌芽滋始，遂分天地，肇立乾坤，启阴感阳，分布天气，乃孕中和，是为人也，首生盘古，垂死化身。气成风云，声为雷霆，左眼为日，右眼为月，四肢五体为四极五岳，血液为江河；筋脉为地理，肌肉为田土，发鬃为星辰，皮毛为草木，齿骨为金石，精髓为珠玉，汗流为雨泽，身之诸虫，因风所感，化为黍。”

《三五历记》与《五运历年记》这两则记载是说，宇宙本是混沌一片，是因盘古殚精竭虑，开天辟地，不惜以生命换来生气勃勃的大千世界。传说在太古时候，天地还没有形成，到处是一片混沌。它无边无沿，没有上下左右，也不分东南西北，样子好像一个圆浑的鸡蛋。元者，本也；始者，初也，先天之气也。此气化为开辟世界之灵宝，化为主持天界之祖，即元始。过了一万八千年，这个灵宝在这浑圆的东西中孕育成熟了——他就是伟大的创世神盘古。当他发现眼前漆黑一团，非常生气，愤怒之下，盘古双手握拳用力朝空中击出，只听一声巨响，震耳欲聋，混沌骤然破裂。破裂的混沌分成两部分：一部分轻而清，一部分重而浊。轻者不断上升，变成了天；重者不断下降，变成了地。盘古就这样头顶天、脚踏地立于天地之间。盘古在天地不断生长，他的头在天为神，他的脚在地为圣。透过云层，盘古看到云雾缥缈，顿时心情大好，哈哈大笑起来。盘古放下双手，用力向空中跳去，顿时天地分离得越来越远，直到他再怎么用力头也碰不到天为止。从此，宇宙间就有了天地之分。

后来，盘古累了，就坐到地上看着天地。忽然，他内心生起了一个念头就是：用自己的身体创造一个充满生机的世界。于是他微笑着倒了下去，把自己的身体奉献给天地。在他倒下去的刹那间，左眼飞上天空变成了太阳，给大地带来光明和希望；右眼飞上天空变成了月亮，两眼中的液体撒向天空，变成夜间的万点繁星。他的头和肢体化作了天下龙脉祖山昆仑山及通向全球的世界四大龙脉；他的汗珠变成了地面的湖泊，血液变成了奔腾的江河，毛发变成了草原和森林；他呼出的气体变成了清风和云雾，发出的声音变成了雷鸣。从此人世间有了阳光雨露，大地上有了江河湖海，万物滋生，人类开始繁衍。后来也就先后诞生了华夏人文始祖伏羲、神农、黄帝。伏羲根据太极图，首先始创了河图洛书之数，然后又依据河图洛书创制了八卦。

盘古为什么有那样大的神力，因为盘古是龙。徐整在《五运历年记》中说："盘古之君，龙首蛇身，嘘为风雨，吹为雷电，开目为昼，闭目为夜。死后骨节为山林，体为江海，血为淮渎，毛发为草木。"（明·董斯张《广博物志·卷九》引《五运历年纪》）在甘肃有一首《盘古龙》的歌谣流传："盘古龙，盘古龙，尸身变成万座峰，血流成河汇成海，毛发长成千亩林。双眼睛，亮晶晶，飞向天空照万民。"（刘玉琴《对民俗的历史解读与开发》）这首歌谣生动地表现了中国创世神的形象。人们把开天辟地而又顶天立地的形象赋予龙，是对龙神推崇至极的表现。综上所述，充分说明在中国远古文明史上，始终崇拜着一位至高无上的龙神，这就是"龙祖"——盘古。

《史记·老子韩非列传》记载：孔子问礼于老子，归去之后，谓弟子曰："吾今日见老子，其犹龙耶！"《庄子·天运》亦云："孔子见老聃归，三日不谈。弟子问曰：'夫子见老聃，亦将何归哉？'孔子曰：'吾乃今于是乎见龙。龙合而成体，散而成章，乘云气而养乎阴阳。予口张而不能嗋，予又何归老聃哉！"这段话中共有三个"归"字，前者是归去之意，后二者通"窥"，有窥见之意。孔子将老子比为龙，是取龙所具有的神通能变、超然高洁、令人难以把握的特点。

老子是中国古代伟大的哲学家、思想家和道家学派创始人。孔子将老子比喻为龙，可是在《道德经》中，全篇未提到一个"龙"字。作为掌管历史典籍的老子，掌握着周朝天下所有的文献书籍，不可能对周朝以前关于“龙”的记载和传说置若罔闻吧！《易经》乾卦开篇就提到了“龙”，《周易·乾卦》曰：“初九，潜龙，勿用。九二，见龙在田，利见大人。九三，君子终日乾乾，夕惕若厉，无咎。九四，或跃在渊，无咎。九五，飞龙在天，利见大人。上九，亢龙，有悔。用九，见群龙无首，吉。”对于龙的记载传说，作为一代圣贤的老子，不可能不在他的文章中反映出来，或者留下一点蛛丝马迹。当我们带着疑问从另一个角度发问：既然时间、空间、物质运动三位一体构成了老子的“道”，那么，他在第二十一章中所说的“道之为物，惟恍惟惚。忽兮恍兮，其中有象；恍兮惚兮，其中有物。”这种物象是什么呢？当然，这就是《易经》中的“龙”！《易经》中的“龙”不仅启发了他的“道”，而且他还从中发现了大地的“周行不殆”运动规律。

从《三五历记》、《五运历年记》中记述可知，盘古是开天辟地以来最原始的神物龙——龙祖。老子是最早对龙祖盘古神性做出论述的人。在《道德经》中，老子对龙祖的神性作了形象地论述：“孔德之容，惟道是从。道之为物，惟恍惟惚。惚兮恍兮，其中有象；恍兮惚兮，其中有物。窈兮冥兮，其中有精；其精甚真，其中有信。自今及古，其名不去，以阅众甫。吾何以知众甫之状哉？以此。”（《道德经》第二十一章）神物龙，它的神形兼具了各类天象龙和生物龙之形象，是具有各种天象龙和生物龙特性及神性的神异之物。其奇谲怪异的形态，多维善变的神性，深邃丰富的蕴涵，从古到今，一直吸引着海内外众多学者的关注。

在古人看来，龙是一种变化莫测、行踪不定的神物。《管子·水地》云：“龙生于水，被五色而游，故神。欲小则化如蚕蠋，欲大则藏于天下，欲上则凌于云气，欲下则入于深泉，变化无日，上下无时，谓之神。”汉代刘向说：“神龙能为高，能为下，能为大，能为小，能为幽，能为明，能为短，能为长。昭乎其高也，渊乎其下也，薄乎天光也，高乎其着也。一有一亡，忽微哉，斐然成章。虚无则精以和，动作则灵以化。于戏！允哉！君子辟神也。”（《说苑·辨物》）许慎《说文》：“龙，鳞虫之长。能幽，能明，能细，能巨，能短，能长；春分而登天，秋分可潜渊。”

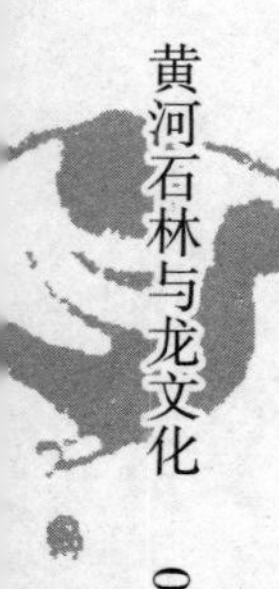

王充也说："龙之所以为神者，以其能屈其体，存亡其形。"（《论衡·龙虚》）汉代纬书《瑞应图》曰："黄龙者，四方之长，四方之正色，神灵之精也。能巨，能细，能幽，能明，能短，能长，乍存，乍亡。王者不漉池而鱼，德达深渊，则应和气而游于池沼。"又曰："黄龙不众行，不群处，必待风雨而游乎青气之中，游乎天外之野。出入应命，以时上下，有圣则见，无圣则处。"可见，在古人心目中，龙是善于变化、难于捉摸的神物。

以上典籍所载，都是古人关于神物龙的描述。其实，对于神物龙，亦称神龙，老子早在《道德经》中就已作了论述："视之不见，名曰'夷'；听之不闻，名曰'希'；搏之不得，名曰'微'。此三者不可至诘，故混而为一。其上不皦，其下不昧，绳绳兮不可名，复归于无物。是谓无状之状，无物之象，是谓'惚恍'。迎之不见其首，随之不见其后。执古之道，以御今之有，能知古始，是谓道纪。"（《道德经》第十四章）这是说，看却看不着，叫作"夷"；听却听不到，叫作"希"；拍却拍不到，叫作"微"。这三种东西不能具体分别出来，它们都是神龙无形的现象，是不可盘问的。因为，它们混为一体就是神龙。神龙，它的上面不光明，下面不阴暗，绵绵不绝，却无法明确表述出来，又归结到无形。这就是没有形状的状，没有物象的象，称作恍惚。迎着它看不见神龙的前头，追随它看不见神龙的后背。只有用道的化身龙祖盘古创的太极文化核心——阴阳文化，用来驾驭指导当今的具体事物，才能够了解宇宙的初始，就称为道的纲纪。

老子认为龙祖盘古是大道的化身，也是道的象征。老子曰："有物混成，先天地生。寂兮廖兮，独立而不改，周行而不殆，可以为天地母。吾不知其名，强字之曰'道'，强为之名曰'大'。大曰'逝'，逝曰'远'，远曰'反'。故道大，天大，地大，人亦大。域中有四大，而人居其一焉。人法地，地法天，天法道，道法自然。"（《道德经》第二十五章）为何要将"道"强为之名曰"大"？老子曰："道冲，而用之或不盈。渊兮，似万物之宗……湛兮，似或存。吾不知谁之子，象帝之先。"（《道德经》第四章）道深邃而隐秘，无形而实存。作为道的化身、万物的宗主——龙祖盘古，早在天帝之前已经产生，是天地之始，万物之母，本初元尊，至高无上。老子不知道它是谁家之子？好像是在天帝之前。老子在《道德经》第三十四章中做了进一步的阐述："大道兮，其可左右。万物恃之以生而不辞，功成而不有。衣被万物而不为主，可名于'小'；万物归焉而不为主，可名为'大'。以其终不自为大，故能成其大。""谷神不死，是谓'玄牝'。玄牝之门，是谓天地根。绵绵若存，用之不勤。"这是老子在《道德经》第六章中对龙祖盘古做出的赞美，也是对伟大龙祖的颂歌！老子认为，道的化身龙祖盘古如谷神、玄牝——微妙的母体、天地的根本，空虚不盈，永不停息，孕育和生养了万物；生生不已，绵延不绝，运动不止而不知辛劳和倦怠。

《道德经》表述含蓄隐讳，飘忽不定。对于龙祖盘古的伟大功绩，老子做出了这样的精辟论说："道生一，一生二，二生三，三生万物。万物负阴而抱阳，冲气以为和。"（《道德经》第四十二章）老子说出了道与龙及宇宙万物的渊源奥秘。道是宇宙的本原，这本原指的是道的"体"，至于道如何创生万物，以及万物被创生后的变化，则是指道的"用"。"道生一"是说，道的"体"化生了一个化身，这个化身就是龙祖——盘古。"一生二"，则是指龙祖盘古创生了天地阴阳二龙，即宇宙间最大的天象龙——太阳和地球。太阳，为阳，为天龙；地球，为阴，为地龙，也就是"天书龙图"——太极图中的白色的龙和黑色的龙。"二生三"，因为，天龙为阳，称为阳龙；地龙为阴，称为阴龙，在阴阳二龙（阴阳二气）相互作用下产生了水龙——水。"三生万物"，因为，水是地球表面数量最多的天然物质，它覆盖了地球71%以上的表面。所以，水龙则是地球上最大的天象（物质）龙，在天龙（太阳）和地龙（地球）的共同相互作用下，大地上便从水中演变和繁衍出生物龙和人类等生命物体。

在《道德经》中，老子对由龙祖盘古创生的天龙——太阳作了论述。老子曰："大道兮，其可左右。万物恃之以生而不辞，功成而不有。爱养被万物而不为主，常无欲，可名于'小'；万物归焉而不为主，可名为'大'。以其终不自为大，故能成其大。"（《道德经》第三十四章）由大道的化身龙祖盘古创生的天龙——太阳，它的阳光灿烂夺目，光芒四射，无

所不在。万物依靠阳光生长而不推辞，功业成就而不据为己有。阳光覆盖万物而不自以为主宰，可以称它为“小”；它使万物归依而不自以为主宰，可以称它为“大”。正因为它不据为己有，不自以为大，没有占有欲和支配欲，所以成就了它的伟大。今天，我们以科学的眼光来看，太阳只是宇宙中一颗十分普通的恒星，但它却是太阳系的中心天体。太阳系中，包含我们的地球在内的八大行星、一些矮行星、彗星和其他无数的太阳系小天体，都在太阳的强大引力作用下环绕太阳运行。太阳给我们带来光明和温暖。地球上万物的生长，江河海水的蒸发，地下的煤和石油等矿藏的形成，都和太阳的照耀有关。假如没有阳光的照射，地面温度将会降到绝对零度左右，地球上的生命也不可能存在。太阳还是我们所在太阳系的主宰，它巨大的质量占太阳系质量的99%以上。

由龙祖盘古创生的地龙——地球，亦称大地。在《易经》中，坤是地，乾是天。乾德如天高，坤德似地厚。《周易·坤卦》曰：“《彖》曰：至哉坤元，万物资生，乃顺承天。坤厚载物，德合无疆。含弘光大，品物咸亨。”这是说，广阔无垠的大地是生成万物的根源，万物都靠它而成之，它柔顺地秉承天道的法则。大地深厚且孕育着万物，它的功德广阔无穷。它蕴含了弘博、光明、远大的功能，使万物都顺利地成长。

老子曰：“道生之，德畜之，物形之，势成之。是以万物莫不尊道而贵德。道之尊，德之贵，夫莫之命而常自然。故道生之，德畜之，长之育之，亭之毒之，养之覆之。生而不有，为而不恃，长而不宰，是谓‘玄德’。”（《道德经》第五十一章）这是老子对由龙祖盘古创生的地龙做出的论述，这里的“道”是指道的化身龙祖盘古，“德”代表地龙——大地。这就说龙祖盘古化生万物，大地养育万物，用不同形态区别万物，在各种环境成就万物。因此，万物没有不尊崇龙祖盘古而珍贵大地之德的。龙祖盘古受到尊崇，地龙之德受到珍贵，是因为龙祖盘古和大地没有对万物发号施令而永远顺应自然。所以，龙祖盘古化生万物，地龙大地养育万物，使万物成长发育，使万物结果成熟，给万物抚育保护。生长万物而不占有，抚育万物而不自恃，长养万物而不主宰，这就叫“玄妙的龙德”。天地二龙阴阳二气交合就能普降甘露，百姓没有谁命令它而自然均匀，没

有偏私，均衡平等，充分彰显了龙之“玄德”。老子赞誉曰：“天地相合，以降甘露，民莫之令而自均。”（《道德经》第三十二章）

龙祖盘古在开天辟地时首先创造了天龙（太阳）、地龙（地球）及宇宙，然后在历时数十亿年的漫长岁月中，又逐步地创生了地球上的万物及人类。《周易·说卦》云：“乾，天也，故称乎父。坤，地也，故称乎母。”乾父坤母，万物俱为天地所生，而人类得天独厚，人类具有最高之灵性，人类为万物之灵，从而形成了天、地、人三界之世界。

1972年，在湖南长沙马王堆一号汉墓中发现了一件彩绘的帛画。（图26）这幅画覆盖在马王堆一号汉墓锦饰内棺的盖板上，保存完整，色彩鲜艳，内容丰富，形象生动，技法精妙，是不可多得的艺术珍品。帛画长205厘米，上端宽92厘米，用单层的细绢作地，绢地呈现棕色，呈T形，上宽下窄。其制作方法是用三块绢帛拼成，中间用一长条整幅的绢，再取相当于长条三分之一的绢裁成两半，分别拼接在长条上部的两侧。中部和下部的两个下角，均缀有青色细麻线织成的筒状绦带，长均为20厘米余。帛画制作精美，线条流畅，充分反映了汉初绘画艺术的风格和成就，而且以神话与现实、想象与写实交织而成的诡异绚烂场景为构图，极具内容丰富、层次分明的龙文化内涵。画面内容也依T字形的横幅和竖幅划分为天国、人间、地府三个部分。

图26　湖南长沙马王堆一号汉墓出土彩绘非衣上的龙神话世界

长沙马王堆一号汉墓出土的这幅彩绘帛画，形象地描绘了龙祖盘古开天辟地，创生宇宙万物形成天、地、人三界的缩影。横幅部分描绘的是天界。帛画所绘内容，自上而下可分为上天、人间、地下三个世界，而龙遍布整个画面，起着沟通作用，使得三界成为一个整体。上天正中为一人面蛇身的大神，披发危坐，红色的长尾环绕其周围，而交于身下，两旁有五只鸟曲颈向上。大神左右各有日、月，右上角绘一轮红日，日中有一只黑色的鸟，应为太阳神鸟“金乌翼龙”。其下有一扶桑树，枝叶间挂有八个小太阳。左上角绘一弯新月，月上有一只口衔流云的蟾蜍，还有一只玉兔。月下有一女子双手托月，似在飞舞，应为嫦娥奔月。在两边的日月之下，各有一条巨龙，二龙身长兽足、展翅飞翔，龙首相对，张口吐舌。上天正中人面蛇身的这位大神就是龙祖盘古，其左右的日月，象征着龙祖盘古开天辟地，垂死化生的两大巨龙天龙（太阳）和地龙（月亮，月为阴，代表地球，其两者同为地月系）。正如徐整在《五运历年记》中所言：“气成风云，声为雷霆，左眼为日，右眼为月。”由此可知，位于日月左右下方的两条巨龙，正是代表着天龙和地龙。

在横幅部分画面上部的最下边，对立横坐着两个柱子，形成一个门道，门柱上各有一只小豹子，柱间有二人衣冠楚楚，头带“爵弁”，拱手对坐，可能就是天门的守护神。其上有两个骑偶蹄动物的异兽，异兽各执绳索牵着一只环钮的钟，钟的两铣系有组带。异兽所骑动物，身着白地花衣，头和四足皆赤。钟的上面又有两只展翅俯瞰的鸟，与人首蛇身的神人两旁的鸟相似。

帛画下部的图像，最显著的是两条各为青色和赤色的龙分列左右，相互而交穿过画面中部的谷纹巨璧，龙头高昂直趋天门，龙尾曲长延至地底。天门之下，大地之上，则是人间。谷纹巨璧与交龙将这一部分画面自然地又分成了两个段落，即上为人间下为地下。谷纹巨璧之上，两个龙首之间，绘拄杖而立的老妪，左侧有两个男人举案跪迎，右侧有三个侍女拱手相随。其下画一厅，设有壶、鼎、钫及重叠的耳杯之类的酒食具，其中又有一个大食案，上面铺着锦袱，左右侧各有三人拱手而坐，另有一人站在一侧。老妪的发髻之上插有长簪，簪首的白珠垂于额前。老妪和侍女穿着曳地的长袍均为曲裾，老妪的长袍带彩色花纹，三个侍女的长袍分别为黄、红、白色。跪迎的两个男人的长袍则为红色和青色。这些人物的脚下，有白色的平台，平台的侧面饰以勾连雷纹。平台之下，斜置一个划分成十六格的方板，板的两侧各有一只赤色的斑豹。这一部分上端与“天门”相连的地方，绘有带垂帐的华盖，盖上有两只长尾朱雀相对而立，中央则是一个大花朵，盖下有一展翅飞起的怪物。这位老妪无疑就是墓主人的写照，而双龙与璧结成一体，刚好组成了一副升天龙舟，负载墓主人的灵魂升入天堂。

最下部为地下部分，描绘了一对相交的青躯红鳞巨鱼，巨鱼之上立有胯下乘蛇的赤身力士顶托着平板状的大地。根据《楚辞·招魂》王逸注，我们知道，这位赤身力士为幽都的土伯。力士的两侧，各有一个口衔灵芝状物的大龟，龟背上各立一只鸱鸮。地府中更有面目狰狞的狗和双目圆睁的猫头鹰，它们虽不吉利，却能镇压地府中的妖魔。根据范三畏先生的研究，认为地下这一对相交的青躯红鳞巨鱼，就是古人称为的"鼇"。因为，"神话传说昔日天陷地崩，女娲氏就曾'断鼇足以立四极'——截断鼇的四肢当了四根撑天柱，这才把天像帐篷似地撑了起来。"（范三畏《旷古逸史》第165页）这幅帛画的内容极为丰富、复杂，从人间到天上、地下，从现实到幻想，从整体看，表现手法多样而协调，正如用多种乐器合奏出的一首奇变而和谐的交响乐。综观全幅帛画共有四龙，皆长角、尖耳、兽足、蛇躯，其形象与后世龙已基本无异；四龙纵横驰骋于天、地、人三界，充分体现出其通天神兽的特性。

对于帛画中这一人首蛇身的形象，学者多有论辩，至今仍众说纷纭。有人认为此神应是烛龙，（安志敏《长沙新发现的西汉帛画试探》）有人则认为是镇木神，（顾铁符《座谈长沙马王堆一号汉墓》）郭沫若认为应是"女娲"，（郭沫若《桃都、女娲、加陵》）钟敬文则提出了"伏羲说"，（钟敬文《马王堆汉墓帛画的神话史意义》），而孙作云也认为此一人首蛇身神应是伏羲。（孙作云《长沙马王堆二号汉墓出土画幡考释》）笔者通过详细的分析与研究后，认为此一人首蛇身像，既不是伏羲，也不是女娲，而是龙身（烛龙）人首的龙祖盘古。其理由如下：

1.在中国，以图案来装饰墓室的风俗由来已久。早在商代的侯家庄1001号大墓中，就已发现有雕刻花纹的木板，可知墓室装饰在中国的发展甚早。如战国时期墓葬绘画内容主要包括以下三个方面：一是由众多神人灵异构成的诡秘怪诞世界；二是由人物和人物活动构成的人间现实场面；三是由日月星辰构成的宇宙天象景致。（贺西林《古墓丹青——汉代墓室壁画的发现与研究》第143页）可见早期中国人的灵魂观念与丧葬信仰系统，就是由这些神人灵异、日月星辰构筑而成的。

2.到了汉代以后，由于受到雷神（龙祖）神话以及龙蛇崇拜的影响，在汉代的许多壁画墓、墓室画像石、画像砖上，出现了数量不少的伏羲、女娲结合在一起的形象。原则上，汉代的伏羲、女娲的形象是战国时期就已经形成的“人首蛇身”基本形象特征的延续，随着社会环境的变迁与宗教信仰的演化，伏羲、女娲往往又与阴、阳的概念相结合，或奉日捧月，或执规持矩，因而使得这两位原始的神灵又被赋予了不同的形象含义与信仰功能。不仅将伏羲、女娲视为墓室的日、月及主宰阴、阳的两位大神，更被视为是天龙（阳龙，太阳）与地龙（阴龙，月亮）的象征和标识。由汉画像中伏羲、女娲的形象意涵可知，长沙马王堆一号汉墓出土的这幅彩绘帛画中的这位龙神就是龙祖盘古。

老子在《道德经》中，以36章（包括砭时、议兵）的大幅篇章论述治国之道。那么，治国之道与龙有着怎样的关系呢？因为，承担治国大任的都是帝王君主，也就是被老子称为侯王的“孤、寡、不穀”者，“是以侯王自称孤、寡、不穀。”（《道德经》第九章）古帝王君侯多以龙族自承，并认为自己是真龙天子。因为，龙身上所具备的通天、善变、显灵、征瑞、示威等神性和“帝王性”多有吻合之处（比如龙可以“通天”，帝王们也认为自己“受命于天”，）龙遂被帝王们看中，拿来做了自己的比附、象征的对象。另外，龙的性格是喜怒无常、变化多端的。“夫龙之为虫，可狎而骑也，然喉下有逆鳞径尺，婴之则杀人。”（《韩非子·说难》）龙是一种性格上时而温顺（“可狎而骑”，）时而凶暴（“杀人”）的神物，其喉下逆鳞千万不要触碰。人们用龙来比喻君王、天子，是再恰当不过了。因此，老子用大量篇幅论述治国之道，要求这些统治者——真龙天子，一定要彰显龙德，惟道是从。因为，龙德是天道的伦理化，是体现着天道的生活准则和行为规范。天道贵生，龙德福生，由贵生而福生，贵生引导福生，福生体现了贵生。

龙作为中华民族发祥和文化起源的标志，与中国历史文明的形成紧密相关。对于炎黄子孙来说，充满神秘色彩的龙代表着一种信念，一种血肉相连的情感。自古以来，华夏民族一直认为自己是“龙的子孙”、“龙的传人”，龙的文化除了在中华大地上传播继承外，还被远渡海外的华人带到世界各地。老子在《道德经》中关于治国的论述，如果说主要是针对“真龙天子”而言，而其在《道德经》中对于修身的论述，则主要是针对“龙子龙孙”而言的。那么，老子为何要求“龙子龙孙”们注重修身呢？《礼记·大学》曰：“古之欲明明德于天下者，先治其国；欲治其国者，先齐其家；欲齐其家者，先修其身；欲修其身者，先正其心；欲正其心者，先诚其意；欲诚其意者，先致其知，致知在格物。物格而后知至，知至而后意诚，意诚而后心正，心正而后身修，身修而后家齐，家齐而后国治，国治而后天下平。”“修身齐家治国平天下”这是儒家思想传统中知识分子尊崇的信条。以自我完善为基础，通过治理家庭，直到平定天下，是几千年来无数知识者的最高理想。

在《道德经》中，老子重在论道、治国、修身，还特别强调“道法自然”。在他看来，道创生抚育万物，绝对是自然而然的。“故道大，天大，地大，人亦大。域中有四大，而人居其一焉。”（《道德经》第二十五章）河上公注：“道大者，包罗天地，无所不容也，天大者，无所不益也，地大者，无所不载也，王大者，无所不制也。”王弼注：“天地之性，人为贵，而王是人之主也。”这就是说，因为龙祖盘古是道的化身，所以，道的化身龙祖盘古大；由龙祖创生的天龙（太阳）大，地龙（地球）大，“龙子龙孙”——龙的传人亦大。宇宙间有四大，而人居其四大之一。如果将这四者排一个由小到大的位次的话，就是龙的传人大不过地龙，地龙大不过天龙，天龙大不过道的化身龙祖盘古。世界上所有的万物都体现着天道，都受天道的制约。道的化身龙祖盘古创生宇宙万物的根本原则是仿效自然。

古生物学家自19世纪20年代发现第一块恐龙化石开始，经过近200年的研究得出了一个科学结论：6600万年前，一场大灾难使统治地球长达1.75亿年的动物种类——恐龙灭绝了。恐龙只是那场大灾难的众多受害者中的一部分，其他动物也都大量减少或灭绝了。这一结论，有力地证明了老子早在2500年前的精辟论说“人法地，地法天，天法道，道法自然。”

（《道德经》第二十五章）的前瞻性，充分展现了一代圣哲的博通古今，见识卓越。尽管《老子》的行文含蓄隐晦，正言若反，委婉曲折，扑朔迷离，但是，其思想学说始终如一，向人们传递了一个重要信息：龙的传人、炎黄子孙要替天行道——传承弘扬龙文化，扩展传播龙信仰。

盘古不仅开天辟地，创造了宇宙万物，而且还以图形语言创造了人类文化之根——太极图，从而构成了盘古文化体系。太极图是盘古文化的标识，又被称为“天书龙图”。太极图用了一个简单的形象——黑白阴阳二龙，就为人们从基础本质上认识宇宙事物的基本存在状态与运动形式提供了内容丰富层次分明的论据。同时，太极图以简单隐藏复杂，创造出一个标准的形象化模式——阴阳，这就是白色的龙代表白天，太阳（天龙），为阳；黑色的龙代表黑夜，大地（地龙），为阴。从此，由太极图衍生的太极文化便成为盘古文化的核心，也就成为中国远古时代的“龙文化”。

二、龙凤文化

盘龙洞窟顶天然太极图中的龙凤图像，（图 27）是对太极文化的传承与发展。因为，龙龟送给华夏人文始祖伏羲的太极图，是由代表天龙和地龙的黑白两条阴阳龙组成的，黑色的龙为阴，为阴龙；白色的龙为阳，为阳龙，充分彰显了太极文化的核心——阴阳文化。而龙龟送到盘龙洞内的太极图，后来由五方龙神幻化刻印于洞顶形成了天然太极图，图中展现出的龙凤图像，则揭示了四大星象龙之苍龙星和朱雀星的奥秘：在四大星象龙所降生到大地上的生物龙中，恐龙、翼龙、蛟龙、鼍龙是由苍龙星和朱雀星最先降生到大地上的生物龙，从而演变形成了中华龙文化的主体——龙凤文化。

图 27　盘龙洞窟顶天然太极图中的龙凤图（翟振中摄）

龙凤文化是中国传统文化的两翼，它们从两个不同的方面展现中华文化的精神，如果从龙凤文化最初的象征拓展开去，可以将它们的文化含义排成两个相对系列。龙：天、帝、父、权利、凶悍、战斗、威力、进取、崇高、威严、至尊……；凤：地、后、母、幸福、仁慈、和平、智慧、谦让、优美、亲和、至贵……。龙凤的精神其实也可以用乾坤二卦象征：乾卦的精神是“天行健，君子以自强不息”；坤卦的精神是“地势坤，君子以厚德载物”。龙代表中华民族刚毅、进取、万难不屈的一面；凤则代表中华民族仁慈、宽厚、智慧灵动的一面。中华龙凤文化专家庞进先生说：“龙和凤从两个不同的方面展现着中华文化的基本品格：龙代表合力奋进、刚健有为的一面；凤则代表和美仁爱、灵慧福生的一面。如果再精粹一些，可以这样说，龙文化的精髓是‘合力’，凤文化的精髓是‘和美’。”（庞进《中国凤文化》前言）自远古到当今，龙凤习俗都因体现着“阴阳和谐”理念而互渗互补、相辅相成。龙凤文化相对、互补、互渗、互含、合一，演化出中华文化的大千世界。

现在，无论学界和民间，大家一般都认同伏羲和女娲是“龙”的说法，所谓“龙的传人”实源于此。其实，伏羲和女娲既是“龙”，也是“凤”。因为，古籍记载二人都是“风”姓，而风与凤在远古时期具有同一性，凤既是太阳之神，即司风之神，凤字的发音就来自风声。1965 年在新疆阿斯塔那出土了一幅唐代（618—907 年）伏羲女娲图，（图 28）现藏于新疆维吾尔自治区博物馆。图中描绘的是伏羲女娲相拥交媾的景象，展现了中国古代神话传说中人类始祖的形象以及中华龙文化的深奥蕴涵。

图 28　新疆阿斯塔那唐代伏羲女娲图

这幅唐代的伏羲女娲图，是龙凤同源的又一重要例证。图中男女二人均微微侧身，面容相向，各一手抱对方腰部，另一手扬起，男手持矩而女手执规；男女下半身均为蛇形，互相交绕，男女头顶之上绘有日形，日中有三足鸟，蛇尾之下绘有月形，月中有玉兔、桂树、蟾蜍。男女日月形象四周，有大小不一的圆点，当系星宿，情态生动线条粗犷，色泽单纯，画面缀以日月星宿之像，不仅有空间的辽阔之感，也显示了伏羲女娲作为人类始祖的崇高意蕴。那么，为何说这幅伏羲女娲图是龙凤同源的又一例证呢？原因有二，其一，图中伏羲女娲头顶之上所绘的日形代表天龙，为日；蛇尾之下所绘的月形代表地龙，为月。日中的三足鸟，就是太阳神鸟——凤，充分彰显了凤鸟是太阳神的象征。其二，伏羲女娲下半身均为蛇形，互相交绕，又同为一姓——“风”，风亦即“凤”。这幅图寓意龙凤不仅同源，且同为一体。

新石器时代是中华文明的起源期和中华民族的形成期。在和这个时代相对应的大地湾文化、高庙文化、赵宝沟文化、河姆渡文化、仰韶文化、良渚文化、红山文化、大汶口文化、龙山文化、石家河文化等区系类型文化中，我们都看到了凤凰美丽的身影。中华文明的核心体系和中华民族的主体都是在这些各大区系、众多类型文化的交汇影响、彼此融合中逐步形成的。而龙与凤一样，显然是这个过程的参与者、伴随者、见证者和标志者。龙凤是中华龙文化的两大图腾，在龙凤身上聚集着中华龙文化的精髓。从马衔山天池传出的太极图，至黄河石林盘龙洞窟内形成的天然太极图，图中的龙凤形象开启了华夏民族龙凤崇拜的先河，从而形成象征龙凤崇拜的龙凤纹。

在距今7000余年以前，位于中国渭河流域生活着一批以彩陶文化为特征的先民。目前已发现的重要遗址有陕西的半坡、姜寨、北首岭等多处，考古学家称其文化为仰韶文化半坡类型。仰韶文化半坡类型先民的经济生活以农业为主，兼营采集、狩猎和捕鱼，大多数考古学家认为当时属于母系氏族社会。仰韶文化半坡类型的陶器多绘有生动的动物纹样，有鱼、鹿、山羊、兽型等。属于仰韶文化半坡类型的北首岭遗址位于陕西宝鸡市金陵河西岸，碳同位素年代为距今6800—6000年。人们在北首岭遗址出土的一件蒜头壶上，发现了原龙纹像。这条“龙”具有细长的身躯，呈弧形盘曲于陶壶的肩部。“龙”的头部呈方形，眼圆形，头两侧具有暴

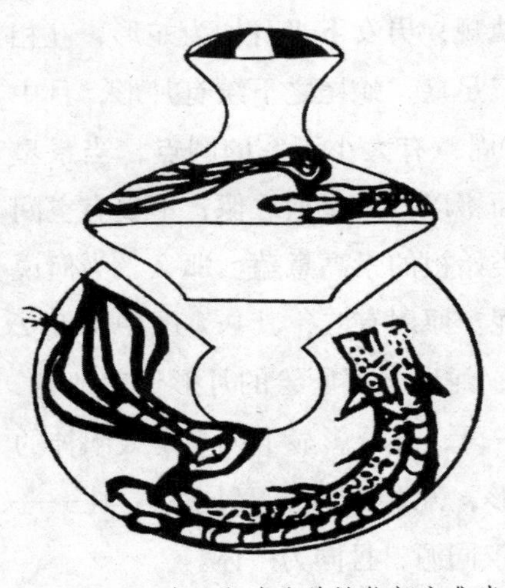

图 29 陕西宝鸡北首岭仰韶文化半坡类型遗址出土的“龙凤纹”

起的巨腮，头与背部均有斑状花纹，而其腹部则为 U 字形迭弧状花纹。它的背部有两鳍，腹部有一鳍，尾部分为三叉。“龙”的尾部绘有一只短尾、尖嘴、体型肥硕的大鸟，鸟喙与“龙”尾的中间部位相连，形似啄衔。(图 29)

出土于宝鸡北首岭的龙凤纹，有人认为应称作“鱼鸟纹”或“鸟鱼纹”，理由是图纹简约、粗糙，“龙”还不是成熟的“龙”，像鱼；“凤”也不是成熟的“凤”，像“鸟”。故考古工作者曾把这一图案定名为“水鸟啄鱼纹”。近年来，很多学者都认为，渭河流域这里的鱼就是早期的龙纹。如果我们联想到商代那些龙鸟（凤）相衔的纹像，就会认为这种看法不无道理。因为，图中的龙已不是单一的生物龙了，而是已经“神化”了的神物龙，这个“神化”用当今学者的话说，就是原龙纹（生物龙）“化合式变形”。化合式变形是先民对某种自然的动物艺术形体进行局部的添加或置换，使之脱离其原型动物的本体形态，从而具有多种动物特征的艺术手法。一般来说，添加或置换的成分来自于其他动物形象的相应部分。由于这种艺术手法使动物形象的构成“成分”发生变化，故借用“化合”这一化学范畴的词汇。北首岭的龙凤纹中的“龙”，正是生物龙鼍鳄、蛇与“龙化”动物鱼的“化合式变形”艺术手法的彰显。同样，龙凤纹中的“凤”也是“凤化”鸟类的神物化。这也充分体现了生活在渭河流域的先民们，对神物龙和神物凤的崇拜。

龙和凤在一起的情形，在新石器时代的各种文化类型中是不多见的。陕西宝鸡北首岭龙凤纹属于仰韶文化早期。之后，辽宁文物考古研究所郑重向外界宣布：玉凤和玉龙同现于红山文化。20 世纪 80 年代，玉雕龙从辽西牛河梁遗址的积石冢出土，引起轰动；21 世纪初，玉雕凤又从该遗址的第十六地点四号墓面世。“龙与凤同时作为祭祀或是身份象征出现在史

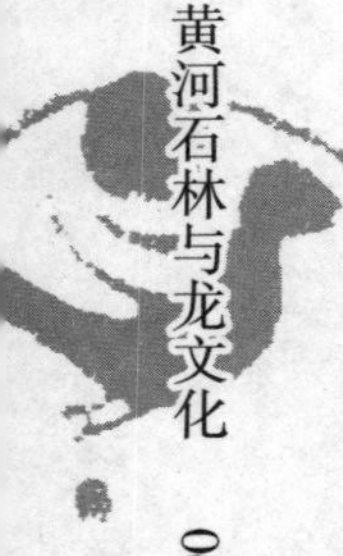

前文化遗址中，这标志着牛河梁是龙凤文化的起源地。”（朱达、王来柱《牛河梁遗址第十六地点发掘获重大成果》）

红山文化时代属于新石器时代中期文化，距今达5000年以上，凤与龙在同址出现，且都以相当精致的样式与身份高贵的墓主人同处一穴，这至少可以说明，当时的龙和凤均为人们所喜爱、所珍重的神奇之物，龙凤崇拜已同步发展到一定程度，且已形成相互配合、携手共荣、同臻美满的格局。当然需要指出的是，牛河梁只是龙凤文化的起源地之一，而非唯一。

龙山文化属于新石器时代晚期文化，距今达4800年至4000年，这个时期也有龙凤同穴的情况。湖南澧县孙家岗十四号龙山文化（一说为“石家河文化”）墓葬曾有“龙形玉佩”和“凤形玉佩”一并出土。两玉佩中均为乳白色高岭玉镂空透雕。龙头部有高耸的角饰，躯体盘曲；凤头饰羽冠，长喙曲颈，卷尾展翅作欲飞状。玉佩为古代贵族随身所佩戴，具有装饰和标示身份的作用。龙凤同佩，想必身份更为高贵。

龙山文化晚期同夏（约前2100—前1600年）的前期重合。尽管还没有属于夏朝的龙凤同穴的文物发现，但是我们仍可认为其对应、配合、互补的状况并没有中断。因为，到了商代（约前1600—前1100年），龙凤同穴的情形似乎已成为时尚，河南安阳殷墟妇好墓就既出土有黄褐色特别漂亮的“玉凤”，又出土了墨绿色造型别致的“玉龙”。而收藏于山东省泰安市博物馆，属于商代的青黄色“龙凤冠人形玉佩”，则让我们第一次看到了最早的“龙凤同体”图案：龙凤冠戴在一个身穿束腰连衣裙的人头上，冠上的龙头向下弯曲，居右；冠上的凤头向上翘起，居左；龙身凤体合二为一。这样的造型，给人的感觉就不仅是对应、配合、互补了，而是相交、融合，是你中有我、我中有你的“合一”或“同一”。

那么，龙和凤为什么会相互对应、配合、补充，以至于融合呢？这主要由于它们是同根同源。另外，还得从神物龙的形象和凤的神性以及它们各自的图腾来分析。龙图腾的取材对象，主要是鳄、蜥蜴、蛇、鱼等动物，以及云、雷电、虹霓、龙卷风等天象，动物则多为喜欢阴凉、潮湿，且善于隐藏的“水物”、“水兽”；天象也是和阴雨有关之象，这就导致了龙图腾在其形成的初期，基本上是属“阴”的。凤图腾的取材对象主要是鸡、燕、乌、孔雀等鸟禽，而鸟禽绝大多数都是喜欢温暖，喜爱阳光的，有“阳鸟乌”、“阳禽”、“火精”之说。这样，从新石器时代到盛行阴阳五行学说的春秋战国时期，龙主要是以“阴物”的形象出现，凤主要是以“阳物”的面貌出现。

从北首岭仰韶文化“龙凤纹”，到商代的“龙凤同体”，再到战国时的“龙凤交融”，说明中国先民对阴阳的认识早在7000年前就已产生，发展到战国时期已经相当丰富且成熟。东周时代是中央集权崩溃、天下群雄并起的时代，也是礼崩乐坏、宗教观念产生大变革的时代。这种变革导致了春秋晚期至战国时期，诸多思想家纷纷涌现，从而形成了“百家争鸣”的局面。当时哲学领域最突出的成就，就是明确提出了“阴阳”学说。《道德经·四十二章》云：“万物负阴而抱阳。”成书于战国时期的《周易·系辞》云：“一阴一阳之谓道。”自然界的一切事物与现象都可归纳为阴阳两大范畴。凡在上的、热的、动的、雄性的等为阳，凡在下的、寒的、静的、雌性的等为阴。阴阳交合就可产生无穷变化，即所谓“天地合而万物生，阴阳接而变化起。”（《荀子·礼论》）《周易·系辞下》云：“天地絪缊，万物化醇；男女构精，万物化生。”又云：“乾、坤，其易之门邪？乾，阳物也；坤，阴物也。阴阳合德而刚柔有体。以体天地之撰，以通神明之德。”这种学说是东周时期的思想家对太极文化核心——阴阳文化思想精髓的传承与弘扬。从这个时期开始，人们把阴阳交合看作是顺应天道的表现，自然也是获得神灵庇佑的吉祥象征。

春秋战国时期，龙凤配合、交融的状况发展到一个高峰，往往是通过交缠、纠结、合体而实现龙凤交融。这一时代典型的龙凤合璧立体造型为河北平山县战国时期中山国墓葬一号墓出土的“四鹿四龙四凤方案器座。”（图30）中山在战国时期是一个相当重要的诸侯国，虽说为北方民族白狄所建，但深受华夏文化的影响，人们信奉的哲学宗教观念大体没有什么不同。这座龙凤纠结方案，“案框是正方形，由四龙四凤组成的案座支撑。四龙分处四角，龙颈修长，龙头前探，与案角连接成一条弧形内收的轮廓线。作者大胆地把龙设计为双身三尾，龙身从胸以下分为左右两支，回转

上卷，尾梢反挂龙角。相邻二龙尾部勾连回绕，在案座每面中心形成连环。每龙左尾又别出一支与案座中心拱璧相连。龙肩上出双翼，八只龙翼翼端联结，成覆杯形。……作者在龙身回转构成的连环中又增饰了四只鸟……凤头、凤爪从龙尾绕结的连环中伸出，两翼、长尾则交叉在连环之后，这样就使这个美丽的神话动物不仅位于方案旋转线条的交叉点，又打破了原有单纯的流动曲线而大大丰富了方案的装饰结构。”（巫鸿《谈几件中山国器物的造型与装饰》，《文物》1979年第5期）据《吕氏春秋·先识览》载晋国太史屠黍云中山之俗“淫昏康乐，歌谣好悲”，龙凤纠结方案无疑带有较强的宗教艺术色彩，而其主要含义还是“阴阳交合”。

图30　河北平山县中山国墓葬一号墓出土的四鹿四龙四凤方案

东周时代盛行阴阳交合的另一种艺术形象，就是龙凤合璧的造型与纹饰。在古人的观念中，龙是水中的神兽。《吕氏春秋·召类》云：“以龙致雨”。高诱注：“龙，水物也，故致雨。”在阴阳学说中水为阴，故龙也是阴兽。《古微书》引《春秋元命苞》云：“龙之为言萌也，阴中之阴也”。与此相反，古人观念中的凤是一种与火相关的神鸟。《春秋演孔图》曰：“凤，火精”。《春秋元命苞》则云：“火离为凤。”（《太平御览·羽族部》）火为阳，凤亦即阳鸟。龙凤合璧即为阴阳相辅，龙凤同体即为阴阳交合，因而它们也就成了吉祥图案而广为流行。

阴阳交合观念来自于新石器时代的鱼鸟纹。针对北首岭“水鸟衔鱼纹”和阎村“鹳鱼石斧图”，连劭名先生曾敏锐地指出：“仰韶文化中尊崇鸟鱼相衔的图形，应是表示阴阳交合的抽象哲学思想。”（连劭名《“鸟鱼石斧图”的宗教与哲学意义》）商代的龙凤合璧形象多见于玉器造型，有趣的是，商代的龙凤之间往往还保留着相衔的关系，只是由鸟衔鱼变成了龙“咬”凤，这是由于龙在商人尊崇的通天神兽中地位极高的缘故。商代龙凤合璧造型往往是凤大龙小，这也是新石器时代鸟衔鱼纹的遗风。如现藏台北故宫博物院的商代龙衔凤佩，凤体硕大，巨喙下弯，头部高昂；凤头上伏有一龙，体型瘦小，如鳄形、祖角、一足，低头张口作衔咬状。再如殷墟妇好墓出土的龙衔凤佩，凤体肥胖硕大，呈奔走状；凤头上伏一祖角张口的小龙。（中国社会科学院考古研究所《殷墟妇好墓》）其实商代龙凤合璧造型也并非都是凤大龙小及相衔的关系。如殷墟妇好墓出土的一件龙凤合璧玉片，即龙大凤小，造型为凤立于山石之上，龙则立于凤背上。

龙凤合璧造型，绝非仅风行于东周时代的北方诸国，在长江北岸的湖北江陵马山一号楚墓出土的丝织品上，也可以看到更多、更美的龙凤合璧图案。墓中出土刺绣品共 21 件，“刺绣花纹的主题是龙和凤鸟，几乎无一例外，但其形态各异，绝不雷同。”（湖北省荆州地区博物馆《江陵马山一号楚墓》）如其中的蟠龙飞凤纹绣，图案中的龙凤各自成对，上下更替；凤纹鹅冠巨翅，作回首立式；龙纹角耳俱全，张口吐舌，犬牙尖利，身躯呈 S 形与一小型凤纹交缠；龙凤纹交替处，又有小型龙纹充填其间，构图繁缛复杂，风格华美堂皇。又如舞凤飞龙纹绣，花纹由左右两组构成，纵向排列。每组一龙一凤，顾盼有致，相映成趣。楚墓刺绣品中，还见有龙凤合体纹绣。图案中的龙、凤头部均严重图案化，龙头在前，凤头在后，共为一躯；躯体变形为植物的藤蔓状，盘曲缠绕。楚人喜用龙凤合璧的图案，依然是取其阴阳交合以示吉祥的含义。马山一号楚墓死者的身份为“士阶层中地位较高者”，其随葬的丝织品图案以龙凤合璧内容为主，其间自有沟通天地的宗教意义。

在东周时代，龙凤合璧也是玉器所常用的图案之一，其形式主要有“龙凤并立”与“龙凤合体”两种。龙凤并立图案中的龙凤各自有完整的躯体，如台北故宫博物院收藏的战国龙凤纹佩，全器呈璜形，长 8.0 厘米、宽 2.0 厘米，“正中雕两只小鸟，大约是凤。这两只凤，两喙相接，两足也相接，表现出非常亲密的样子。璜身本来是比较窄细的，但是把两端折回，每端各琢有一龙头后，便不显得窄细了。龙首接近鸟翼，注视着两鸟，仿佛羡慕他们亲密的样子。”（那志良《人纹小佩龙凤纹佩》）安徽省博物馆藏战国镂空龙凤纹佩，整个玉佩呈扁平的“璜”形。（图 31）上部是尾连为一躯、首相背的双龙，角、足俱全；龙的躯体下则是一对尾相连、首相背的双凤，凤长冠卷尾，作鸣叫状。这两件玉器可谓是异曲同工。这类龙凤合璧图案不仅有龙有凤，龙凤本身还成对出现，无疑是强化阴阳交合的宗教含义。此外，常见的龙凤合体图案一般为身躯两端分别雕出龙、凤之首，亦见有龙、凤之首生于同侧者。安徽省博物馆还藏有两件形式更为复杂的战国龙凤合体纹玉佩。两件玉佩均于 1977 年在安徽长丰县杨公乡墓葬出土，质地为黄玉。其中的一件，左端为一曲颈回首、展翅徘徊的凤鸟，右端为一回首之龙，龙凤共为一躯，躯体呈 S 形，通体遍饰凸蚕纹。同出的另一件玉佩图案与此大体相同，唯龙颈两侧多出两只雏凤，凤颈外侧亦多出一只雏凤。这种图案的深层含义仍然是表达阴阳交合与繁衍生息。

图 31　安徽省博物馆藏战国镂空龙凤纹佩

龙凤合璧图像起源于新石器时代，演变于商周，定型于东周。亦如乾坤、天地、父母，缺一不能存在一样，龙与凤也缺一不能存在。不仅如此，二者也不能有尊卑轻重之别。从中华文化的源头来看，至少在孔子时代，龙凤二者亦无尊卑高下、强弱轻重之别。《论语·微子》云：“凤兮凤兮！何德之衰。”邢晟疏：“知孔子有圣德，故比孔子于凤”。如此说来，凤凰在中华民族先民中的地位不会在龙之下。

正因龙凤的美好含义，龙凤还与孔子、老子衍生出一段“天生一对”的佳话。据传，孔子曾赴洛邑拜见老子。回来后，孔子三天不讲话，弟子们问他见老子时说了些什么，孔子叹道：我竟然见到了龙！孔子在这里称老子为龙。而另一则故事则讲：老子见孔子带着五位弟子在前面走，便问：前边都是谁？其弟子答：子路勇敢、力气大；子贡有智谋，曾子孝顺父母；颜回注重仁义，子张有武功。老子听后感叹道：“吾闻南方有鸟，其名为凤……凤鸟之文，戴圣婴仁，右智左贤。”这是老子比孔子为凤。

龙凤是天生一对，孔子和老子也是天生的一对。这是古人追求将老子和孔子二者动静自如、仁爱为本的圣德思想融为一体的美好愿望。这大概也是古代文献中最早的有关龙凤相合、天生一对的记载了。所以，完全可以说，中华儿女是人文意义上的“龙凤传人”。

综上所述，我们可以说黄河石林盘龙洞窟内天然太极图中的龙凤形象，是中国目前发现最早以龙凤为象征的“阴阳太极图。”陕西宝鸡市北首岭“龙凤纹”是对盘龙洞窟天然太极图中龙凤文化的传承与发展，也可以看作是抽象化了的“阴阳图”——龙凤纹。北首岭龙凤纹中的“龙”，正是生物龙蛟鳄、鼍鳄、蛇与“龙化”动物鱼的“化合式变形”艺术手法的彰显。同样，龙凤纹中的“凤”也是“凤化”鸟类的神物化。这也充分体现了生活在渭河流域的先民们，对四象星龙中龙和凤的崇拜。

作为源远流长蕴涵丰富的文化现象，凤凰和龙都是太极核心——阴阳文化的标志和象征。凤凰因为是太阳神鸟具有阳性，又因和太阳崇拜、风崇拜、族祖崇拜关系密切，其在远古先民心目中的地位不比龙低，甚至还要高一些。北首岭“龙凤纹”上的凤，就在龙之上，且表现出“啄龙”的姿态；殷墟妇好墓出土的“玉凤”比同墓出土的“玉龙”要好看的多；而商代“龙凤冠人形玉佩”，也是翘首凤在上，曲头龙在下；而在长沙陈家大山楚墓出土的“龙凤人物帛画”上，无论形象的美健，还是神态的昂扬，凤都大大地超过了龙。甚至，凤还有意识地摄取龙的某些特性。湖南省博物馆收藏了一件商代“鸮卣”，其底部的凤纹，就长着打弯的龙角，甩着有节的龙尾。

在中华民族的文化中，虽然龙凤并提，但就社会影响来说，大抵上龙超过凤。我们一般说自己是龙的传人，却未见说是凤的传人。这个原因，主要来自封建文化的宗法制，按宗法制，父系为尊，龙是父系的代表，凤是母系的代表。宗法制奠定了封建社会的基础，作为一国之君的皇上，自然是龙，而皇后就是凤。这里似是显出尊卑之别了。因此说，龙凤的地位和风光程度的差别，是由男性帝王为标志的男权社会造成的。

于是，凤凰便有了一个大的转化，即由整体上呈阳转化为整体上呈为阴。这个转化，大约是从秦汉开始的。其原因在于，秦汉以降，龙的身上

开始具有象征君主帝王的神性，专制帝王把龙拿去做了自己的比附象征物。而中国的帝王，除了武则天之外，全是男性。正因为帝王们绝大多数都是男的，手中又掌握着至高无上、威力无边的权力，加上龙身上具备了众多“阳物”的特性，其呼风唤雨的威力、飞举变化的能量，也和雄壮属阳的男性相吻合；而凤凰由于其外表美丽，更和喜好打扮得花枝招展的属阴的温柔的女性相接近。凤凰的这个转化过程，历时大约一千多年。

然而如果追溯龙凤图腾的源头，我们则可以看到，龙与凤两大图腾其实并没有尊卑之别。龙凤图腾的源头都来自四大星象龙及其所降生的生物龙。周代特别是西周的青铜器的纹饰中凤凰占据十分突出的地位，而作为青铜器标志性的饕餮纹在此一时期则少见。值得我们注意的是，在周朝及其以前的青铜器纹饰中，没有发现龙与凤争斗的图案，却发现了不同时期的龙凤同体纹。这有力地说明了中华民族中多民族的亲和性、统一性。庞进先生说：“凤凰形象是中华民族文化尚‘和’的产物，是‘和’的象征，其实，龙也是，龙凤之间的关系也是。”（庞进《中国凤文化》）。

当前，国家在倡导和谐文化，而以“合力和美”为精髓的龙凤文化与和谐文化具有本质上的一致性。龙凤文化既可以为和谐文化、和谐社会提供民俗基础、智慧参照和精神支持，也可以作为和谐文化、和谐社会的象征和载体而承古创新。庞进先生将凤的文化精神归结为“和美”，我们这个世界，不仅需要高科技，而且要和美，这和美不仅是人与人之间的和美，而且还有人与自然的和谐、人内心情感与理性的美。建设一个和美的世界，是人类世世代代的伟大理想，更是当今人类的伟大使命。

三、三家文化

盘龙洞窟内洞顶为天然的太极图，主洞窟塑有“竖三世佛”及“十大护法”。在主洞窟内西侧有一与之相连的洞窟为三霄洞，又称百子宫，洞顶绘有太极图，其内塑有三霄娘娘，是道教神话传说中的三位仙女。在主洞窟东侧下方有一洞窟被称为“龙洞”，其内供有金龙大王、墨赤龙王、清水龙王、四天圣母等十三顶神龛，洞内有一奇特之处，这就是在洞窟顶的西南角上开有一洞口与主洞窟相通，人们可以通过拾级而上的石台阶攀登至主洞窟的地面，这样，主洞窟与东西两侧的洞窟相互贯通，连为一体。洞窟对面的山崖上有佛之右手，为“绝无畏印”。

每个古老民族都有关于万物创生的神话，在中国开天辟地的神祖是盘古氏。已故原国务院副总理钱其琛，2000 年 4 月 3 日在《深刻开掘和研究龙文化的精神内涵》一文中对中国龙神话做了精辟地论述：“由于龙是中华民族集体力量的象征，能够对中华民族团结合力做出贡献的带头人，就往往被看成龙的具体化身。在中华民族的历史文化传说中，盘古、伏羲、女娲、黄帝等代表人物，都是龙的部分或全部化身。”《金龙训言》曰：

儒道最贵孔府门，孟子回头探月识，
创下人间一奇迹，人众百姓勿忘祖。
轩辕根下创奇迹，伏羲杰作八卦时，
神农百草种五谷，九天玄女炼石体。
更高追上混沌时，混元老祖布食衣，
正是吾的一恩师，开造天地分阴阳。
天下传言女娲氏，与同伏羲结良妻，
炼丹造石造人类，这与混元同兄弟。
再传又临道德时，太上言词五千句，
天玄奥秘太上言，那时开天创世纪。
当下百姓心潮伏，追溯龙身在那寻？
华夏龙人好人子，伏羲正是一骄体，
轩黄正是龙精体。三佛本是三太祖，
三清正是道中祖，因因三位承前接，
三皇三清本一姓，三佛本是里中齐。

从《金龙训言》中得知，龙祖盘古自创生天地万物后，转化为今天人们称为中国神话中的“三皇”，也就是指在远古时代，华夏民族陆续诞生了三位伟大的人文始祖——伏羲、神农、黄帝。因为，“三皇三清本一姓”是说伏羲、神农、黄帝与后世道家的三清太祖同为一姓——龙，训言

"轩黄正是龙精体"道出这其中的奥秘。所以，伏羲、神农、黄帝他们都是由龙祖盘古于不同时期传化的化身，连同佛家的三世佛祖与道家的三清太祖都是龙祖盘古于同一时期传化的化身。正是《金龙训言》所曰："三佛本是三太祖，三清正是道中祖，因因三位承前接，三皇三清本一姓，三佛本是里中齐。"这就是说，儒、道、释三家他们都有一个共同的祖先——龙祖盘古。因此，我们说盘龙洞窟内所供神像与神龛充分彰显了中国传统文化的主体——儒、道、释三家文化。

龙祖盘古的这些化身他们分别开创了中国的儒家、道家、佛家三家文化。首先，龙祖化身伏羲于渭河边得到龙龟送来的"天书龙图"——太极图而创制了八卦，开启了华夏文明。伏羲八卦经过神农、黄帝时代的传承和弘扬，成为《连山易》和《归藏易》，至殷周之际形成《易经》。孔子与其弟子将一些思想家借着读《易经》、说《易经》的机会撰写的一些注释或论文汇编成册，命名"十翼"，后又称为《易传》。《易经》与《易传》合二为一被称为《周易》，因此，《易经》是儒家文化的源头活水，被其奉为群经之首。战国时期，龙祖分别在中国和印度传化降生了道家之祖老子和佛家的三世佛祖，他们分别开创了中国的道家文化和印度的佛家文化。至东汉时，印度的佛家文化传入中国，经过长期地与中国儒家文化、道家文化的互相交流与融合，逐渐成为中国特色的佛家文化。从而形成中国传统文化的主体——儒、道、佛三家文化。

《六度集经卷第五》曾记载了一则故事，充分说明了龙与佛祖的渊源关系。

佛教中的龙是佛法的护卫者。《过去现在因果经》也说："难陀龙王、优难陀龙王于虚空中，吐清净水，一温一凉，灌太子身……天龙八部亦于空中作天伎乐，歌呗赞颂，烧众名香，散渚妙花，又雨天衣及以璎珞，缤纷乱坠，不可称数。"这一佛传故事在中国又演变为九龙吐香水浴佛。由此可见，自悉达多太子降生，佛教中的龙就在为佛服务。中国文物中多有以"浴佛"为主题的图像，早期者如北魏三年石造像背光背面的佛传浮雕，画面分上下两层，上层为太子于摩耶夫人右胁降生情景；下层右侧为太子指天地作狮子吼情景，左侧为九龙浴佛情景。《法华经·序品》

云：龙中有八大龙王，难陀龙王，跋难陀龙王，娑加罗龙王，和修吉龙王，德叉迦龙王，阿那婆达多龙王，摩那斯龙王，优钵罗龙王，每位龙王都有百千眷属。我们从宋代画家张胜温所作《大理国梵像卷》（后称《法界源流图》）中，可看到其中六位龙王的画像（缺摩那斯，优钵罗两位龙王）。西晋竺法护译《海龙王经·请佛品》还载有龙王请佛入海龙宫中说法的故事："一时佛在灵鹫山，无量之众围绕时，忽海龙王率无数眷属诣佛处，佛为说深法，则大欢喜。请佛降海底龙宫，以受供养说法，佛许之。时龙王化作大殿，以绀琉璃紫磨黄金庄严，宝珠璎珞七座为槛木盾，极为广大。又自海边涌金银琉璃三道宝阶，使至于龙宫，以请世尊及大众。世尊乃率无量之大众至龙宫，坐大殿之狮子座，更说妙法，以化龙属。"佛经中关于海龙王的记载，对中国龙王的形成产生了极大的影响。盘龙洞窟内主洞窟东侧下方"龙洞"中的金龙大王、墨赤龙王、清水龙王等，护卫着主洞窟龙祖盘古化身——佛祖，就是对佛教中的龙在为佛祖服务的承继。

龙拱围于龙祖的情景最早展现于黄河石林。因为，环抱于老龙湾的这一条巨大无比的长龙，其实它就是龙祖盘古显于大地的龙身。位于黄河南岸的盘龙洞窟恰好居于这条龙身的前段，在盘龙洞窟外，巨龙的龙身与天空形成了一幅天然混成的太极图。前已述及，太极图是盘古文化的标识，所以说老龙湾这条巨龙就是龙祖盘古的龙身。当地村民尚可昌曾讲：根据祖辈们的流传，在老龙湾这条巨龙的周围，有八座突出的山峰环围于巨龙的八方，这八座山峰分别代表八卦中的乾、坤、坎、离、震、巽、艮、兑。伏羲八卦，"从表层结构上看，伏羲八卦是标志着宇宙间八种自然现象。但是，在其深层结构中，却是以符号语言传递了远古各种不同类别和形状龙的起源以及龙族生活环境地的信息。"（滕力《丝路莲台话雷祖》第188页）那么，拱围于龙湾巨龙周边的八座山峰，就代表着八条龙护卫着龙祖。

太极文化是盘古文化的核心。太极乃一，是宇宙万物究竟之本源，是形而上的道体与形而下物理世界的和合，是物质与精神的统一。故老子名之曰"道"，孔子名之曰"仁"，释迦名之曰"佛"。在修学行证上，儒家修学的最高境界为圣，次者为贤；道家的最高境界为神，次者为仙；佛家的最高境界为佛，为如来，次者为菩萨。可见三教修学的最高境界在儒为圣贤，在道为神仙，在释为佛菩萨。儒家讲唯精唯一，道家讲抱朴守一，佛家讲万法归一。而所谓儒家的圣，道家的神，释家的佛，即都是把握了宇宙究竟的本源，认识了宇宙人生事实的真相，亦即《周易》中之太极，亦即“道”，亦即“仁”，亦即“佛”，亦即“一”。

一即太极，太极即一。那么，佛学中哪些内容与太极两仪、四象、八卦等相连相通呢？原始的佛教并非宗教，它是佛陀对九法界众生至善圆满的教育，而教育的根本方法是首先明心，次第见性，继而成佛。以性为体，以心为用，证悟后可达到心性一如，心物一元，亦即是佛学中最高的华严境界，“一真”法界。此一真法界亦即“真如”，亦即“如来”，亦即“佛果”。我们这里所说的“一真”即《周易》中之太极。一真生两仪，即性即相，即心即物，即空即色，即体即用；性为阴，相为阳；心为阴，物为阳；空为阴，色为阳；体为阴，用为阳。性相一如，心物一元，体用合一，空色不二，此即佛学不二法门，亦即《周易》阴阳合一为太极的道理。为证悟“一真”，由心性一如之阴阳不二法门而开设“四圣谛”为苦、集、灭、道；集为少阴，苦为太阴；道为少阳，灭为太阳。所谓知苦断集，慕灭修道，依次修证可为声闻阿罗汉果位。

佛教认为众生有种种痛苦，“正八道”则是消灭痛苦的八种途径，其中包括正见、正思维（或正志）、正语、正业、正命、正精进、正念、正定，这是每个欲求解脱的佛教徒必须首先做到的。此八正道与八卦相对应：正见者，离卦；正思维者，乾卦；正语者，兑卦；正业者，坤卦；正命者，巽卦；正精进者，震卦；正念者，坎卦；正定者，艮卦。上海博物馆藏宋代扒村窑黑地白龙正八梅瓶，就是当时佛教庙宇中的用品。瓶高41.3厘米，纹饰以留白填黑法绘出，瓶上部为一条头部朝上的走形龙，下部为楷书“正八”二字。黑地白龙正八梅瓶充分彰显了佛学与龙及八卦的文化内涵。佛学“唯识学”中的八识（眼识，耳识，鼻识，舌识，身识，意识，末那识，阿赖耶识）也与八卦相通：眼为离，耳为坎，鼻为艮，舌为兑，身为巽，意为震，末那识为坤，阿赖耶识为乾。佛学修证中转八识为四智即是八卦逆归四象。转前五识眼耳鼻舌身为成所作智，为少阴；转第六意识为妙观察智为太阴，转第七末那识为平等性智，为少阳，转第八阿赖耶识为大圆镜智为太阳。

人不能离开信仰，否则将找不到心灵的归宿，失去人生的意义和价值。信仰是人们对宇宙真理的极度信服和尊重，并以之作为行动的准则，在任何时候、任何环境中能够始终保持的坚定信念。中国文化强调“悟”的过程，人在社会中，如果被物质利益所迷惑，失去了信念层面上的“悟”的内容，就会陷入迷惘状态，只相信现实的享受，不相信未来，没有个体自我意识觉醒，没有敬畏的对象和价值标准，没有心灵的约束，便会为所欲为，最终失去道德的底线，所以中国传统文化中讲要“悟道做人”。

文化是民族精神的载体，信仰和文化是分不开的。中国的儒、道、释三家，都有一个共同思想，那就是认为上天赋予了人德行：儒家称之为人的本性、恻隐之心或良知；道家称之为神性；佛家称之为佛性，人可以通过教化而为善，通过修身以达天人合一，人神一体的境界。从儒家看来，强调崇仁尚礼，谦和恭敬，认为“天心存仁”，揭示了“人心不仁，天心不佑”的天地之理，注重用道德礼仪实现对社会秩序的维护，凝聚着“仁者爱人”的博爱意识、“以天下为己任”的社会责任感和“天将降大任于斯人也”的历史使命感等，通过修身可成贤成圣。

自从龙祖盘古开天辟地创生宇宙万物后，人类成了万物之灵，从此便构成了天、地、人三界的大千世界。生活在华夏大地上的远古先民，都认为伏羲、女娲是人类的祖先，把他们与神农氏炎帝、轩辕氏黄帝共尊称为三皇，也就是华夏民族的人文始祖。因此，今天的中华民族骄傲地认为自己是“龙的传人”。炎黄子孙一脉相承，龙的形象是一种符号、一种意绪、一种血肉相连的情感！“龙的子孙”、“龙的传人”这些称谓，常令我们激动、奋发、自豪。但是，“并非只有中国人才是龙的传人，事实上，我们全都是！《飞蛇与龙》揭示了这个人类有史以来最大的历史之谜：我们不是进化论的产物，而是来源于谜之星‘尼比鲁’上的爬虫类诸神。”（《谜之行星尼比鲁》罗伯·索利拉昂）

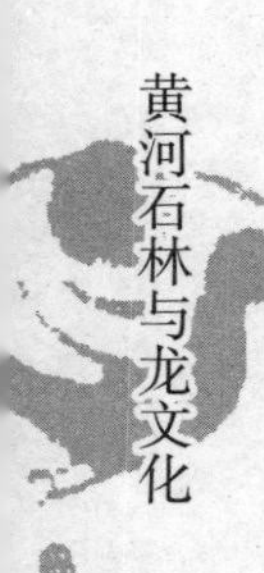

第三章 龙山龙文

第三章

龙山龙文

黄河石林景区，它不仅是世界东大龙脉的截止地之一，更是今陇山山脉的发源地。陇山地处甘肃中东部、宁夏南部和陕西西部，位于西安、银川、兰州三省会城市所形成的三角地带中心。陇山山脉是陕北黄土高原和陇西黄土高原的界山及渭河与泾河的分水岭，曲折险峻，史书谓其西部为“陇右”，东部为“陇东”、“三陇大地”。陇山文化圈大体上包括陇山山脉及其周边的地区，是指以陇山为中心包括白银、固原、平凉、庆阳、天水、宝鸡等方圆 9.8 万多平方千米内的区域。陇山区域位于黄河上游、渭河中上游和泾河流域的广大地区，是黄土高原上的一片绿洲，具有丰富的人文背景，距今八千年的大地湾遗址，是迄今为止陇山区域发现最早的人类文明。在中华文明、中华文化、中华民族的发生、发展中占有极其重要的地位。

陇山山脉有两座主峰，在宁夏固原、隆德两县境内，最高峰美高山（古高山），俗称米缸山，海拔 2942 米，其北侧有另一高峰称为六盘山，海拔 2928 米。陇山山脉以其主峰为界，由南北两大山体组成，山脉大致为西北—东南走向的狭长山地。其西北段称为大陇山，山脉穿行于白银、固原境内，山体起始点自祁连山（昆仑山东大龙脉）支脉——寿鹿山，逾黄河与哈思山相接。经靖远县莲台山、卧龙山、黄家洼山，过海原西华山，至西吉县与海原县的界山月亮山连接于主峰美高山、六盘山。东南段称为陇山、小陇山，位于老龙潭之南。向南延至陕西省西端宝鸡以北，也称为陇山山地自然区，该区位于关中平原盆地西北部，大致包括陇县和宝鸡陈仓区西部，止于汧渭之会。从历史传承上看，陇山是指广义的陇山山脉，寿鹿山、哈思山、西华山、六盘山、崆峒山、吴山、关山、桃木山等都是广义陇山山脉的山峰。

陇山与六盘山在当代多有混淆，综合各类文献资料的解释，广义的陇山即现在的六盘山脉，包括现今的六盘山和现今的陇山。《读史方舆纪要》：“陇山，北连沙漠，南带汧渭，关中四塞，此为西面之险。”（《读史方舆纪要·卷五二》）《宁夏百科全书》称：“陇山，北起宁夏海原县西华山，经西吉、固原、隆德、泾源入陕甘，南北长四百里，东西宽四十至一百二十里不等。汉代至唐代统称陇山。唐代于峰顶置关，因古道盘旋有六盘始达峰顶，故名六盘关。从宋代起将固原县和尚铺与隆德县之间的山峰称作六盘山。当代，六盘山扩展为山脉名，而南段仍称陇山。”谭其骧先生《中国历史地图集》清时期的地图中，在陕甘宁交界处，六盘山是山峰名称，而山脉名称有二个：陇山，六盘山。在彩色地图上，黑体字代表古名，红体字代表今名，显而易见，在清代此山脉还是称陇山山脉。在当代，陇山改名六盘山，或许由受毛泽东《清平乐·六盘山》一诗而来。中国地质大学（武汉）王友琪说：“六盘山构造带位于宁夏、甘肃和陕西三省交界，总体呈 NNW 向展布，北起甘肃景泰县，南达陕西宝鸡市，全长420余千米，以六盘山隆起及其东麓盆地为主体地形。”（王友琪《六盘山构造带简要说明》）这充分说明，陇山山脉的西北起点为景泰县的寿鹿山，而不是“北起宁夏海原县西华山。”（图32）

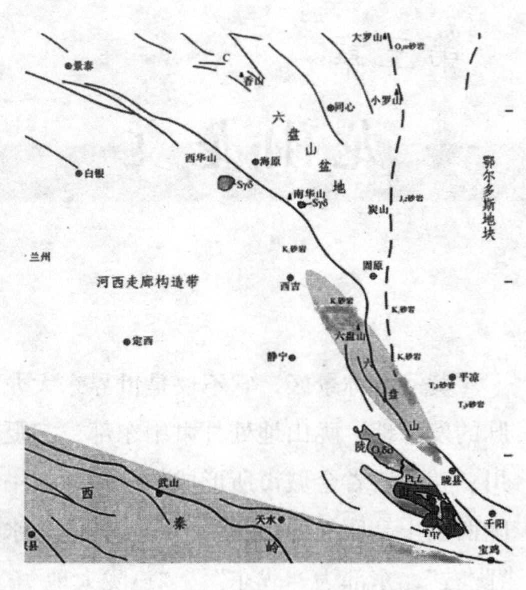

图32　陇山山脉与六盘山盆地构造纲要图

六盘山与美高山是陇山山脉的最高峰，即古“龙首之山”。《山海经·西次二经》载：“（女床山）又西二百里，曰龙首之山，其阳多黄金，其阴多铁。苕水出焉，东南流注于泾水，其中多美玉。”原文是说，在女床山（今陕西岐山）之西有一座大山名曰“龙首之山”，也就是今天的六盘

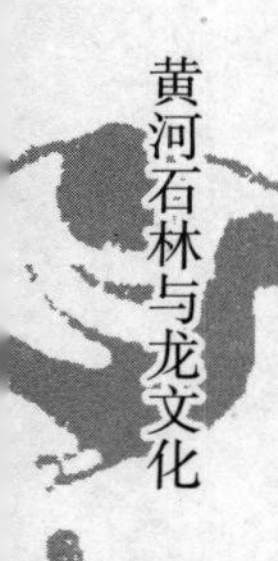

山与美高山，其南部山脉地区多有黄金矿藏；北部山脉地区多有铁矿藏。泾河水发源于六盘山东麓。有两个源头，南源出于泾源县老龙潭，北源“苕水”出于固原县大弯镇。远古先民将今天的陇山山脉（亦称六盘山山脉）总称为“龙山”，沿袭至今的“陇山”其实就是古代之“龙山”，“陇”字就是《山海经》中“龙首之山”的“龙”字，是后来的人们避皇帝为真龙天子之讳，在龙字的左边加了“阝”旁，才有了今天的“陇山”之称。

《山海经》中为何要将陇山山脉的最高峰六盘山与美高山称为“龙首之山”？这与陇山山脉的形成有关。前已述及，在8360万年前，金龙在盘古大陆分裂的第二个阶段后期开始，至第三阶段率领翼龙族众，历时1700万年，终于在盘古大陆完全分裂之前，成功地营造出了中国的三大干龙汇聚于马衔山。为了在数千万年后，帮助龙祖盘古和其化身“伏羲”、“神农”、“黄帝”开启华夏文明。金龙又率领翼龙族群，于白垩纪晚期（距今约6930万年）开始营造华夏文明的破晓、孕育之地——龙（陇）山山脉，至新生代早期完成。“六盘山构造带在地质演化中经历了多次阶段性隆生……早白垩纪两次下降接受沉积，晚白垩由E—W向引构造张力转为NW—SE向挤压构造应力，六盘断裂结束沉积。新生代以来，受青藏高原扩张影响，整体隆升并形成今天的格局。据数字分析，这种隆升及其影响至今还在进行。”（王友琪《六盘山构造带简要说明》）

一、龙首之山与龙潭龙宫

龙山山脉的北端连接于今景泰县寿鹿山，（图33）南端止于今陕西境内宝鸡汧渭之会。这说明，与马衔山一样，金龙又将龙山山脉与昆仑山东大龙脉相连接，被当今的学者称为“六盘山脉是祁连山

图33 东大龙脉祁连山支脉——寿鹿山

的余脉。”金龙在营造龙山山脉的时候，将其最高峰营造为“齐首并举”的双峰——美高山与六盘山，美高山古称“高山”。《山海经·西次二经》：“又西北五十里，曰高山，其上多银，其下多青碧、雄黄，其木多棕，其草多竹。泾水出焉，而东流注于渭，其中多磐石、青碧。”在龙山山脉的最高峰下，金龙又特意营造了一个大地上的龙宫——老龙潭，古称为“雷泽”。《山海经·海内东经》：“雷泽中有雷神，龙身而人头，鼓其腹。在吴西。”雷泽中的雷神，就是龙祖盘古，老龙潭共有六个潭组成，龙祖盘古居于六潭，这也就是《山海经》中将龙山山脉最高峰称为“龙首之山”的缘由之其一。

其二，这是远古先民对起源于新石器时期陇山两翼广大地区的伏羲、女娲龙神崇拜的传承与扩大。先民们认为龙山山脉是伏羲、女娲分别显现于大地的龙身，即今大陇山代表伏羲之龙身，小陇山代表女娲之龙身；两条龙的巨大龙身盘旋相交于中华龙宫老龙潭之北，形成了龙山山脉的最高峰“龙首之山”。伏羲龙首——“美高山（古高山）”，耸立于龙首山之南；女娲龙首——“六盘山”，昂居于龙首山之北，两条龙尾分别通向南北两个不同方向，即向南通向陕西省西端宝鸡以北，延伸至汧渭之会；向北通向固原、海原至甘肃靖远莲台山、哈思山，逾黄河相接于寿鹿山。因两条龙的巨大龙身盘旋相交形成了龙首山，他（她）们的盘旋螺线结构形式为六层，故龙首山又名“六盘山”、“龙盘山”。藏于新疆维吾尔自治区吐鲁番博物馆的一幅隋代伏羲女娲图，出土于高昌古城郊阿斯塔那的哈拉和卓古墓群中，构图奇特、寓意深奥，极富

图 34　新疆吐鲁番阿斯塔那隋墓出土伏羲女娲图

艺术魅力和神秘色彩。（图 33）“阿斯塔那”是古代维吾尔语“首府”的意思，因村东著名的高昌故城而得名，而“哈拉和卓”相传是古代维吾尔国一位大将的名字。（柳洪亮《吐鲁番阿斯塔那—哈拉和卓古墓地出土古尸述论》）伏羲女娲图是古龙山山脉的真实写照，充分彰显了陇山区域是中华龙文化的发祥地。

6000 多万年前金龙在营造陇山山脉时，特意在“龙首之山”下营造了一个“天下第一龙宫”——老龙潭，也就是《山海经》中记载的古“雷泽”。老龙潭俗名“泾河脑”，位于固原市泾源县城南 20 千米处，从地质结构上说，是燕山运动和喜马拉雅造山运动中山体断裂形成的大峡谷。老龙潭被誉为黄土高原上的天然水塔，泾河由此流出，经宁夏、甘肃、陕西，奔流千里，惠及两岸人民。《金龙训言》曰：“龙潭深处是吾基，长白山中修吾身，莲台山中起正位”。训言中的龙潭就是地处陇山山脉主峰六盘山下南麓的老龙潭。

老龙潭由头潭、二潭、三潭、四潭组成。头潭在一片丛林石峡之中，四五个小潭相衔而下，流水从最后一个小潭冲出，形成两条瀑布，喷珠溅玉，蔚为壮观。据《泾水真源记》载：“潭前有龙王庙，民多祷雨于此。”“山西崦有二龙祠，建之远年，并无碑碣。”二龙潭由两个葫芦形潭组成，前潭的水从石坡滑下，注入后潭，给人以清泉石上流的美感。三潭是“龙下巴”，这里已筑起大坝，“高峡出平湖”变成了一座碧绿的水库；四潭是老龙潭的门户。

老龙潭，貌似石斛，实为龙宫，深不可测。（图 35）《金龙训言》曰：“龙潭山壁修化石斛养碑，点累血脉开道而生。师垂恩芳，留土生根也，川亦创湫及为共鸣泊澹，盛刚柔和天地之气。荣于日月辉根，拓宽金龙沐浴之春，同龙潭共臻”。清乾隆五十五年（1790 年）中卫县令胡纪漠奉旨勘察泾河源头老龙潭，其在《泾水真源记》中载：“相隔第二层之，约三四丈，石崖仅离二三尺，激水注射峡中（今二潭），投之以石，深不见底”。1976 年，泾源县政府会同水利部门，在二潭与三潭交界处筑坝修建发电站，工程施工中出现了一个奇特的事情，就是前一天填入沟壑的土石方，到了第二天一看，这些土石方一夜之间不见了踪影，深沟依然如

图 35　老龙潭的二潭

故。持续多天，最后不得不改变方案，向上移位 100 多米。宁夏龙文化研究院副院长张玉忠，每次踏访风景宜人的泾源，都感觉中华龙文化真是博大精深，有着令人不解的神秘。他翻阅了大量史书，史书上记载的“龙藏流水井”这句话给他留下了深刻印象。意思是说，神龙喜在有流水的地方存在，但必须是深不可测的、幽静的地方，这与老龙潭给他的神秘感觉别无二致——老龙潭不仅以湍湍清澈之态、百泉汇流之势而闻名，也以其雄壮险要的风韵，美妙神奇的传说著称于世。张玉忠说：“那里虽然潭水清澈，但我曾用一个石头做过测试，把它轻轻地抛入潭水中，发出咕咚咕咚悠长的回声，可见它的潭底深不可测，正是适合神龙出没的地方”。这里山高林密，壁峭峰奇，溪潭珠连，景色宜人。春季，春风送暖，山花烂漫，百鸟争鸣，锦鸡合唱，胜似世外桃源；夏季，飞瀑直下，水流急湍，绿树成荫，凉风习习，犹如人间仙境；秋季，赤橙黄绿，层林尽染，硕果累累，秋风送爽，令人旧调重弹，心旷神怡。冬季，银装素裹，冰川玉瀑，万树“梨花”，赏心悦目，更似玉壶盛冰。胡纪漠在《泾水真源记》中也赞称：“无数泉飞大小珠，老龙潭底贮冰壶。”

金龙为何要在大地上特意营造一个大地上的龙宫——老龙潭？这主要是为了与“天上龙宫”相对应。龙祖盘古在创造天龙（太阳）与地龙（地球）地同时，又创生了天象龙中的星象龙，这些星象龙是由天空的星体组成的。中国古代将天空分成东、南、西、北、中区域，它们就是远古时代先民心目中的东方苍龙星、南方朱雀星、西方白虎星、北方玄武星，这四大星象各自由七个星体组成，每象各分七段，称为“宿”，总共为二十八宿。即东方苍龙星：角、亢、氐、房、心、尾、箕七星；南方朱雀星：井、鬼、柳、星、张、翼、轸七星；西方白虎星：奎、娄、胃、昴、毕、觜、参七星；北方玄武星：斗、牛、女、虚、危、室、壁七星。古代汉族人民把东、西、南、北四方每一方星象龙的四种动物形象，叫作四象，这是源于中国古代的星宿信仰。四象用来划分天上的星星，称为四神、四灵，也称为“四大星象龙”。在四大星象龙中，除东方苍龙星外，其他三大星象分别代表不同的动物属性，为何要将它们都称之为星象龙？因为，它们与天龙、地龙都属于龙祖盘古创造的天象龙，同根同源，所以，它们都是形态各异的龙。从此，在天空中形成了由四大星象龙组成的天上龙宫。

在天上龙宫中，（图 36）四大星象龙全都围绕着“中央宫”——北极星运转。天文学是人类最古老的科学。在远古时代，先民仰观天文，辨识星座，探索天体运行规律，并开始划分星空体系。中国古代的星空区划历史悠久，在方法上自成一体。汉族古代的天文学有这样的特点，因为观测者地理的纬度是在黄河流域，也就是北纬 35°左右，所以他所重视观测的天区，只有两个部分，一个是北天极所在的北天区，还有一个就是黄道和天赤道附近的星。北天极也就是地球正北的方向，我们可以想象，将地球的北极点和南极点用一条可以无限延伸的直线连接起来，这条直线从地球的南北两极分别伸向无穷远。向北的这部分所指的方向就是北天极的位置，另一侧对应的当然就是南天极了。但是，我们在北半球的祖先只能看到北天极。

图 36　天上龙宫——三垣四象二十八宿图

在中国传统的天文学体系中，北极星有着最为重要的地位。在恒星的视运动过程中，天球北极是固定不动的，星空的旋转，无不以北极星为中心，所以《论语》说：“为政以德，譬如北辰，居其所而众星拱之”。北辰就是北极星，《释天》载：“北极谓之北辰”。因为地球是围绕着地轴进行自转的，而北极星与地轴的北部延长线非常接近，所以夜晚看天空北极星是几乎不动的，而且在头顶偏北方向，所以才可以指示北方。虽然在一年四季里，由于地球绕太阳公转，地轴倾斜的方向也发生变化，但是北极星距地球距离远远大于地球公转半径，所以地球公转带来的地轴变化可以忽略不计。于是一年四季里，我们看到在天空的北极星位置好像都是在正北方不动的，其实只是我们肉眼观察不到细微的变化，觉得地轴一直指向于北极星。

在中国北极星有着非比寻常的意义。例如公元前2263年五帝时代的北极星“太乙”和公元前1097年周公时代的北极星“帝”等。这是由于它们看起来在天空中固定不动，被众星拥护，故被视为群星之主。既然全天星星围绕它转，古人便认为它是天上的天子，故又起名曰“帝星”，又因为它在紫微垣的中心位置，又叫它紫微星。《观象》：“北极星在紫微宫中，一曰北辰，天之最尊星也。其纽星天之枢也。天运无穷，而极星不移。故曰：‘居其所而众星拱之’。”

与北极星密切相关的是北斗七星。远古时代，北斗七星处在黄河流域的恒显圈内，一年四季都能看到。北斗七星从斗身上端开始，到斗柄的末尾，中国古代天文学家分别把它们称作：天枢、天璇、天玑、天权、玉衡、开阳、瑶光。从“天璇”通过“天枢”向外延伸一条直线，大约延长五倍多些，就可见到一颗和北斗七星差不多亮的星星，这就是北极星。北斗与北极星的距离比较近，位移明显而有规律，先民早就认识到初昏时斗柄的指向，与四季有直接的对应关系：斗柄指东，天下皆春；斗柄指南，天下皆夏；斗柄指西，天下皆秋；斗柄指北，天下皆冬。民间的一切节令，无不与北斗星有关。所以，古人特别重视北斗星的作用，《史记·天官书》云：“北斗七星……斗为帝车，运于中央，临制四乡。分阴阳，建四时，均五行，移节度，定诸纪，皆系于斗。”古代视北极星为天帝的象征，而北斗则是天帝出巡天下所驾的御辇，一年由春开始，而此时北斗在东，所以天帝从东方开始巡视，故《周易·说卦》：“帝出乎震”，震卦

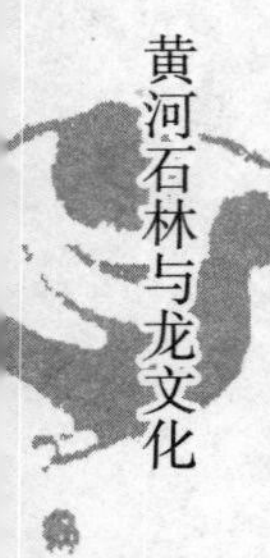

在东。

西周以降，人们用龙形所表示的星象除东宫龙宿之外，还有天一三星。在上古天文学与星占理论中，天一三星位于天上龙宫的中宫。《史记·天官书》载："前列直斗口三星，随北端兑，若见若不，曰阴德，或曰天一。"张守节《史记正义》："天一一星，疆阊阖外，天帝之神，主战斗，知人吉凶。明而有光，则阴阳和，万物成，人主吉；不然，反是。"《史记·孝武本纪》："于是天子令太祝立其祠长安东南郊，常奉祠如忌（指谬忌）方。其后人有上书，言'古者天子三年一用太牢具祠神三一：天一，地一，泰一'。"司马贞索隐引宋均曰："天一、太一，北极神之别名。"天一三星位于北斗斗口附近，由于这三颗星系五、六等星，明不耀眼，呈现出"若见若不"之象。《广雅·释天》："天一……太岁也。"参阅清王引之《经义述闻·太岁考上》"论太岁之名有六名异而实同"。用龙形表示天一三星的图像，以湖北荆门车轿大坝战国墓出土的"兵避太岁"戈上的纹像最为典型。（王毓彤《荆门出土一件铜戈》）

"兵避太岁"戈出土于1960年5月，戈长22厘米、宽5—6.8厘米，戈援的正背两面铸有相同的浅浮雕纹像。（图37）纹像为一双腿呈骑马式的神人。这位神人头戴冠冕，左右分竖双羽，身着鳞甲之衣，腰间系带，双耳珥蛇，左手执一蜥蜴形动物，右手执一双头怪兽，左脚踏月，右脚踏日，胯下横着一个蜥蜴形的动物。对于这幅图像的解读有一个非常曲折的过程。最初学者们将戈内部穿孔两侧的铭文释作"大武㒰兵"，（马承源《关于"大武戚"的铭文》）均认为它是周代宫廷流行的万舞中大武所用的舞具。此说延续了20年之久，直到近几年仍有人持此观点。（赵世纲《楚国舞乐研究》）然而，这种观点是一种误

图37 湖北荆门战国墓出土"兵避太岁"戈

解。持新解者们提出，戈铭上四字应当是“兵避太岁”，同时，指出此戈与古兵阴阳家的避兵之说有关。（俞伟超、李家浩《论“兵避太岁”戈》）这种说法得到了大多数专家的认同。铭文的改释，使得我们对戈的作用以及上铸图像的含义的理解走向了深入。《史记·封禅书》中有这样一段记载：“（汉武帝元鼎五年）其秋，为伐南越，告祷太一。以牡荆画幡日月北斗登龙，以象太一三星，为太一锋，命曰‘灵旗’。为兵祷，则太史奉以指所伐国。”此记载颇像出征之前的仪式：向“太一神”祷告，并以绘“日月北斗登龙”，称之为“灵旗”，指向敌方。关于“灵旗”的记载，亦见于《汉书·礼乐志》引《郊祀歌·惟泰》：“招摇灵旗，九夷宾将。”颜师古注：“画招摇于旗以征伐，故称灵旗。将犹从也。”

研究者认为，“兵避太岁戈”上的图像应当就是《史记·封禅书》所说的“灵旗”上所绘的“太一锋”。（李零《湖北荆门“兵避太岁”戈》）其论甚是，该图像中的大神应当是太一。《史记·天官书》云：“中宫天极星，其一明者，太一常居也。”天极星在两千多年前的先秦时代就是北极星，也就是那颗处于星空正北方向、最为明亮、最为引人注目的星。中国上古时期，太一被认为是最尊贵的天神，列举星空的中央。太一的代表性星座是北极星，对照《史记·封禅书》的记载则为北斗。太一手中与胯下的蜥蜴形动物与双头怪兽表示的都是龙，这三条龙即《封禅书》中所说的“登龙（龙升之象）”。大神与三龙所表现的是“太一三星”，“三星”即“天一”三星，“太一”与“天一”连在一起，也就是《汉书·郊祀志》晋灼注说的“一星在后，三星在前”。太一主人间祸福、万物兴衰，亦主刑伐。《淮南子·本经训》说：“帝者体太一。”高诱注：“太一，天之刑神也”。至于天一，《晋书·天文志》云：“天一星在紫宫门右星南，天地之神也，主战斗，知人吉凶者。”图像中的太一神头戴鹖冠，身穿甲衣，皆与军事有关；他足踏日月，则“是代表‘月刑日德’的概念。”（李零《湖北荆门“兵避太岁”戈》）在古兵阴阳家的观念中，天一绕斗极代行九宫，主杀伐，以天一所指为凶。“天一”又称“太岁”，故戈上铭文为“兵避太岁”。很明显，这件戈是一种有方术作用的法器，执此类法器（包括《封禅书》中所言“灵旗”）可以摄护其军，克敌制胜，所向披靡。

与“兵避太岁”戈纹像相近的还有湖南马王堆汉墓出土的帛画“辟兵图”。（图 38）这幅帛画发表于1990年，发表时被称为“神祇图”。（周世荣《马王堆汉墓的“神祇图”帛画》）它是用彩墨在细绢上绘成，现存长43.3厘米、宽45厘米，接近正方形。图画正中一人头戴具波磔形双羽的冠冕，上身赤裸，面部与上身赤红，双手下垂，着短裤，赤足跨腿作骑马式。神人头部东侧书有“大（太）一将行，□□神从之，以……”字样，腋下书一“社”字。此神显然就是太一。太一神头部左侧绘有“雷公”，右侧绘有“雨师”，与《楚辞·远游》中“左雨师使径持兮，右雷公以为卫”的描述相仿。神人腿部之左、右两侧各绘两位形态怪异的“武弟子”，四位武弟子或持不同兵器，或身穿甲胄，与古籍中所言“辟五兵之道”有关。太一神胯下绘有三龙。中上部一龙，黄头青躯，做升腾状，龙旁题记残泐不清；下方左侧之龙，黄头花青色躯，向西侧立，呈飞腾状，足前处绘一梨形熨，龙额下有“青龙奉（捧）熨”四字题记；下方右侧之龙，红头藤黄色躯，与左侧之龙相对，前足处绘一梨形钟，龙额下有“黄龙持钟”四字题记。太一神下方这三条龙所表示的也应该是天一三星，至于两龙所捧持的熨、钟，皆呈火象，亦有辟兵的功能。由此看来，这幅汉代帛画所绘乃是以辟兵为主旨的巫术图像，其含义与“兵避太岁”戈图像的含义相同。（李学勤《“兵避太岁”戈新证》）

图 38　马王堆汉墓出土的帛画“辟兵图”

上述两幅图像虽反映的都是古兵阴阳家克敌制胜的巫术观念，但其中龙形的深层本质仍然是星象龙。从湖北荆门县车轿大坝战国墓出土的“兵避太岁”戈纹像和湖南马王堆汉墓出土的帛画“辟兵图”中，我们可以看出戈纹像和帛画中的大神，他们都是北极神——太一神，远古先民尊称为

“天皇大帝”。天空中的星、日、月、天河、星云，构成了一幅壮丽画卷：三组星垣分别由东西两藩星宿合围而成，如墙垣的形式，古人把它想象为天上的宫殿，把最美丽而神秘的名字献给了它们，名曰紫微垣、太微垣和天市垣。再加上守护在三座城垣四方的青龙、白虎、朱雀和玄武二十八星宿，共同构成了古人仰观天象而认定的宇宙图式——天上龙宫。北极神“天帝”居于天上龙宫的中宫，中央宫由北极星、天一（太一）三星组成，三星位于北斗斗口附近，介于北极星与斗口之间，即“一星在后，三星在前”。“一星在后”，即北极星为天帝的后庭，是天帝燕寝的地方；“三星在前”，即为天帝的前朝，是天帝和文官处理政务的地方。因为，北极神“天帝”的别名有太乙、天一、大一、太一、泰一、地一等，所以其前朝三星就分别有了天一、太一（泰一）、地一的名称。中央宫位于三星垣中的紫微垣，为天的中心区域，是天皇大帝居住的地方，他的家眷也住在里面，宫殿用水晶宝石筑就，吉云缭绕其间。天帝每天都要乘五彩云龙帝车到南宫听政，察看人间兴衰。

“太一”之名，最早出现于先秦典籍中是战国时期的屈原《九歌·东皇太一》。王逸注：“太一，星名，天之尊神。祀在楚东，以配东帝，故云东皇。”因东皇太一高踞众神之上，从篇中表述的祭祀形式看，主巫所饰东皇太一在受祭过程中略有动作而不歌唱，以示威严、高贵。群巫则载歌载舞，通篇充满馨香祷祝之音，使人油然而生庄严肃穆的敬畏之情，以此表现对东皇太一的虔敬与祝颂。在先秦时期楚国本土神话系统中，太一神是被认定为最高神来祭拜的。随着秦朝完成了大一统的历史任务后，太一神从地区最高神逐渐向全民信仰转化，并且其地位也有了显著提高。

刘邦得了天下，依然很重视神灵。特别注重地方神祠的建设，遂将流行于各地各路神灵全都搬入长安，与秦国故神一同祭之，还在县级建立了基层宗教组织，这里的神灵既有周旧礼中所有的神主，也有战国时各诸侯地方的神灵。到汉文帝时，在灞、渭二水间建了五帝庙，文帝亲临郊祀灞、渭五帝，从此，汉代有了自己的上帝寓所，五帝在神话中的地位便开始初步固定下来了。汉代神话与宗教在进入武帝时期掀起高潮。武帝起初的祭祀也还是在雍县五帝畤上举行，并亲自参加，定制度三年郊祀一次。

汉武帝元光二年（前 133 年），亳州方士谬忌首先奏请祭祀太一神："天神贵太一，太一佐曰五帝。"谬忌此一上奏，立刻获得了汉武帝的支持，令太祝立其祀东南郊，从此，汉人有了自己的上帝太一。《史记·天宫书》："中宫天极星，其一明者，太一常居也。"《史记正义》："泰一。天帝之别名也。"显然，太一已凌压五帝，成为天国的最高主宰。汉武帝时，对汉文化的混乱现象进行了清理整顿，汉文化的基础基本确立，使汉王朝的存在获得了文化和神学上的认同。这就是以儒学为核心，吸收各家学说作为统治思想的理论基础，以土德确立王朝的身份，以崇拜黄帝为标志，以太一为上帝，以五帝后土为辅神的神文化体系。汉神话便在太一、五帝、后土三位一体的文化框架下得到了初步统一。

汉代中央国家神话对地方民间神话既排斥、又融合。汉武帝对太一神话就是从地方民间崇拜上升到中央神坛的。《淮南子》就是地方民间文化的代表体现。作者承认太一的主宰地位，但其创世神话总是讲二皇、二神以对垒于正统的神话。《淮南子·精神训》曰："古未有天地之时。惟象无形。窈窈冥冥，芒芠漠闵；澒濛鸿洞，莫知其门。有二神混生，经天营地；孔乎莫如其所终极，滔乎莫知其所止息；于是乃别为阴阳，离为八极；刚柔相成，万物乃形……"这篇神话的特点是将"太一神"悬空，构成了一个与太一、五帝、后土最高神系不同的系统。《淮南子·精神训》中的"二皇或二神"为"阴阳"二神，也就是盘古开天辟地神话中的阴阳二龙之神，其代表着"道"的化身——龙祖盘古。而此时，盘古神话还未列入史位，也不得享受祭祀，成了典型的在野神灵。由此看出一个地域民间神话，纵然与主流神话有联系，但它不能代表主流神话。所以，盘古神话是区域内流传的神话，它的一些内容进入了国家神话，有些内容则没有被采用，因此在古典籍中查不出根据，它只能作一种宗教观念，以神话的形式流传下来。但在民间却有巨大的影响。

秦汉初期，泰畤里太一与老百姓和多数诸侯以及郡县官僚不相干，他们没有资格去祭祀太一神。到了西汉时期，董仲舒开出了一个清楚的古史谱系：五帝定为黄帝、颛顼、喾、尧、舜五位，后人补"三皇"于其上。至此，汉代的神话形成了两大神系，一是重建了王权的最高神——太一；

二是确立了民族的共祖——黄帝。在这里，太一主神也就是后来传说中开辟天地的盘古之神。加上三皇五帝，逐步形成了“自从盘古开天地，三皇五帝到如今。”世人皆知的远古神话体系。

那么，居于天上龙宫中央宫的太一神，是中国古代神话传说中的哪位“天之尊神”？从湖北荆门县车轿大坝战国墓出土的“兵避太岁”戈纹像和湖南马王堆汉墓出土的帛画“降兵图”中所反映的情景来看，图中的大神人——太一神应该就是龙祖盘古。理由如下：

其一，湖北荆门县车轿大坝战国墓出土的“兵避太岁”戈纹像中太一神头戴冠冕，双耳珥蛇，左手执一蜥蜴形动物，右手执一双头龙，左脚踏月，右脚踏日，胯下横着一个蜥蜴形的动物。这是一幅象征龙祖盘古开天辟地，创造龙之世界的真实写照。因为，在中国古代神话传说中，除了开天辟地的龙祖盘古外，再没有一位敢将日（阳龙）、月（阴龙）踩于脚下的大神，太一神左脚踏月，右脚踏日，象征着龙祖盘古创造了天龙（太阳）和地龙（地球）；图中珥于龙祖盘古双耳的蛇，是后世人称为的“小龙”；左手所执以及胯下的蜥蜴形动物，被后世人称为“龙子”；右手所执一双头龙，与陕西宝鸡北首岭出土的“龙凤纹”中之龙一脉相承。

其二，湖南马王堆汉墓出土的帛画“辟兵图”，充分表现了龙祖盘古在创造了天龙和地龙之后，又创造天上龙宫的情景。图中的太一神与其胯下黄头青躯，做升腾状的龙；下方左侧黄头花青色躯，呈飞腾状的龙；下方右侧红头藤黄色躯，与左侧之龙相对的龙，这表明龙祖盘古在创造天上龙宫的过程中，首先创造了中央宫——北极星、天一三星，所谓“一星在后，三星在前。”然后，龙祖盘古又创造了三组星垣，名曰紫微垣、太微垣和天市垣，中央宫位于紫微垣中心。三组星垣形成了三座城垣，龙祖于其四方又创造了青龙、白虎、朱雀、玄武四大星象龙围拱于三座城垣。“辟兵图”中神人腿部之左、右两侧各绘有两位形态怪异的所谓“武弟子”，其实就是四大星象龙的象征。当天上龙宫建成后，龙祖盘古便住进了中央宫——北极星，也就有了图中的司职神雷公、雨师。

其三，从道家和倾向于道家的《吕氏春秋》关于“一”或“太一”的表述可知，太一神就是开天辟地的龙祖盘古。老子说：“道生一，一生二，二生三，三生万物，万物负阴而抱阳，冲气以为和。”（《道德经》第四十二章）这是老子的宇宙本体论。老子用“一”表述道，并说道“一”在自然界和社会中的地位：“昔之得一者：天得一以清，地得一以宁，神得一以灵，谷得一以盈，万物得一以生，侯王得一以天下真。”（《道德经》第三十九章）老子的“一”又称“太一”，老子的弟子文子说：“老子曰：‘帝者体太一，……体太一者，明于天地之精，通于道德之伦，聪明照于日月，精神通于万物。’”（《玄通真经》卷九）

庄子说：“以本为精，以物为粗，以有积为不是，澹然独与神明居，古之道术有在于是者，关尹、老聃闻其风而悦之：建之以常无，（常）有，主之以太一。”（《庄子·杂篇·天下篇》）鹖冠子说：“中央者，太一之位，百神仰制焉。”（《鹖冠子·泰鸿》）《吕氏春秋·大乐》阐述道家思想：“道也者，至精也，不可为形，不可为名，强为名之，谓之太一。”又说：“太一出两仪，两仪出阴阳。……万物所生，造于太一，化于阴阳。”

伏羲氏是中国古籍记载中最早的王之一，所处时代约为新石器时代中晚期。汉晋古籍不仅记叙了伏羲生地，还记载了伏羲得以兆孕的神奇传说。《诗含神雾》载：“大迹在雷泽，华胥履之，生伏羲。”（《太平御览》卷七八）西晋皇甫谧在《帝王世纪》中说：“太昊帝庖牺氏，风姓也。母曰华胥，有巨人迹出于雷泽，华胥履之，有娠，生伏牺，长于成纪。”从以上文献记载可知，伏羲是其母华胥氏在雷泽履大人之迹而孕。那么，华胥氏在雷泽“履”的是哪位大人（巨人）之迹？中国古代神话地理名著《山海经·海内东经》就有明确的记载：“雷泽中有雷神，龙身而人头，鼓其腹。在吴西。”此后，西汉《淮南子·地形训》也有类似的记载：“雷泽有神，龙身人头，鼓其腹而熙。”由此可知，华胥氏在雷泽所履之迹，也就是雷神之迹。

在《易经》八经卦中，我们知道震卦以雷来表征其性质，具有震动的功能，万物取象中为龙。《周易·说卦》云：“震为雷，为龙。”“震，雷也。”（《谷梁传·隐公九年》）说明先民在他们最早的认识中，就把“雷”与“龙”联系在了一起。否则按卦辞安排，只会用龙来比象乾卦，也不会用龙来比象震卦。因为，在整部《易经》中，只有乾卦爻辞是用龙来表征的。说明“龙”与“雷”有着密切的联系。为什么会出现这样的情况，说明先民通过长期地生产实践和观察，雷电具有十分强大的震动功能。在先民的认识上，已经清楚地知道雷与龙的关系。这一点也清楚说明了“龙”字发音为“隆”来之于先民敬畏的惊天之雷，所以在以研究世界万象规律为己任的《易经》中，先民才会把震卦从取象雷到比类为龙进行联系。《金龙训言》曰：“雷龙生化火熔成，火生土来万物成。龙雷本是一气成，分化言明条道分。”从训言中我们得知，雷者，也就是龙。

《周易·乾卦》载：《象》曰：“‘飞龙在天’，大人造也。”“飞龙在天”，是指四大星象龙之一的苍龙星在夏季夜晚星空的形态，这就是《象》曰“飞龙（苍龙）在天”是“大人（龙祖盘古）造也。”的内涵所在。《周易·乾卦》曰：“夫‘大人’者，与天地合其德，与日月合其明，与四时合其序，与鬼神合其吉凶。先天而天弗违，后天而奉天时。天且弗违，而况于人乎？况于鬼神乎？”因此，在汉晋古籍记载的伏羲得以兆孕的神奇传说中，将《山海经》中记载居于雷泽中的雷神称为“大人”。《潜夫论》：“大人迹出雷泽，华胥履之，生伏羲。”（王符《潜夫论·五德志》）至此，我们也就明白在湖南马王堆汉墓出土的帛画“降兵图”中，太一神头部左侧绘有“雷公”，右侧绘有“雨师”的内中含义了。王充《论衡》：“雷龙同类，感气相致。”雷神者，亦就是龙神也。这里的雷神，亦即“雷（龙）祖”。（图39）那么，华胥氏在雷泽所履雷神之迹，也就是龙祖盘古之迹。

图39　雷神（龙祖）

《淮南子·地形训》曰：“雷泽有神，龙身人头，鼓其腹而熙。”高诱注：“雷泽，大泽也。”雷泽者，是雷神仙居之泽，也就是龙祖居住的大泽。那么，华胥氏“履迹”的雷泽在哪里？《路史·后纪一》罗苹注引《宝椟记》称雷泽为“华胥之渊”，可以证明雷泽距离华胥氏之国不远。根据《列子·黄帝篇》说华胥氏为国族名，其地在“弇州之西，台州之北”，《淮南子·地形训》虽未言华胥，却告诉我们弇、台各是中国九州之一，弇州在正西，台州在正北。那么“华胥氏之国”就应在中国的正西偏北一带。

根据汉晋古籍记载，伏羲“生”地在陇右，那么华胥履迹的雷泽也只能从甘肃东部或东南一带去找。《山海经·海内东经》：“雷泽中有雷神，龙身而人头，鼓其腹。在吴西。”文中给我们指出了具体的地点是——“在吴西”。只要找到了“吴”或“吴西”，那么考求雷泽便容易多了。从甘肃东部找有“吴”的古地名，发现著名的只有“吴岳”，即吴山。《史记·封禅书》：“自华以西，名山七，名川四。曰华山，薄山。薄山者，襄山也。岳山，岐山，吴岳，鸿冢，渎山。渎山，蜀之汶山。”

吴山，是陇山山脉的东南段，俗称小陇山的一部分。岳者，高峻的大山也。吴岳是指吴山的最高峰。古所谓吴岳应在今陕西陇县（古汧县）之西汧水和芮水的发源地。《汉书·地理志上》载，右扶风条汧县“吴山在西，古文以为汧山、雍州山，北有蒲谷乡弘中谷，雍州弘蒲薮鼓。汧水出西北，入渭。芮水出西北，东入泾。”汧县治在今陕西陇县城东南。《中国历史地图集》据汉《志》将汉代之汧县辖今甘肃华亭县全境。而所谓吴，山东或称汧山、雍州山皆在汧县境西，是汧水和芮水的发源地。

《古今图书集成》“方舆汇编山川典”第七十七卷转引《汧山地志》言：“扶风汧县西吴山，《古文尚书》以为汧山，今陇州县吴山县西吴岳山也。”汧山因其为汧水发源地而得名。《朱诗》：“汧水出吴山，汭水出吴山。”吴山（汧山）应是汭汧二水之源。王学礼先生曾实地勘察，证实今位于华亭县的小陇山南段海拔 2748 米的五台山就是古之汧山——吴山（吴岳）。兰州大学教授汪受宽说：“华亭县王学礼先生经过长期艰苦地实地考察与历史文献研究，肯定吴阳上下畤在今华亭县境西南陇山（今五台山）南麓麻庵乡境之莲花台，是毋庸置疑的有价值的科学发现。”（汪受宽《畤祭原始说》）

当我们从吴山与陇山的渊源关系中，明确了吴山的具体位置，然后我们从“在吴西”，即吴山的西边再去寻找雷泽。从吴山的西边及西北方探寻发现，最大的泽当数陇山主峰六盘山下的老龙潭。《广雅·释水》：“潭，渊也。”“泝江潭兮”。《楚辞·九章·抽思》注：“潭，渊也。楚人名渊曰潭。”龙，雷也。所以，罗苹注引《宝椟记》称雷泽为“华胥之渊”，（《路史·后纪一》）可证六盘山下的老龙潭就是古之雷泽。华胥氏是在老龙潭履雷神（龙祖）之迹而“怪生皇牺”——伏羲。

《山海经·海外北经》：“夸父与日逐走，入日。渴，欲得饮，饮于河、渭，河、渭不足，北饮大泽。未至，道渴而死。弃其杖，化为邓林。”此载，进一步说明古之雷泽就是今之老龙潭。因为，夸父与太阳相逐而跑，追赶到太阳落下的地方。他很渴，想要喝水，这时，他正好赶在渭河的中上游，于是他在渭河边喝水。可是，渭河的水不够他喝，就想到渭河北方的泾河源头，即古高山下的大泽——雷泽（今老龙潭）去喝水。在穿越今小陇山的途中因口渴而死。被他丢弃的手杖，化作了一片长满了桃树的邓林。“夸父手杖所化的邓林就是桃林，这不仅因为邓、桃音相近，更主要的是夸父为猴图腾之族，猴喜食桃之故。”（范三畏《旷古逸史》）因此，当年夸父途经的小陇山主峰，至今乃名“桃木山”。（在今甘肃省庄浪县境内）

六盘山下的老龙潭峰环水抱，山势狭窄，峭壁嶙峋，崖势曲斜而陡峭。水波汹涌，潭水翻滚在深邃莫测的石槽里，水浪激石腾飞，风吼雷鸣。老龙潭周围群山突起，峰峦叠嶂，悬崖松茂，流水清清。其实，老龙潭不是只有四个潭，而是共有六个潭，《金龙训言》：“开山拓运，龙神六潭。”老龙潭的六潭，与马衔山天池一样都是龙祖（雷神）的仙居之地。“真魂显面世平安，衔山龙潭一道连。”（《金龙训言》）

二、龙首之山与伏羲八卦

前已述及，远古黄河文明的正式兴起，是源于神秘的“天书龙图”——太极图。《周易·系辞上》云：“是故天生神物，圣人则之；天地变化，圣人效之；天垂象，见吉凶，圣人象之；河出图，洛出书，圣人则之。易有四象，所以示也；系辞焉，所以告也；定之以吉凶，所以断也。”

这是说远古时，圣人伏羲氏得到了龙龟从渭河送来的“天生神物”——阴阳太极图，经过对阴阳太极图长时间地观察，伏羲明白了黑白二条形状如鱼的寓意，即白色鱼形代表白天，黑色鱼形代表黑夜。太极图中白色鱼眼“○”是白天的标识，代表白天阳光灿烂，为阳；黑色鱼眼“●”是黑夜的标识，代表黑夜阴冷寂静，为阴。

为了进一步探明太极图中的蕴涵，伏羲首先从给大地带来光明和温暖的太阳着手开始研究。这正是“天地变化，圣人效之。”伏羲在观察“天地变化”的过程中，他是采用远古先民最原始的计时方法——筑土圭、立木表，测量日影。土圭是最古老的计时仪器，是一种构造简单、直立于地上的杆子，用此来观察太阳光投射的杆影。通过日复一日、年复一年地观察测量，伏羲发现了日影有一个由长到短，再由短变长的周期，并根据每天日中日影的变化找出了季节的变化，得知了冬天日影长、夏天日影短的规律。于是，他就把这一个周期称为一年，并把日影最长即白天时间最短的那一天定为严冬的开始（冬至）；把日影最短即白天时间最长的那一天定为盛夏的来临（夏至）。把日影长短变化中的两次等分点，即一年中昼夜时间相等的两天，以气温回暖与气候转凉为标识，分别称为春天（春分）和秋天（秋分），这样就把一年分为了春、夏、秋、冬四季。

在发现白天黑夜与四季的关系后，伏羲继续研究，发现白天时间最短的那一天（冬至），正处于太极图中的下方居中；白天时间最长的那一天（夏至），正处于太极图中的上方居中；白天时间与夜晚时间相等的那两天（春分与秋分），分别居于太极图左右两边居中的位置。（图 40）如果将春分与秋分、夏至与冬至在太极图中的位置分别用连线相接，那么，就形成了两条相互垂直的十字中轴线。春分（东）、夏至（南）、秋分

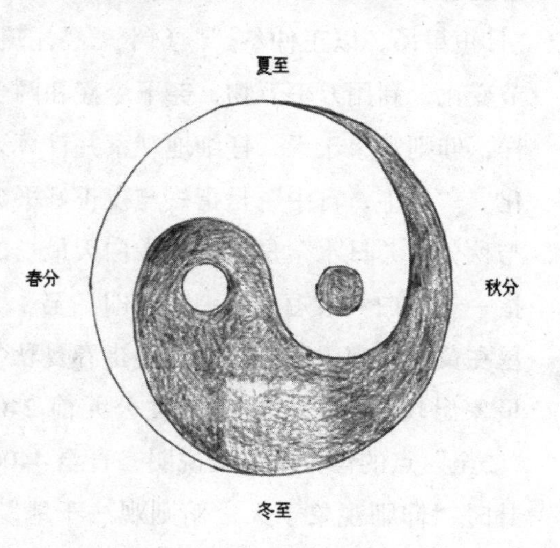

图 40　阴阳二龙太极图与四季

(西)、冬至（北）也就分别处于太极图的四方，这也就是由观察测量一阴（黑夜）一阳（白天）的变化而产生（发现四季）了“四象”——四季自然现象。通过多年对四季变化规律的观察研究，伏羲发现太极图的圆形象征着一年四季，年复一年，周而复始的“原始反终”运动规律。

《周易·系辞下》云：“古者庖牺氏之王天下，仰则观象于天，俯则观法于地，观鸟兽之文，与地之宜。近取诸身，远取诸物，于是始作八卦，以通神明之德，以类万物之情。”这是说伏羲在白天“俯以察于地理”，即观察日影的同时，在夜晚也认真地“仰以观于天文”，经过夜以继日地观察，伏羲发现了“鸟兽之文”——星象龙：苍龙星、朱雀星、白虎星、玄武星。这四组星象在每一年的春、夏、秋、冬四季，分别出现于东、南、西、北四方的夜空，也就是被后世称为东方苍龙星、南方朱雀星、西方白虎星、北方玄武星。在仔细观察星象龙形态的过程中，伏羲发现在大地上竟然也有与之相对应的动物。如天空中苍龙星形态相似于地上的鳄鱼；朱雀星的形态相似于地上的鸟类；白虎星的形态同于地上的老虎；玄武星的形态相似于地上的蛇与龟。故《易传》云：“近取诸身，远取诸物。”

对于中国古代观象授时的传统，《尚书·尧典》中有重要的论述：“黎民于变时雍，乃命羲和，钦若昊天，历象日月星辰，敬授人时。”“日中星鸟，以殷仲春。”“日永星火，以正仲夏。”“宵中星虚，以殷仲秋。”“日短星昴，以正仲冬。”（《十三经注疏》）为了更好地治理国家，顺应季节变化，利用万事万物，尧下令羲和两个氏族要像远古始祖太昊伏羲氏一样，仰则观象于天，仔细地观察并计算天象的变化，及时告诉人们季节变化。“日中、宵中”是指昼与夜正好平分的那一天，此日为一年中的春分与秋分；“日永”是指一年中白天最长的那一天，即夏至日；“日短”是指一年中白天最短的那一天，即冬至。“星鸟、星火、星虚、星昴”即四星在黄昏时南中天，“仲”是指春夏秋冬四季中每季的第二月。推算这种星象出现的时间，大约是在公元前2400年，这四星大致处在“二分”、“二至”点的位置。这就说明，直至4400年前的尧帝时期，伏羲在创制八卦时“仰则观象于天，俯则观法于地”的科学方法仍然在继续传承和发展。

在太极图中分别代表白天和黑夜的鱼眼“○”与“●”，被伏羲发现它们也是古人类记数的圆点符号的代表。圆点记数符号在伏羲时代之前就早已存在。有学者认为，“北京周口店一万多年前的山顶洞人遗址出土的骨管，以一个圆点代表 1，两个圆点并列代表 2，三个圆点并列代表 3，五个圆点上二下三排列代表 5，长圆形可能代表 10。中国著名数学史家，国际科学史研究院通讯院士李迪教授认为山顶洞人骨管符号是‘一种十进制思想’。”（吴文俊《中国数学史大系》第一卷）根据“○”代表白天为阳和“●”代表黑夜为阴的启示，伏羲将圆点记数符号划分为“○”代表 1，“●●”代表 2，……以此类推，直至 10。即奇数为阳，偶数为阴。

根据春分与秋分、夏至与冬至在太极图中形成的两条相互垂直的中轴线，伏羲经过反复研究发现，可以用人类记数的圆点符号代表太极图中的春分、夏至、秋分、冬至。首先，伏羲将 5 个白色圆点置于太极图中十字中轴线的中心，但是，并不是依照常例“上二下三”排列，而是将 1 个白色圆点置于太极图的最中心，其余 4 个白色圆点分别居于中心白色圆点的四方，相对应于太极图中的春分、夏至、秋分、冬至，这样形成了一个中心五数。然后，伏羲将 10 个黑色圆点分为两组，分别置于中心五数的上方和下方。这样，5 个白色圆点和 10 个黑色圆点分别代表太极图中的黑白两个圆点“○”和“●”（一阴一阳）居于中央。伏羲为何要这样安置？其一，由 5 个白色圆点组成的中心五数，是春分、秋分、夏至、冬至在太极图中所处位置的缩影，也是天上龙宫的象征。其二，是对远古人类圆点记数 1—10 自然数起源的彰显，因为，中国有句成语叫“屈指可数”，说明古代人记数的 10 个自然数源于人类的手指数，人的一只手指数为 5，两只手指数为 10。

由于冬至这一天，昼短夜长，从此日起，白天时间逐渐增长，所以，伏羲用 1 个白色圆点代表冬至，依顺时针方向排列，即由白色圆点数 3、7、9 分别代表春分、夏至、秋分。同理，夏至这天，昼长夜短，从此日起，黑夜时间逐渐增长，伏羲用 2 个黑色圆点代表夏至；由黑色圆点数 4、6、8 分别代表秋分、冬至、春分。伏羲用古人类记数的圆点数代表了太极图蕴涵的“两仪四象”，以十组黑白圆点数组成了一个数字化的太极图：

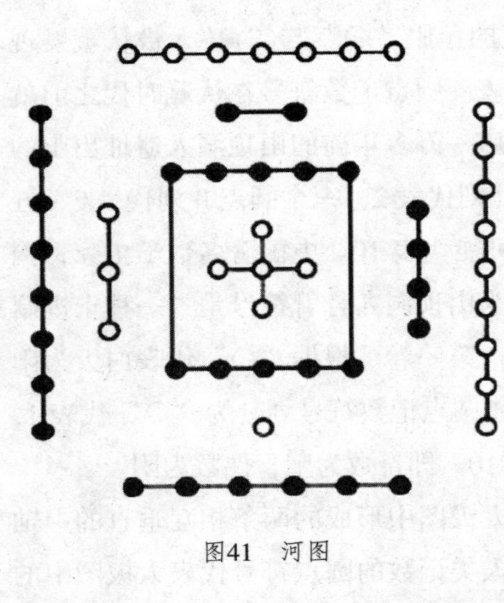

图41　河图

由5个白色圆点和10个黑色圆点居于中央，另外八组黑白圆点分别居于四方，即1个白色圆点与6个黑色圆点处于太极图下方（北方）；3个白色圆点与8个黑色圆点处于太极图左方（东方）；7个白色圆点与2个黑色圆点处于太极图上方（南方）；9个白色圆点与4个黑色圆点处于太极图右方（西方）。这样一幅完整的数字化太极图就呈现于世人面前。后来人们为了纪念龙龟跋山涉水，出渭河献“天书龙图”的不朽功绩，便将这幅数字化的太极图称之为“河图”。（图41）

伏羲研究发现，河图中的黑白圆点数之和共计55。其中，白色圆点数1、3、5、7、9累加是25，为阳数；黑色圆点数2、4、6、8、10累加为30，为阴数，这个55数字被后世人称为大衍之数；河图中心五数，若以“○”代表1，“●●”代表2划分，即得出白色圆点数分别为1、3、5；黑色圆点数分别为2、4。白色圆点数1、3、5、累加是9，为阳数；黑色圆点数2、4累加是6，为阴数。黑白圆点数合计共为15，此数被后人称为小衍之数。伏羲继续研究又发现，居于河图四面的八组黑白圆点数，其中四组白色圆点数和四组黑色圆点数分别之和均为10，它们是阳数二组：1、9，3、7；阴数二组：2、8，4、6。

在筑土圭、立木表，测量日影的过程中，伏羲以日影的长短变化规律发现了四季。同样，在年复一年地反复观测中，伏羲又发现了四季中冬至、春分、夏至、秋分这四日，与日出日落在太极图中的方位也有一个共同规律。即冬至这一天，早上太阳升起时的方位正好处于太极图中的东南方，晚上太阳落山时的方位正好处于太极图中的西南方；春分、秋分这两天的日出日落的方位相同，即早上太阳升起时的方位正好处于太极图中的正东方，晚上太阳落山时的方位正好处于太极图中的正西方；夏至这一

天，早上太阳升起时的方位正好处于太极图中的东北方，晚上太阳落山时的方位正好处于太极图中的西北方。根据夏至、冬至日出日落在四正之间形成的四个方位，伏羲发现如果将这四个方位在太极图中用线相连，即东北与西南、东南与西北相连，形成了新的两条相互垂直的连线，与原太极图中两条相互垂直的中轴线是相差45°。这四个方位被后世人称为“四维”。

在对河图与四季关系的研究过程中，伏羲发现河图中的黑白圆点数未能准确地代表四季气候冷暖变化的特征，如阳数9和阴数10所处的位置。因此，伏羲经过认真仔细地研究后，根据居于河图四面的八组黑白圆点数之和分别均为10的启示，决定仍以河图中心五数不动为前提，首先以原河图中阳数1、3两数为基点，然后寻找与其相和为10的阳数。当然这两个阳数就是原河图中的9、7两数了。于是，伏羲便将阳数中的9、7两数分别置于中央五数的南方和西方。这样阳数1、9，3、7四个数字就分别居于太极图的四正位置，互为对应的1、9，3、7二组数字之和均为10。至此时，伏羲发现阳数1、3、9、7，不仅以数字大小数值真实地代表了太阳在冬至、春分、夏至、秋分的光照时间，而且也反映出了：因太阳光照时间长短的不同，造成大地上春、夏、秋、冬四季气温的差异，如夏季因太阳光照时间最长，气温最高，所以伏羲用阳数9代表酷夏。因为有了“四维”的发现，所以，伏羲又将所剩阴数2、8，4、6四组黑色圆点数，根据阳数相互对应之数均和为10的原理，巧妙地排布于四维的方位之中。即2、8二组黑色圆点数分别居于西南与东北两方；4、6二组黑色圆点数分别居于东南与西北两方。同理，阴数2、6、8、4以数字大小数值真实地代表了太阳从夏至开始，随着太阳光照时间的不断缩短，气温由秋分逐渐变凉，至冬至气温变为严寒，因此，阴数8居于东北方。

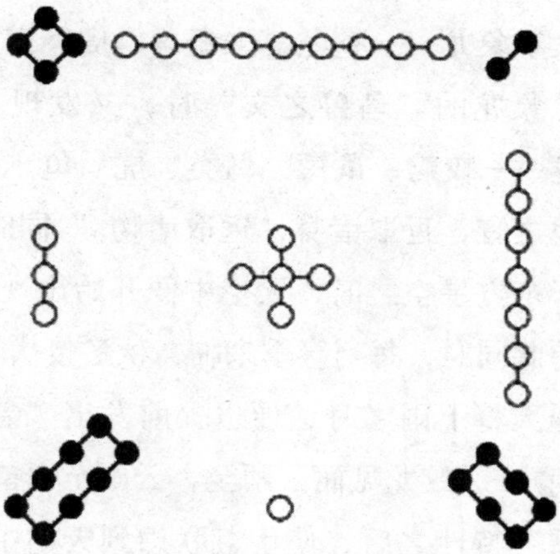

图42 洛书

阴极阳生，经过大寒至立春，太阳光照时间开始不断增加，至春分时，春暖花开。这样阳数1、9，3、7四个白色圆点数分别居于太极图的四正位置，阴数2、8，4、6四组黑色圆点数分别居于太极图的四维位置。由于分别居于中央五数四正、四维的八组黑白圆点数相对应之和均为10，亦暗合和代表了阴数10。因此，伏羲认为在这个结构中，也就不再需要原河图中央的黑色圆点数10了。这样，又一幅数字化太极图——“洛书”诞生了。（图42）

那么，后世人为何要将这一幅数字化的太极图称之为“洛书”？其一，洛书是伏羲根据河图中央五数推演而成。《周易·系辞上》云：“参伍以变，错综其数。通其变，遂成天下之文；极其数，遂定天下之象。非天下之至变，其孰能与于此？”所以说河图洛书是同根同源，一脉相承。其二、洛书为何要取洛水之洛字？因为，渭河与洛水有着主支流相连的密切关系，河图洛书中的“河”、“洛”二字都是指水名，“河”指渭河，“洛”指古洛水，是渭河的一级支流。故《易传》云：“河出图，洛出书，圣人则之。”古洛水，即今北洛河，也称洛河，河长680.3千米，为陕西省北部长度第一的河流。它发源于白于山南麓的草梁山，由西北向东南注入渭河，途经黄土高原区和关中平原两大地形单元。《说文》曰：“洛，水。出左冯翊郡怀德县北夷界中，东南入渭。从水，各声。”

伏羲在长期地“仰则观象于天，俯则观法于地”的过程中，发现了四大星象龙——苍龙、朱雀、白虎、玄武（龟蛇）。然后，在继续观察天上星象龙的“鸟兽之文”时，又发现了与天上星象龙相对应的地上生物龙——蛟鳄、鼍鳄、鸟类、虎、龟、蛇，正是《周易·系辞下》曰：“与地之宜，近取诸身，远取诸物。”同时，伏羲发现每年春季当苍龙星升起于东方星空之时，天空中便开始出现雷电现象，发出“轰隆隆”的雷声。与此同时，每当春季来临，秋冬蛰伏于地下的蛟鳄、鼍鳄也纷纷出洞，如遇天将下雨之时，便也提前发出“轰隆声”，先民称之为“呼雷”。《论衡》：“蛟龙见而云雨至，云雨至则雷电击。”在发现了大地上鳄鱼的“呼雷”特性之后，使伏羲联想到天空中震耳欲聋的雷声，是由苍龙星发出的，它们均有一个声音特征——轰隆声，根据这一声音特征中的“隆”

音，伏羲便将苍龙星和鳄鱼都称之为“龙”。所以我们说，是伏羲最早发现了“龙”！

自从发现龙之后，伏羲恍然彻悟，原来太极图中的两条黑白形状如鱼的图形，不仅代表着白天和黑夜，其实代表的是阴阳两条龙。黑色的龙为阴，代表阴龙；白色的龙为阳，代表阳龙；“●”和“○”分别是阴阳二龙的龙眼，也是阴阳二龙的标识。太极图实际上是一幅“天书龙图”。届时，伏羲联想到苍龙星在天形似“—”的形态，于是便用“—”符号表示龙的这一形态。甲骨文和金文上的“龙”字都属于象形文字，商代甲骨文中的“龙”字与商青铜器上的龙纹都呈现出一种长躯、有角、有爪的兽形，这或许是对龙“—”这一形态的历史传承。接着，伏羲又“参天两地而倚数”，（《周易·说卦》）即根据河图洛书大衍之数、小衍之数中的阳数（奇数）首数“○”1和阴数（偶数）首数“●●”2，将太极图中代表阳的白色龙，用符号“—(○)”来表示；代表阴的黑色龙，用符号“-- (●●)”来表示。伏羲为何要用“--”来代表阴龙？这源于生物龙鳄鱼。其一，“●●”为阴数的首数，与阳数首数“1”相对应。其二，鳄鱼在地则为生物地龙，为阴，远古先民将鳄鱼分为二大类：蛟鳄、鼍鳄。从此，“—”符号就代表白色龙，为阳，为奇，被后世人称阳爻；“--”代表黑色龙，为阴，为偶，被后世人称阴爻。这样，“—”和“--”这两个符号，实际上也就是阴阳二龙的代表与象征。

阴阳二爻的发明，是伏羲对太极图中阴阳二龙图像的一种抽象化，从而又启发了他对太极图的更进一步探究。由春分与秋分、夏至与冬至形成的两条相互垂直的中轴线将太极图一分为四，形成了象征四维之东北、东南、西南、西北。位于横向中轴线的黑白二条龙的龙眼“●”和“○”分别居于纵向中轴线的东西两边。这时，东西两边的龙眼及黑白相交的二条龙头与龙身恰好将东西两边各自均分为四等分。伏羲分别以两边四等分的交汇点，在两边各画了三条平行于纵向中轴线的分隔线，从而形成了八个带状图像。在横向中轴线的南北上下两方，二条相交的龙身与龙眼、龙头也有三个交汇点，伏羲以这三个交汇点在上下两方各画了二条平行于横向中轴线的分隔线，便将这八个带状图像分为黑白相间的三部分。在太极图中分别画出六条竖向和四条横向的分隔线后，伏羲经过仔细观察惊奇地发现，若以横向中轴线为界，在以黑白二条龙头与龙尾相交的两个部位，即太极图的东北、西南两区域内，如果将每一个带状图像内黑白相间的三个部分，分别用代表阴阳的“—”和“--”符号表示，于是，在太极图的东北、东南、西南、西北四个区域内就分别出现了四组符号“☰ ☳ ☲ ☷”、“☰ ☶ ☲ ☶”、“☰ ☵ ☱ ☷”、“☴ ☵ ☴ ☷”，将四组符号中重复多余的符号删除后，则形成了“☰”、“☳”、“☲”、“☷”、“☶”、“☵”、“☱”、“☴”八个符号。（图 43）这样，在这八个符号中全部都是由代表阴阳二龙的“--”和“—”符号组成，它们蕴涵着太极图的全部信息，是在河图洛书黑白圆点符号的基础上对太极图中阴阳图像的更进一步简化，其简化过程符合原始刻画符号由形象到抽象渐进发展的客观规律。

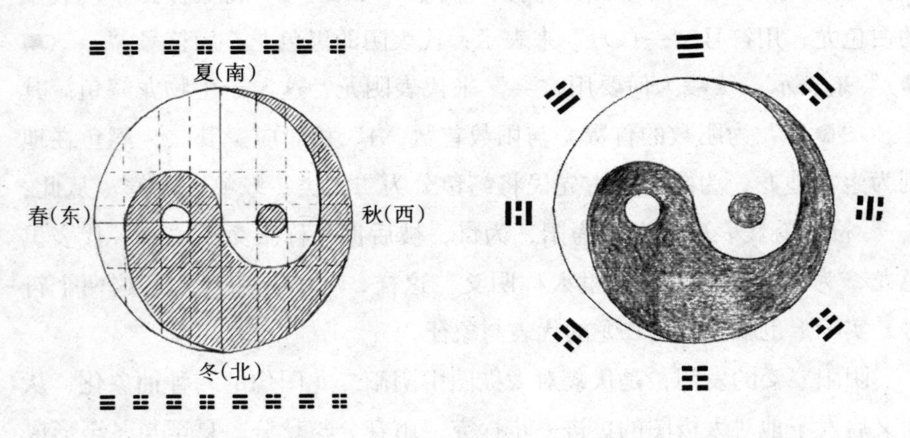

图 43　伏羲画八卦图　　　　图 44　伏羲太极八卦图

根据一年四季中阴阳二气的变化情况，伏羲将太极图中隐含的八种符号，依照阴阳二气的消长排布于四正四维的方位而创立了八卦。首先，根据阳气至夏至盛于南方，天气最为炎热，为纯阳，为天，用三阳“☰”符号代表，排列于太极图的南方；阴气至冬至盛于北方，大地最为寒冷，为纯阴，为地，用三阴“☷”符号代表，排列于太极图的北方；阴气极盛于北方大地，阳气则孕育其中，而至东北显露其机，其后经过正东时至春分，此时严寒已经过去，气温回升较快，用阳中有阴“☲”符号代表，排

列于太极图的东方；阳气盛极，阴气则必孕育于其中，待至西南，阴气便承阳气而起，显露其机，其后经过正西时至秋分，气温降低的速度明显加快，用阴中有阳“☵”符号代表，排列于太极图的西方。然后，根据推演洛书中巧妙排布四组阴数的同样方法，伏羲将剩余的两个阴气居多的“☳”和“☶”两个符号分别排布于太极图的东北和西北两个方位；将两个阳气居多的“☱”和“☴”两个符号分别排布于太极图的东南和西南两个方位。因为，“☰”与“☷”、“☲”与“☵”四个符号形成“—”和“--”相对的形象，即每一组内的“—”和“--”是一对矛盾，阴爻与阳爻也正相反。所以，伏羲将两个阴气居多的“☶”、“☳”符号和两个阳气居多的“☱”、“☴”符号也巧妙地置换为互为相反的两组，即“☳”相对于“☴”，“☱”相对于“☶”。这样，在太极图的圈外一周四正四维就出现了“☰”、“☷”、“☳”、“☴”、“☵”、“☲”、“☶”、“☱”八个符号，伏羲八卦也就诞生了！（图 44）

伏羲为人类文明进步做出的巨大贡献就是创立了八卦。《易传》云：“是故易有太极，是生两仪。两仪生四象，四象生八卦。八卦定吉凶，吉凶生大业。”此记载是说《易经》创作之先有太极图，太极变而产生天地阴阳即所谓两仪，两仪变而产生象征四时的老阳、老阴、少阳、少阴四象，四象变化而产生天、地、雷、风、水、火、山、泽的八卦，八卦变化推衍而可判定吉凶，判定吉凶而能成就伟大的事业。

伏羲根据太极图而创立了八卦，开启了华夏民族的文明，从而成为华夏民族的人文始祖，八卦成为中华民族的文化本源——伏羲文化。伏羲文化既是中华文化的本源和民族文化的母体，也是中华哲学体系、神秘文化与民间民俗文化的宝库。各族人民对伏羲的崇敬和礼赞成为一种特色鲜明的文化现象，是民族凝聚力和感召力的不竭源泉，也是自强不息的民族精神的强大动力。伏羲文化作为中华民族的本源文化，从物质世界到精神领域，从上层文化到民间习俗，几乎无所不在，深深根植于中华民族的心灵和意识深处，具有博大精深、兼容并包、生生不息、与时俱进的特点，塑造了中国传统文化的基本面貌，是中华文明的灵魂和精髓，是中华传统文化的核心与源泉。

伏羲文化体现了中华民族的创造精神、奉献精神、和合精神。从身体力行到抽象思维，从蛇图腾到象征中华民族的龙图腾，从单一部族到多民族大融合，伏羲作为“有圣德”的民族领袖和创世英雄，作为“有大智”的思考者和发明创造者，作为各民族团结协作、寻求生存与发展的历史象征，对中华民族的文明进步和发展起着不可估量的作用。在中华民族源远流长的文化长河中，伏羲文化始终是本源文化，因其固有的创造性和实践性，兼容并蓄的人文精神和认识世界的科学性，又使之具有强烈的多民族文化的认同性和强大的发展生命力。

弘扬伏羲文化具有深远的历史意义和重大的现实意义，从历史学的角度看，随着“夏商周断代工程”的完成和夏商周年表的正式公布，“三皇”文化的研究将日益突出，中华文明史的年代将从公元前2070年推向更早的年代。而20世纪50年代末在甘肃天水境内发现的大地湾文化遗址，与有关伏羲氏族的传说及史料记载有着种种吻合，成为最终揭开中华文明本源之谜的有利条件。可以说，通过对伏羲及伏羲文化的深入研究，将把中华文明史推向更早的年代，中华文明史可能是8000—10000年。

伏羲文化从源流史的角度看，有利于进一步探究中华文明的源流发展过程，特别是龙文化的起源、传播和发展轨迹。伏羲文化所体现的哲学思维，科学走向，人文精神和创造精神，对于今天我们的自然和社会科学研究，对于破除迷信、揭露邪教异端等具有十分重要的现实意义。伏羲文化的民族本源性和传播的广泛性，对提高民族自信心，增强民族凝聚力，团结海内外华人，积极支持参与国家建设，促进祖国和平统一，进一步扩大对外文化交流，维护世界和平发展具有不可低估的重要作用。

华夏人文始祖伏羲，根据“天书龙图”太极图创立了先天八卦，是对盘古文化的核心——太极文化，亦即龙文化的传承和弘扬。这就是说，龙文化是中国文化的本源，是华夏民族的根文化。龙文化自从形成后，就一

直在中国优秀传统文化中得到传承和弘扬。《易经》是中华龙文化传承与弘扬的重要载体，《乾》卦中的爻辞都以龙为象，这就是上古龙文化传承的一个明证。所以，我们可以这样说，《易经》是中华龙文化的经典。

中国传统文化中的儒家文化、道家文化皆源于《易经》。数千年来，中国文化一直延续着儒、道、佛三家共存的格局。中国传统文化中的儒、道、佛三家，在相互的冲突中相互吸收和融合，充分体现了中华龙文化的融合精神。这是中华龙文化的贯穿和体现，因为龙文化具有彼此包容、融合、谦让、互敬、共勉的这种美德，只有中国的龙文化才可能出现让各教派共创、共生、共存、共荣的一种举世无双的奇迹。

伏羲八卦是天道大宇宙观的集中体现，是《易经》的理论纲领。今天，《易经》又因其玄妙深奥的哲理而风靡世界，引起人们极大的兴趣。世界各界对《易经》的研究，已经朝着更广、更深的方向迈进。我们通常说，中华传统文化的主体是儒道释三家文化，实际上这“三家”是“一家”，即儒家文化、道家文化和释家文化三元归一，这就是我们常说的“三教归一”，即“三教归易”。《金龙训言》曰：“龙文玄道妙华精，易经化文作根本。八八变化六四成，道德礼仪归一统。”由此，我们可以得出一个结论：被誉为群经之首的《易经》，可称之为《龙经》。其理由如下：

1.关于《易经》之易字，学者们普遍认为：“易”为日月，“易”为阴阳，即易字是由日、月二字组成。实际上，易字源自天书龙图——“太极图”。“太极图”就是在道○无极图的基础上，融日月演化而来的。“○者，无极而太极也。”（朱熹《太极图说解》）在“无极”○圈里，加进了“易”——也就是画进了代表“易”的——“日、月”二字，即为太极。古代的“日月”二字，与现代字稍有区别，古文日字为○里装进一个圆点，月字也是一个象形为中间加一个竖点，日月装进一个○（无极）中。由古文月字一分，正好形成一个“S”形。道○里的“日月”一边一半，日月中间又各有一点，以黑白一分，就变成了看上去如两条“龙”形了。

“易”字中的“日、月”二字，其实就是太极图中黑白两条龙，即白色的龙代表天龙，为日，为阳；黑色的龙代表地龙，为阴，为地（月）。太极图中龙眼“○”是白色龙的标识，代表白天阳光灿烂为阳；龙眼“●”是黑色龙的标识，代表黑夜阴冷寂静为阴。两个龙眼“○”、“●”同为圆形，即象征天龙——太阳和地龙——地球（月亮）的形状都是圆形。

太极文化的核心是阴阳文化。“阴阳”二字从深层结构上说，还是与太极图有渊源关系。因为，天书龙图——太极图，是龙祖盘古在开天辟地以后所创制的，阴阳二字，就是在日（天龙）、月（地龙）二字的左边共同加了一个“阝”部，这就揭示了天龙（日）、地龙（月）都是由龙祖的两只眼睛而化生的奥秘。因为，龙祖两只眼睛的旁边紧连着的是两只耳朵，这也是“阴阳”二字的真正内涵。《五运历年记》载：“天气鸿蒙，萌芽滋始，遂分天地，肇立乾坤，启阴感阳，分布天气，乃孕中和，是为人也。首生盘古，垂死化身。气成风云，声为雷霆，左眼为日，右眼为月。”那么，地龙本为地球，却为何在这里变为月亮？这是因为当时处在地球上的古人，由于受制于白天在天空只能看见太阳以及夜晚只能看见月亮的局限性造成的。今天从科学的角度来看，古人认为月亮为阴，代表地龙也是合理的。因为，月亮是地球的卫星，同属于地月系统，与地球一样为阴，所以，月亮完全可以代表地球——地龙。

2.“龙”字古别音与“物”亦相通。而“物”在上古汉语中，却是一个具有神灵意义的特殊词汇。甲骨文及金文中，物字初形作“勿”，字形颇抽象，但可辨认似一种长体动物之形。刘节《古史考存》曾指出“物”字有图腾的意义，并举了六个例证：

(1)《左传·庄公三十二年》：“有神降于莘……王曰：‘若之何？’对曰：‘以其物享焉。其至之日，亦其物也。’”

(2)《左传·定公十年》：“叔孙氏之甲有物，吾未敢以出。”

(3)《左传·哀公元年》：“祀夏配天，不失旧物。”

(4)《左传·宣公三年》：“铸鼎象物。”

(5) 《国语·楚语下》：“民以物享，祸灾不至。”

(6) 《周礼·保章氏》：“五云之物。”

何新先生认为，“物”即“易”之异本，易即蜥蜴之蜴的本字。蜥蜴在中国古籍中被称为“龙子”，是生物龙之一。

《铁云藏龟》中记有一则卜辞：“贞：勿，燎于丘。”又《殷虚卜辞后编》卷下第7片：“贞：勿之于王。”皆以“勿”借为易占之“易。”可见二字相通。金文中，“易”之字形有似蜥蜴一体，马王堆汉帛书“龙”字与其颇相似。

《孔子家语》曰：“王事若龙”，郑玄注：“龙宜读为袭。”袭古音与易相通（“易”有“锡”音），表明“龙”之古别音正与“易”相通。传说华夏古族源于“有易”，“有易”一族正是“有龙”一族。（何新《诸神的起源》第2卷）

还值得注意的是，在中国古籍中被称为“龙子”的蜥蜴中确有一类“善变易”者，就是《本草纲目》蜥蜴类中所记“十二时虫”，今通名“变色龙”：“十二时虫，一名避役。出容州、交州诸处，生人家篱壁树木间，守宫之类也。大小如指，状同守宫，而脑上连背，有肉鬣如冠帻。长颈长足，身青色，大者长尺许，尾同身等，啮人不可疗。”

变色龙的变色现象与其他生物的保护色、警戒色相似。变色龙的肤色会随着背景、温度和心情的变化而改变；雄性变色龙会将暗黑的保护色变成明亮的颜色，以警告其他变色龙离开自己的领地；有些变色龙还会将平静时的绿色变成红色来威吓敌人。目的是保护自己，免遭袭击，使自己生存下来。

变色能躲避天敌，传情达意，类似人类语言。变色龙是一种“善变”的树栖爬行类动物，在自然界中它当之无愧是“伪装高手”，为了逃避天敌的侵犯和接近自己的猎物，这种爬行动物常在人们不经意间改变身体颜色，然后一动不动地将自己融入周围的环境之中。《美国国家地理杂志》撰文指出，依据动物专家的最新发现，变色龙变换体色不仅仅是为了伪装，体色变换的另一个重要作用是能够实现变色龙之间的信息传递，便于和同伴沟通，这相当于人类语言一样，进而表达出变色龙的意图。

3.《说文解字·第九下》曰："易，蜥易，蝘蜓，守宫也，象形。《秘书》说，日月为易，象阴阳也。一曰：从勿。凡易之属皆从易。"这是说，易，蜥易，又名蝘蜓，守宫。《秘书》说，日、月二字汇合成易字，象征着阴阳的变易。另一说，（易）从旗勿的勿。凡属易的部属都从易。从《说文解字》关于对"易"的论说，充分表明"龙"之古别音正与"易"相通。"易"即代表天龙——日和地龙——月（地）及"龙子"——蜥易。"易"，象征着阴阳的变易，即天龙、地龙、"龙子"及所有龙属的变易特征。

《管子·水地》曰："龙生于水，被五色而游，故神。欲小则化如蚕蠋，欲大则藏于天下，欲上则凌于云气，欲下则入于深泉，变化无日，上下无时，谓之神。"

《洪范·五行纬》曰："龙，虫之生于渊，行无形，游于天者也。"

《说苑·辩物》云："神龙能为高，能为下，能为大，能为小，能为幽，能为明，能为短，能为长。昭乎其高也，渊乎其下也，薄乎天光，高乎其着也。一有一亡忽微哉，斐然成章。"

汉代纬书《瑞应图》载："黄龙者，四方之长，四方之正色，神灵之精也。能巨，能细，能幽，能明，能短，能长，乍存，乍亡。王者不滤池而鱼，德达深渊，则应和气而游于池昭。"又"黄龙不众行，不群众，必待风雨而游乎青气之中。游乎天外之野。出入应命，以时上下，有圣则见，无圣则处。"

《说文解字》说："龙，鳞虫之长。能幽，能明，能巨，能细，能短，能长；春分而登天，秋分而潜渊。"

据《宋史》记载，茅山有一种五色"蜥蜴"龙，一直存在到北宋中叶："茅山有池，产龙如蜥蜴而五色。祥符中尝取二龙入都，半途失其一。中使云'飞空而逝'。民俗虔奉不懈。"

华夏人文始祖伏羲，在8000年前根据龙祖的一幅阴阳二龙太极图而创立了八卦。历经数千年的传承，由《连山易》、《归藏易》演化为《易经》，与《山海经》、《道德经》、《黄帝内经》共同成为中华龙文化的四大经典。

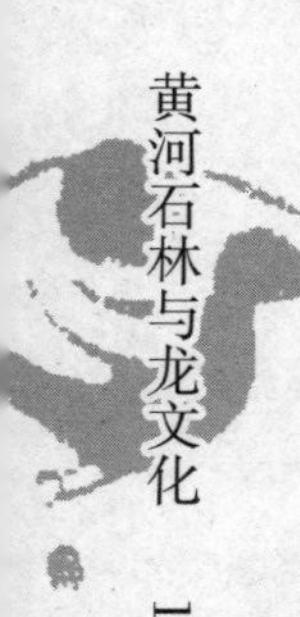

第四章 太极圣地

第四章

太极圣地

世界上人类古代文明的发祥地大都位于河海之滨或河流交汇之地。埃及的尼罗河，印度的恒河，美索不达米亚原野上的幼发拉底河和底格里斯河都是人类古老文明的血脉。古老的两河培育灌溉农业，也让文学与数学之树开始发芽生长。轮子的发明，让交流和贸易成为现实，楔形文字的出现让巴比伦人成为真正的文明人。于是在公元前3500年前，两河流域诞生了世界上第一批真正的城市。在古老的非洲大地，埃及人的祖先找到了尼罗河，他们在尼罗河下游创造了我们熟知的狮身人面、金字塔；在南亚，一条恒河养育了印度古国，使今天无数的佛教人士心怀虔诚出入山门寺庙；在东方，我们华夏儿女的祖先，发现了一条黄色的大河，数千年来，在这条大河的两岸，以汉族为主的中华各民族繁衍生息，创造了连我们自己都觉得神奇的东方文明。

人类的文明总是以江河、水源为依托，古人“依水而居、逐草而迁”，这是基本的生存法则，世界上的古代文明大多都是以大河为线而集中展示的。黄河从青海省的巴颜喀拉山出发，带着昆仑山的气脉，一路穿峡出谷，浩浩荡荡地流进白银。黄河流经白银地区258千米，在白银大地上孕育了独具魅力的区域河流文明。无论从那些昔日漂流在黄河上的羊皮筏子，还是高高耸立在黄河两岸转动不息的庞大水车，无论从白银人在黄河岸上的劳作、汲水以及从青山岚雾中隐隐显现的村落，都可以体味出黄河对白银人的影响和黄河文化在白银地区的深厚根基。

白银黄河段是黄河古文明的重要组成部分，是白银古文明的脊梁和骨架。据考证，白银地区早在旧石器时期就有先民在此繁衍生息。境内有多处旧石器时期和新石器时期的岩画，新石器时期的文化遗址有16处：如景泰县芦阳镇新石器时期张家台遗址；靖远县乌兰镇新石器时期马户山遗址；会宁县丁沟乡新石器时期老人沟遗址；白银区四龙镇糜地沟新石器时期古墓群；白银区强湾乡晒肚子岭新石器时期古墓群；靖远县若笠乡出土的新石器时代的连体彩陶罐、大彩陶罐等国家一级文物多件，这些都是对白银悠久历史和文化的浓缩和见证。

一、太极文化与龙文化的传播者——应龙

在中华文明演进和中华民族发展的历史长河中，太极文化与龙文化之所以能够深深根植于中华民族的心灵和意识深处，与一位龙神持之以恒地大力弘扬和广泛传播是分不开的，这位龙神就是金龙。因为，身为四大星象龙之一的金龙，肩负着传承弘扬龙文化，扩展传播龙信仰的伟大历史使命。所以，金龙便决定以集龙凤于一身的化身“应龙”降世，辅佐华夏民族的始祖——三皇五帝，使龙文化不断丰富，逐步成为中华文化的主体。

数千年来，金龙在不同时期先后转化为“应龙”、“黄河龙神”、“汉武大帝”、“唐玄奘”、“西平郡王——李晟”、“雍正龙王”等临幸与驻跸白银地区，从而在这一地区形成了一种特殊的文化脉络，产生了一个奇特的龙文化现象——金龙文化。金龙弘扬和传播太极文化与龙文化的事迹，用一句话概括就是历经艰辛，九死一生，矢志不渝。下面我们仅以其化身“应龙”在三皇时期助黄帝灭蚩尤，于颛顼时代帮女娲神补天，之后，又助大禹治水以及营造白银地区天然太极图的事迹分别作一简述：

在古籍记载中，应龙是会飞的翼龙。《史记·司马相如传》：“驾应龙象舆之蠖略逶丽兮，骖赤螭青虬之蚴蟉蜿蜒。”《淮南子·览冥训》：“乘雷车，服驾应龙。”高诱注：“应龙，有翼之龙也。”《广雅》：“有鳞曰蛟龙，有翼曰应龙，有角曰虬龙，无角曰螭龙。”《渊鉴类函》：“应龙潜乎潢池，鱼鼋媟之而不睹其能：奋灵德，合风云，超忽而躍昊苍也，故夫泥蟠而飞天者，应龙之神也。”（《渊鉴类函》卷437引《班固答宾戏》）《新唐书·列传第十三》：“应龙之翔，云雾滃然而从，震风薄怒，万空不约而号，物有自然相动耳。”应龙是生双翅，鳞身脊棘，头大而长，吻尖，

鼻、目、耳皆小，眼眶大，眉弓高，牙齿利，前额突起，颈细腹大，尾尖长，四肢强壮，是一只生翅的飞龙。（图 45）

图 45　河南南阳县英庄出土的东汉画像石“应龙图”

应龙是集四大星象龙和大地上的生物龙蛟龙、鼍龙、蛇、龟特征于一身的神物龙。在战国时期的玉雕，汉代的石刻、帛画和漆器上，常出现应龙的形象。应龙在《山海经》中多处出现，郭璞注：“应龙，龙有翼者也。”“应龙未起时，乃在渊底藏。非云足不踏，举则冲天翔。”（陈张正《见应龙篇》）王大有《龙凤文化源流》：“作为艺术形象的应龙从目前所见到的文物看，可能始于秦，盛于汉，延续到隋唐。秦空心砖上的应龙造型已是相当成熟了，据此推断，有这以前，当还有一个演变过程……应龙是由凤鸟、鳄、鲵、蛇复合而成。春秋、战国时，中山国和巴、蜀国有一种介于龙虎的龙生有双翅，或许是应龙的早期形态，或是另一类型的应龙”。

王大有先生关于应龙演变过程的推断是非常正确的，在这里引古籍记载以佐证：《三国志·吴书》：“夫应龙以屈伸为神，凤皇以嘉鸣为贵，何必隐形于天外，潜鳞于重渊者哉；”《艺文类聚·卷九十八》“应龙游于华泽，凤鸟鸣于高冈；”萧大圜《竹花赋》：“学应龙于葛水，宿（鸟）凤于方桐”；嵇含《悦晴诗》：“鸣凤曦轻翮，应龙曝纤髻；”《太平御览·卷五十七》：“枯泽非应龙之泉，平林非鸾凤之窟；”《太平广记》：“禹治水，应龙以尾画地，导决水之所出。”刘孝绰《谢散骑表》：“邀幸自天，休庆不已。假鸣凤之条，蹑应龙之亦”；《元史·舆服志》：“应龙旗，赤质，赤火焰脚，绘飞龙。”以下典籍记载更进一步印证了应龙（凤凰）与其他星象龙是同根同源，形态各异的龙：

《汉书·叙传》“应龙潜于潢污，鱼鼋媟之，不睹其能奋灵德，合风云，超忽荒，而躨颢苍也。故夫泥蟠而天飞者，应龙之神也。”

《淮南子·地形训》：“毛犊生应龙，应龙生建马，建马生麒麟，麒麟生庶兽，凡毛者生于庶兽。”

《淮南子·主术训》：“夫螣蛇游雾而动，应龙乘云而举。”

《艺文类聚·卷十》：“元龟介玉，应龙粹黄。”

《艺文类聚·卷四十九》：“偶应龙之龠影，等威凤之羽仪。”

《旧唐书·李密列传》：“轰轰隐隐，如霆如雷，彪虎啸而谷风生，应龙骧而景云起。”

《旧唐书·列传第五十四》：“又筑城于青海中龙驹岛，有白龙见，遂名为应龙城，吐蕃屏迹不敢近青海。”

《新五代史·南汉世家》：“九年，白龙见南宫三清殿，改元曰白龙，又更名龚，以应龙见之祥。”

南朝陈徐陵《丹阳上庸路碑》：“天降丹鸟，既序《孝经》；河出应龙，乃弘《周易》。”丹鸟，史书和有关文献称之为嘉羽——即凤的别称。《三国志·魏志·管辂传》“来杀我壻”。裴松之注引《辂别传》“文王受命，丹鸟衔书。”陈徐陵在《丹阳上庸路碑》中一语道出了金龙为何要以龙凤并举的化身“应龙”降于人间的奥秘，主要是为了丰富龙文化，传播龙文化，即“天降丹鸟，既序《孝经》；河出应龙，乃弘《周易》。”

轩辕黄帝是中国远古时期部落联盟首领，与伏羲、神农共同被尊称为华夏民族的人文之祖。《史记·五帝本纪》载：“轩辕之时，神农氏世衰，诸侯相侵伐，暴虐百姓，而神农氏弗能征。于是轩辕乃习用干戈，以征不享，诸侯咸来宾从。而蚩尤最为暴，莫能伐。炎帝欲侵陵诸侯，诸侯咸归轩辕。轩辕乃修德振兵，治五气，艺五种，抚万民，度四方，教熊、罴、貔、貅、貙、虎，以与炎帝战于阪泉之野。三战，然后得其志。蚩尤作乱，不用帝命。于是黄帝乃征师诸侯，与蚩尤战于涿鹿之野，遂禽杀蚩尤。而诸侯咸尊轩辕为天子，代神农氏，是为黄帝。”从这一记载可知，黄帝与“炎帝战于阪泉之野。三战，然后得其志。”炎黄部族从而结盟，为其后的华夏部落联盟打下了基础。

炎黄部族集团在与蚩尤集团（东夷部落）“战于涿鹿之野”的冲突中，炎黄部族不畏“兽身人语，铜头铁额，食沙石子。”的强悍的“蚩尤兄弟八十一人”，（《正义》引《鱼龙河图》）即八十一个部落联盟的攻击，不怕失败，经过反复较量，黄帝在“应龙”的帮助下，终于歼灭了蚩尤。从而形成了炎黄部落联盟与东夷部落的统一联盟，使黄帝以统一华夏部落与征服东夷、九黎族而统一中华的伟绩载入史册。《史记·五帝本纪》中“于是黄帝乃征师诸侯，与蚩尤战于涿鹿之野，遂禽杀蚩尤。”就是指应龙杀死蚩尤，“遂禽杀蚩尤”，《索隐》引皇甫谧云：“黄帝使应龙杀蚩尤于凶黎之谷。”这里的“禽”，就是飞龙——应龙。（图46）《帝王世纪》：“又征诸侯，使力牧神皇直讨蚩尤氏，擒之于涿鹿之野，使应龙杀之于凶黎之丘。”

图46　应龙（《中国古代神话》）

应龙帮助黄帝灭蚩尤的事迹，最早记于《山海经·大荒北经》：“蚩尤作兵伐黄帝。黄帝乃令应龙攻之冀州之野。应龙畜水。蚩尤请风伯、雨师，纵大风雨。黄帝乃下天女曰魃，雨止，遂杀蚩尤。”《山海经·大荒东经》载：“大荒东北隅中，有山名曰凶犁土丘。应龙处南极，杀蚩尤与夸父，不得复上，故下数旱。旱而为应龙之状，乃得大雨。”《山海经·大荒北经》“大荒之中，有山名成都载天。有人珥两黄蛇，把两黄蛇，名曰夸父。后土生信，信生夸父。夸父不量力，欲追日景，逮之于禺谷，将饮河而不足也，将走大泽，未至，死于此。应龙已杀蚩尤，又杀夸父，乃去南方处之，故南方多雨。”

雨水是人类赖以生存和发展的最基本自然条件之一，与古人的生产、生活有着极为密切的关系。不管是早期的采集和狩猎，还是后来的种植和畜牧，都离不开雨水的作用。雨水适度，牧草丰茂，谷物有成；雨水缺乏、叶草干枯，百谷旱绝；雨水过量，人畜被淹，农田受涝。相对而言，人们对雨水的欢迎要多于对雨水的厌恶。在我国第一部诗歌总集《诗经》里，就有喜欢雨水的句子："有渰萋萋，兴雨祁祁。雨我公田，遂及我私。"然而，作为一种自然天象，阴晴雨霁是不依人的意志为转移的。它往往不"知时节"，该下雨的时候久久不雨，该晴的时候又久久不晴。古人对这些自然现象不可能有科学的理解，他们相信有超自然的天神主管着这一切，于是就把殷切的希望寄托在超自然的天神身上，相应地就产生了天旱时求雨和水涝时求晴的祭祀活动。

应龙为黄帝争夺天下的战争效力，既是安邦立国的功臣，也是天下百姓的福神——雨水之神。由于应龙有蓄水的本领，曾使南方多雨。因而，应龙便成了超自然的天神——雨水之神。在遇到旱情严重的年月，人们就用泥土沙石等做成应龙的模样，祈祷一番，往往就能求得大雨一场。关于天旱时求雨的祭祀活动最早记载于《山海经·大荒东经》："大荒东北隅中，有山名曰凶犁土丘。应龙处南极，杀蚩尤与夸父，不得复上。故下数旱，旱而为应龙之状，乃得大雨。"《山海经·大荒北经》曰："应龙已杀蚩尤，又杀夸父，乃去南方处之，故南方多雨。"郭璞云："应龙遂住地下"。"今之土龙，本此，气应自然冥感，非人所能也。"这样，龙家族里又多了个"土龙"，民间也有了"旱则修土龙"（《淮南子·说林训》）的习俗。

先秦典籍中，求雨之仪又称"雩"，《礼记·祭法》云："雩禜，祭水旱也。"《周礼·春官宗伯》"司巫……若国大旱，则帅巫而舞雩。"由上引《续汉书·礼仪志》的记载，知作土龙即雩礼之一节。因为龙星初升标志着霖雨季节的来临，故古人例于龙星升天之时举行雩祭，为夏天作物的生长祈求甘霖，《左传·桓公五年》谓"龙见而雩"，杜预注："龙见建巳之月，苍龙宿之体昏见东方，万物始盛，待雨而大，故祭天远为百谷祈膏雨。"建巳之月为孟夏四月，此月黄昏龙星全体已离开地面而飞升于天，且已从东方绵延而及于南方，《大荒北经》所谓应龙"去南方处之"，郭注所谓应龙有翼，谓此。所以说在传说时代，人们就认为应龙有降雨的功能，在大旱时“为应龙之状”，就可以使天降雨，这应是上古时期祈龙求雨的一种形式。既然应龙具有行云布雨的神通，因而也就成为人们祈雨的对象。综上所述，从先秦典籍中的记述可以看出，应龙不仅代表着四大星象龙中的朱雀星和苍龙星，而且还代表着白虎星和玄武星。

在华夏先民的神话传说中，女娲神除了抟黄土作人，繁衍人类之外，还有一个伟大的功绩就是补天。(图 47) 上古的时候，天崩地裂，天不能覆盖大地，地不能承载万物。猛烈的大火经久不息，凶猛的洪水也迟迟不消退，人类被猛兽吞食，人间惨不忍睹。人首蛇身的女娲神用五色的石头堵住天空的大窟窿，砍来老鳖的四足并将其立在天地的四方，杀掉祸害人间的黑龙拯救冀州，把芦草烧成灰，用芦灰止住地上的洪水。女娲神能够降服具有强大力量的黑龙，能够补天堵水，充分显示了她的无穷神力。

图 47　女娲补天

在女娲补天的传说中，为何要用五色石补天？这是因为自龙祖盘古开天辟地以来，只因天空中缺少五行之气，天常降灾难于大地。所以，女娲神采集华夏大地五方之石补天，即东、南、西、北、中五方之石，这些补天之石的颜色又必须符合五行中代表五方的颜色——苍、赤、白、黑、黄。从而，就有了留传于中华大地四面八方的女娲炼石补天之地，如东方的山东日照市天台山；南方广东清远大龙山；中部河南淇县灵山；西方甘肃马衔山；北方吉林长白山天池。

女娲神在采集马衔山、长白山天池之石时，得到了应龙的全力支持和帮助。马衔山是中国的龙脉宝山，当应龙将马衔山山顶的石头全部奉送给女娲补天，从而留下了光秃秃的山头，这也就是马衔山为古之“空头山”的来历。女娲采石以东、南、中、西、北为顺序，最后来到北方的长白山

（古之大荒山）天池时，应龙率龙族不畏艰险全力从天池深处运出龙池之石，任女娲神挑选补天。女娲神补天共享五色石（五方石）三万六千五百零一块，只因一块未被选中，独留于天池，至今位于天池出水口西侧，弧形亘石，长约 50 米，至清代时，被安图知县刘建封命名为“补天石”。在女娲补天的过程中，应龙不仅将马衔山、长白山天池的龙石无私地奉献给女娲神补天，而且，还驾雷车帮助女娲运石补天。《淮南子·览冥训》：“乘雷车，服驾应龙，骖青虬，援绝瑞，席萝图，黄云络，前白螭，后奔蛇，浮游消摇。”雷车，亦就是龙车；青虬、白螭都是龙属，可见女娲神和龙的联系非常紧密。

传说在帝尧时期，黄河流域经常发生洪水。为了制止洪水泛滥，保护农业生产，尧帝曾召集部落首领会议，征求治水能手来平息水害，鲧被推荐来负责这项工作。《尚书·尧典》：“帝曰：‘咨！四岳，汤汤洪水方割，荡荡怀山襄陵，浩浩滔天。下民其咨，有能俾乂？’佥曰：‘於！鲧哉。’帝曰：‘吁！咈哉，方命圮族。’岳曰：‘异哉！试可乃已。’帝曰：‘往，钦哉！’九载，绩用弗成。”鲧当时便被派去治理洪水，可是一治治了九年，丝毫没有成绩。为什么鲧平治不了洪水呢？古书上说，是因为他的性情不好，只顾自己的意见，不顾众人的意见，用错了方法。鲧用的方法是“堙”和“障”。《尚书·洪范》：“鲧堙洪水。”《国语·鲁语上》：“鲧障洪水。”所谓堙障，就是用泥土来填塞洪水。鲧用泥土填塞洪水，不但填塞不了，洪水反而愈涨愈高，所以终于失败，结果被尧在羽山杀死。《左传·昭公七年》：“昔尧殛鲧于羽山。”

鲧被杀戮在羽山，大约这地方就是委羽之山，在北极之阴，是太阳所照不到的地方。《淮南子·地形篇》高诱注：“委羽之山在北极之阴，不见日。”鲧被杀戮，他有没有遗憾？鲧的遗憾大而且深，但并不是遗憾他个人的被杀，而遗憾的是本来抱着雄心壮志来治水的，他的事业还没有成功却死了。可是，寒冷和饥饿的人们还浸在水潦里，他们不仅随时要提防毒蛇猛兽的侵害，还要用衰弱的身体来和疾病抗争。像这样的情景，怎么能使鲧安静地长眠呢？

大神鲧就为了这一博大的、坚强的爱心，他的精魂因而不死，还保全了他的尸体，经过三年之久，都没有腐烂。（《山海经·海内经》郭璞注引《开筮》：“鲧死三岁不腐”）不但这样，他的肚子里还逐渐孕育着新的生命，这就是他的儿子禹。《山海经·海内经》：“鲧复（腹）生禹。”鲧把自己的精血和心魂一齐来喂养了这个小生命，要他将来继续去完成他的事业。禹在父亲的肚子生长着，变化着，三年之中已经具备了种种神力，甚至超过了他的父亲。

鲧的尸体三年不腐烂，这件怪事让天帝知道了，怕他将来会变成精怪，便派了一个天神，带了一把叫作“吴刀”的宝刀下去，把鲧的尸体剖开。天神依命行事，到了羽山，果然就用吴刀剖开了鲧的尸体。可是，就在这个时候，更大的奇迹发生了，从鲧被剖开的肚子里，忽然跳出一条虬龙，它就是禹，头上长着一对尖利的角，盘曲腾跃，升上了天空。虬龙禹升上天空之后，鲧本人的被剖开的尸体也化作了别的生物，跳进了羽山旁边的羽渊。

到了舜做国君的时候，鲧的儿子并没有叫他失望，新生的虬龙禹具有很大的神力，立志要继续完成父亲的功业。这事让天帝知道了，所以当禹去向天帝请求将息壤给他的时候，天帝便马上答应了他的请求，不但把息壤赐给他，还任命他到下方治理洪水。而且，为了治水取得成功，还派了曾经杀蚩尤立了大功的应龙去帮助他治理水患。于是，禹便接受了天帝的任命去到下方，带领应龙和众龙族开始平治洪水。

大禹治水时，应龙将大禹带到了今天的黄河石林，让大禹观看了当年龙龟显现于黄河石林的天然洛书。站在黄河石林的制高点（即今天的观景台），高空俯瞰，通过认真地观察，大禹发现黄河石林就像一个巨大的龟甲，（图 27）甲上载有 9 种花点的图案，大禹令军士们将图案中的花点布局描绘了下来。经过深入仔细地研究，他惊奇地发现，9 种花点数正好是 1 到 9 的 9 个数，各数的位置排列也相当奇巧，纵横六线及两条对角线上三数之和都为 15，既均衡对称，又深奥有趣，在奇偶数的交替变化之中似有一种旋转运动之妙。

在黄河石林，大禹得到了“天书龙图”——天然的太极图和洛书，使禹受益匪浅，得到了很多启示。面对滔滔洪水，大禹从鲧治水的失

图 48　武汉汉阳大禹治水雕塑
——应龙以尾画江河

败中汲取教训，改变了“堵”的办法，对洪水进行疏导。他一方面用息壤来堙障洪水，叫一只大乌龟给他把息壤背在背上，跟随在他的后面行走。《拾遗记》：“禹尽力沟洫，导川夷岳，黄龙曳尾于前，玄龟负青泥于后。”（按：黄龙是为应龙，青泥当即息壤）这样禹就把极深的洪泉填平了，把人类居住的地方加高了。《楚辞·天问》：“洪泉极深，何以填之？地方九则，何以坟之？”一方面，那些被特别加高起来的地方，就成了我们今天四方的名山。另一方面禹又让应龙带领龙族疏导川河，它们的任务是导引水路，应龙导引主流，其余的龙导引支流。应龙走在前面，用它的尾巴画地，应龙尾巴指引的地方，禹所开凿的河川的流向也就跟着它走，一直流向东方的汪洋大海，就成为我们今天的大江大河。(图 48)

据《史记·夏本纪》载，大禹治水时：“左准绳，右规矩，载四时，以开九州，通九道，陂九泽……”大禹治水以九宫为据，应用到测量、气象、地理与交通运输之中，并在应龙“以尾画地，导水所注”的鼎力相助下，从而治理黄河，大获成功，受到黄河两岸人民的拥戴。屈原在《天问》中，对应龙如何帮助大禹治水？如何用尾巴在地面上划出一条江河引洪水入大海等奇事表示不解：“河海应龙，何尽何历？鲧何所营？禹何所成？”（《楚辞·天问》）东汉王逸注：“禹治洪水时，有神龙以尾画地，导水所注，当决者，因而治之也。”东晋王嘉《拾遗记》卷二云：“禹尽力沟洫，导川夷岳，黄龙曳尾于前，玄龟负青泥于后。”在禹治理洪水时，神龙曾以尾画地，疏导洪水而立功，此神龙又名为黄龙。助大禹治水应龙为何又被称“黄龙”？这是因为应龙帮助大禹治水有功，后被龙祖盘古敕封为“黄河龙神”，所以汉晋古籍中称为“黄龙”。

朱熹在《楚辞集注》中将“河海应龙，何尽何历？”作“应龙何画？河海何历？”熟知大禹治水故事的人也清楚地知道，当时大禹是利用应龙锋利的尾巴划开大地和山川，引导洪水流到大海，最后才成功治水的。大禹在应龙地帮助下治水成功后，被大家推举为舜的助手。过了十七年，舜死后，他继任部落联盟首领，参照洛书九数而划分天下为九州，并且把一般政事也区分为九奥。后来，大禹的儿子启创建了我国第一个奴隶制国家——夏朝，因此，后人也称他为夏禹。

“九州”最早见于《尚书·禹贡》，是古代中国的代名词、别称之一。古人认为天圆地方，“方圆”是指范围。因此，“九州方圆”，即“中国这块地方”，是地大物博、气势磅礴的一种景象。“九州”之名，起于战国中期。当时列国纷争，战火连天，人们渴望统一，于是产生了区划中原的思想萌芽，九州制只是当时学者对统一后的中国的规划，是一种政治理想。因而《禹贡》中便有了冀、兖、青、徐、扬、荆、豫、梁、雍九州，其他古籍如《尔雅·释地》、《周礼·职方》、《吕氏春秋·有始览》中也有九州的记载，虽然各书中具体州名有所差异，但记载的均为九州。传统看法以为《禹贡》是夏制，《尔雅》是商制，《周礼》是周制。

尽管九州具体是怎样区划时间的无法得到确切考证，但是依据众多考古文物遗迹的发现，我们可以了解到“九州”概念的形成不晚于战国时期。尤其遂公盨的出现，说明了“大禹治水”是一段十分可靠的历史事件。而由《尚书·禹贡》等典籍所指出的“九州”是出于国家初步建成的一种管理模式的尝试。过去著录的古文字材料，有关禹的很少，只有秦公簋提到“禹迹”，正是大禹治理规划的体现。秦公簋等都属春秋，遂公盨则早到西周，成为大禹治水传说最早的文物例证。

应龙在“以尾画地，导水所注”帮助大禹治水时，以盘龙洞窟和黄河石林为中心，特意将黄河在这里以尾划为一个大“S”形，使这一地区成了镶嵌于大地的天然太极图。应龙以尾所划的这个大“S”形河段全长258千米，即今天黄河流经大峡、乌金峡、红山峡至黑山峡上游穿越白银全境

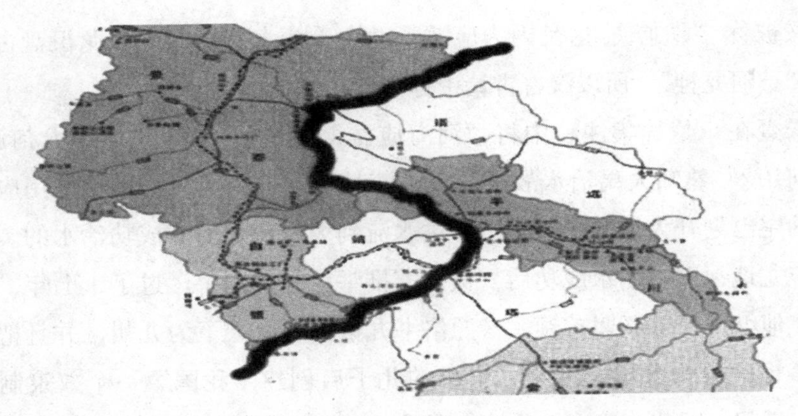

图49　黄河流经白银258千米形成的天然太极图

的黄河河道，从而使今天的白银地区成了一个巨大的天然太极图。（图49）应龙为何要以盘龙洞窟和黄河石林为中心将黄河在这里以尾划为一个大“S”形？因为，应龙认为黄河石林周边地区是太极文化的圣地：其一，龙祖盘古在世界东大龙脉截止地，营造了雄浑壮观的黄河石林景象和盘龙洞窟前浑然一体的天然太极图。其二，盘龙洞窟内有五方龙神幻化雕刻于洞窟顶内的天然太极图和龙龟与黄河石林融化而显现的天然洛书（数字化太极图）。

前已述及，“卍”字符是一个源远流长的原始文化信仰符号，其中融合了原始宇宙观。“卍”字符在中国，它既是世界四大龙脉的标识，又是“天书龙图”——太极图（动态）的一个图形符号，也是中华龙文化河图、洛书、八卦的标志符号。“卍”字符具有一种指示方向和旋转不停的感觉，似乎与太极图中两条永远追逐不停的“龙”一样。永远追逐的两条不同颜色的“龙”，正像宇宙空间万事万物阴阳互换的关系一样，永远不会停止运动。“卍”字符是方形的太极图，是圆形太极图的雏形。这也就是“卍”字符示意的内涵所在，它揭示了洛书是由方形的河图而演变为圆形的洛书。

根据最新的发现，“卍”字符象征着我们这个银河系，并且是顺时针旋转的银河系，看来这个“卍”字符存在很多玄机。在我们的印象中，银河系就像一条银色的河流，然而这只是银河系的侧面形象。那么，银河系正面到底是什么样的结构呢？我们在观测其他星系时，它们的形状能够一目了然，而对于我们本身所在的银河系却没法看到全貌，因此只能通过观测加推测来确定其形状。科学家们确定了银河系的形状，即银河系是漩涡星系，从里向外伸出了四条旋转的“手臂”：人马臂、猎户臂、英仙臂、三千秒差距臂，每条“手臂”都由难以计数的恒星和星云组成。其中我们生活的太阳系在猎户臂内，位于人马臂和英仙臂之间，但更靠近英仙臂。仔细观察，我们会发现银河系的四旋臂结构与河图洛书标志“卍”字符非常相似。

银河，又称天河，在中国文化中占有很重要的地位。早在汉代就有著名的中国神话传说牛郎织女的故事。日本学者小南一郎先生，在研究中国牛郎织女神话传说的过程中，通过考察后汉时代的山东、河南、四川等地画像石，发现了牛郎和织女在宇宙构造中所占位置的重要性，即他（她）们分别代表了构成银河系的两个对照要素——阴阳。在山东省肥城县孝堂山郭巨祠画像石上有一副“织女图”，图中分别绘有日、月和北斗七星、南斗六星，牛郎星（河鼓）、织女星及织女星下操纵织机的织女等图像。对于此图的象征意义，小南一郎先生认为：“走进祠堂向上看，在正上方石梁南北两端就可见到牵牛与织女，而牵牛与月、织女与太阳又相结合，进而月左侧是北斗七星，太阳右面是南斗六星。如此北、南斗也和牵牛、织女相组合。牵牛与织女也组合到太阳与月、南斗六星与北斗七星的阴阳对立之中，可以说是通过阴阳对比的构造，把宇宙整体象征性地表现了出来。”由此可知，中国神话传说牛郎织女的故事，它揭示了银河系的一大奥秘：即银河系是宇宙中的太极，它由天河及居于两边的牛郎（阴）、织女（阳）构成。那么，数千年前应龙以尾划地，以黄河为“天河”，在今白银地区形成了一个天然的太极图，这一镶嵌于大地的天然太极图，它相对应于宇宙中的太极——银河系。

二、白银天然太极图与《易经》和《道德经》文化

太极图与八卦是中国古老的文化科学遗产，它们在古代为人类文明建树了不可磨灭的功勋。太极图与河图、洛书、八卦是中国古代文化史上的四个千古之谜。作为“易学”之源，它们之间一定存在着某种必然的内在

关系，所以，自《易传》始，古代“易学”家们早就把它们四者紧密地联系在一起了。因此，太极图、河图、洛书、八卦四者实际上是一脉相承，是龙祖盘古和华夏人文始祖伏羲，分别以图像、数字、卦爻三种方式向后人发出的一个不同一般的信息。从太极图的产生过程来分析，发现龙祖盘古创造“天书龙图”是一个有目的有计划的行为——开启人类的文明。太极图以简单隐藏复杂，创造出一个标准的形象化模式——阴阳，这就是白色的龙代表白天、太阳，为阳；黑色的龙代表黑夜、大地，为阴。从此，阴阳成为一个优秀的可具操作性的演绎平台，它将宇宙中原本不可把握的无穷无尽事物的运动变化，通过阴阳原理的简单演绎，就可以随时随地进行演示而变化成为能够把握。可以说，只要把握了简单的阴阳，明白了阴阳的基本原理，就是把握了宇宙的基本法则，也等于从本质上把握了宇宙间一切事物的生死规律。可见，龙祖盘古创造“天书龙图”——太极图，是闪耀着先进智慧光辉的伟大创举。

在白银这个巨大的天然太极图中，应龙“以尾画地”使黄河在这里的河道成了太极图中的大“S”形曲线。那么，应龙为何要以黄河河流作为太极图中的“S”曲线？这是应龙在以图形语言向世人揭示伏羲八卦符号语言所表达的宇宙万物生成过程。因为，黄河是华夏民族心目中的一条巨龙，应龙以黄河象征伏羲八卦中的坎卦（水），即代表水龙。（滕力《丝路莲台话雷祖》第191页）从而揭示了太极图中的另一奥秘：太极图中的阴阳二龙，不仅代表着天龙和地龙，而且阴阳二龙之间的“S”形曲线代表的也是一条水龙。所以，白银地区的天然太极图，是最早揭示伏羲八卦中宇宙生成结构图：离→乾、离→坤，乾→坎、坤→坎的杰作。

伏羲八卦中的离、乾、坎、坤四卦，记述了龙祖盘古在开天辟地时，首先创生了天龙——太阳和地龙——地球。然后由天龙（太阳）和地龙（地球）相互作用，又创生了水龙——水——江河、湖泊、海洋。水是生命的起源，大地上的生物地龙（恐龙、翼龙、龟、蛇、虎等）和人类（龙子龙孙）都是由水龙（海洋）中逐步衍生和繁衍而来。那么，伟大神圣的龙祖属于什么龙？《周易·说卦》曰：“离，为火，为日。”这就是说火与日有着极其密切的关系，火→天龙→太阳。从这一关系中我们可以看出，创生天龙和地龙的龙祖应该是一条火龙。发现于距今 8000—5000 年的山东凌阳河大汶口文化遗址中的陶文图形，形象地揭示了火龙→天龙（太阳）→地龙（地球、月亮）之间的生化关系，这个陶文图形的下方是一团熊熊燃烧的火焰，在火焰的上方分别是太阳和月亮。（图 50）

图 50　日月纹和日月火纹

《周易·说卦》曰：“离，为火。”“雷龙本是火生成。”（《金龙训言》）《周易·离卦》云：“象曰：明两作，离。大人以继明照于四方。”这里“明”为日，如汉代极为常见的以日光为母题的铜镜。而其镜的背面，则常书有铭文，如：“光象夫日月，内青则昭明”，“见日之光，天下大明。”前已述及，“大人”是指雷神。因为，在汉晋古籍中记载的伏羲得以兆孕的神奇传说中，将雷神称“大人”。如《潜夫论》中载：“大人迹出雷泽，华胥履之，生伏羲。”（王符《潜夫论·五德志》）所以，《离卦·象》关于离卦的释义应该是，《象传》说：因为太阳一次又一次地升起，象征离为火，为日。雷神（火龙）的光辉承继于太阳（天龙）而永远照耀四方。至此，使我们彻悟了在伏羲八卦中，与离卦相连而形成十字线上的乾、坤、坎三卦，正是《道德经》第四十二章所曰：“道生一，一生二，二生三，三生万物。”即火龙→天龙→地龙→水龙→万物的渊源关系。

《道德经》是春秋时期老子（即李耳）所著，是中国历史上首部完整的哲学著作。《道德经》五千言，篇幅不长，含蓄隐晦，正言若反，但是其思想具有穿透时空的神奇。实际上《道德经》的渊源是《易经》，更确切地说老子是依据《易经》的卦爻辞系统全面地建构了他的《道德经》。老子剥离了《易经》的卦象符号来建构《道德经》，《易经》中的阴阳符号、八卦构架，以及富有哲理意味的卦爻辞，都是构成老子哲学思想的基本因素。《道德经》虽没有直接引用《易经》，但《道德经》中所讲的

"道生一，一生二，二生三，三生万物。"揭秘了伏羲根据太极图创生八卦的历程，这一历程被老子认为是伏羲发现宇宙万物生成的过程。"一阴一阳之谓道。"（《周易·系辞上》）这就是说，道是阴阳，太极图就是它的核心思想。因为，盘古开天辟地，创生了天地阴阳万物，所以，老子认为龙祖盘古就是"道"的化身。因此，老子把太极八卦提高到了他整个思想中的最高范畴——道，认为八卦是道的载体。

"道"是宇宙的本原，万物的始基。"道"的概念是老子第一个提出的，用以说明宇宙的本原、本体、规律、原理等。在老子以前，人们对生成万物的根源只推论到天，至于天还有没有根源，并没有触及。至老子时，开始推求天的来源，提出了道。他认为，天地万物都由道而生。老子在《道德经》中所讲的"道生一，一生二，二生三，三生万物。"正是龙祖盘古开天辟地、创生宇宙万物的全部历程。"道生一"，这里的"一"就是指"道"的化身——龙祖盘古；"一生二"，就是龙祖盘古开天辟地创生天地阴阳二龙；"二生三"，有了天地即太阳和地球后，在太阳和地球的相互作用下产生了覆盖地球面积71%的天然物质——水；"三生万物"，这里的"三"，广义的是指太阳、地球和水；狭义上的"三"，就是指地球上的水，包括天然水（河流、湖泊、大气水、海水、地下水等）。

老子是怎样发现伏羲创生八卦的历程，这是因为他发现了《易经》的主体架构：太极→两仪→四象→八卦。老子认为，伏羲是根据太极图而创生了八卦。首先，伏羲根据太极图的图示，发现了太极图中白色形状如鱼的图形代表白天；黑色形状如鱼的图形代表黑夜。通过对白天与黑夜的漫长观察研究，发现了大地上的春、夏、秋、冬四季。与此同时，伏羲发现了天空中也有与四季相对应的四象星：东方苍龙星、南方朱雀星、西方白虎星、北方玄武星。伏羲根据东方苍龙星的形态而发现了"龙"。接着，伏羲又发现了太极图的奥秘：白色如鱼的形状代表天龙（日），为阳；黑色如鱼的形状代表地龙（月），为阴。然后，伏羲根据太极图中代表阳龙的"○"和代表阴龙的"●"发明了阴爻和阳爻两个符号，将太极图白色的龙用符号"—(○)"来表示；黑色的龙用符号"-- （●●）"来表示。根据太极图中隐藏的八卦卦象，结合河图洛书而创造了八卦。

通过对《易经》的进一步研究，老子发现伏羲八卦从表层结构看，乾、坤、震、巽、坎、离、艮、兑八卦，是分别代表着天、地、雷、风、水、火、山、泽八种自然现象，其实深层结构代表了各种不同形态的龙类。即乾，为天龙（太阳）；坤，为地龙（大地）；震，为雷（雷电）；巽，为翼龙（风）；坎，为水龙；离，为火龙；艮，为山龙（山脉）；兑，为龙宫。老子认为伏羲八卦中的乾、坤、坎、离四卦，形象地展现了龙祖盘古开天辟地，创生天地万物的图式。因为，离、乾、坎、坤四卦分别位于伏羲八卦东、南、西、北的四正方位，处于太极图的春分、夏至、秋分、冬至的位置。如果将这四卦以太极图的四维弦线把它们连接起来，这样离、乾、坎、坤四卦则在太极图中形成了一个呈菱形状的正四方形，则离卦位于东方，乾卦位于南方，坤卦位于北方，坎卦位于西方，这样就形成了一幅隐含着太极图的最大奥秘——宇宙生成结构图。（图 51）

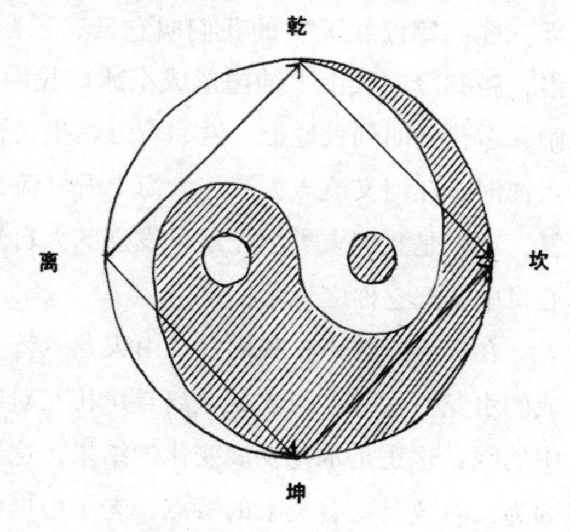

图 51　伏羲八卦乾、坤、坎、离四卦

乾、坤、坎、离四卦，是伏羲在 8000 年前以符号语言讲述了宇宙和万物生成的过程。2500 年前的老子，是最早以文字语言对宇宙的起源和发展做出了精辟的论述。《道德经》第四十二章曰："道生一，一生二，二生三，三生万物。"概括宇宙本源的道〇生一，即道〇化生火龙，一生二，即火龙创生天龙——太阳、地龙——地球，从此宇宙诞生了。二生三，即在太阳和地球的相互作用下产生了水龙——水，三生万物，即有了天地和水，大地上便从水中演变和繁衍出生物地龙和人类等生命物体。以道家学说，宇宙的生成过程，可简化为：道〇（无极）→ 一（太极）→ 二（阴阳）→ 三（阴阳交合而生）→ 万物。《周易·系辞上》曰："是故易有太极，是生两仪。两仪生四象，四象生八卦。八卦定吉凶，吉凶生大业。"

从伏羲八卦中我们可以看出，天龙和地龙最大的功德是创生了水龙——水。“天地相合，以降甘露。”（《道德经》第三十二章）孔子在称誉老子为龙时说，我今天似乎见到龙了，“龙合而成体,散而成章。乘云气而养阴阳!”在这段话中，“龙合而成体，散而成章。”说明龙像云雾一样能聚能散，正是水龙的一个变化过程，是一种大自然的现象。“乘云气而养阴阳”以今天科学的观念说明，有的云层带正电，有的云层带负电，正负两片云层碰撞在一起就会产生雷声，乌云滚滚像一条条龙一样混战在一起，天空就下起了暴雨。这就是天地之间水的循环，我们都知道地面上和海洋里的水，通过上升气流蒸发到天空，低处飘浮在田野上空的我们叫它雾，往高飘浮在天空的我们叫它云，云凝聚成水珠落了下来，我们叫它雨；碰到冷空气上下冲撞形成小冰球我们叫它冰雹，冬天则又变成雪花。雨、雪花又回到大地上，滋润着万物生长，多余的就会成了小溪，小溪流入江河，江河又流入大海，大海上升气流又把它们带到天上。如此循环往复，这就是我们人类祖先最早发现的大自然中水的发展变化规律，在古人心目中便把它称之为龙。

在伏羲八卦中，我们发现由天龙（乾卦）和地龙（坤卦）相互作用生成的水龙（坎卦）与火龙（离卦）相互对应。那么，水是怎样上升到天空中的呢？这正是水龙发展变化的结果，这个结果需要“火龙”的帮忙，正因为火（离卦）有炎上的特点，老子根据伏羲八卦中离卦与坎卦互为对应的提示，认识到矛盾对立相反的一方是推动事物发展运动的。老子曰：“反者，道之动；弱者，道之用。”（《道德经》第四十章）“反”即复，相反相成，对立转化，物极必反，回归本原，这是道的循环运动方式。作为水龙之主体的水，就充分体现了道的这一循环运动方式。但是，水在天地的大循环中如果没有火的参与——阳光的照射，水就不能蒸发变成水蒸气，就不会产生云雾、雨雪等大自然的各种现象。所以传说中的龙能呼风唤雨。“反者，道之动”就是把水火不兼容变得统一了，融合反应在了水龙的身上。水是不能自己向上流的，但是通过火可以产生变化。在炎热的太阳烘烤着大地上的森林、田野、湖泊、河流、大海，特别是海洋里的水大量蒸发凝聚在上空慢慢向上升腾，变成雾，变成云，变成雨，当这一股股水蒸气遇到上升气流或者强风的影响就会聚集在一起形成强大气流，遇到森林山川阻碍时会旋转上升拔地而起，犹如一条条云龙从海洋里、森林中、田野上直冲云霄，有的带正电，有的带负电，在天空中发生碰撞，电闪雷鸣！所以说龙能在陆地上跑，水里游，天上飞。

水是地球上最常见的组成部分，水在生命演化中起到了重要作用。伏羲八卦中的坎卦，《说卦》曰："坎为水"。组成八卦的"阳爻（—）"和"阴爻（--）"，在八卦中，"—"代表天龙——太阳，"--"代表地龙——地球，而"--"更代表着八卦中的水龙。因为，地球是由海洋和陆地两大部分组成，尤其是在盘古大陆未解体之前。当我们打开世界地图时，或者当我们面对地球仪时，呈现在我们面前的大部分面积都是鲜艳的蓝色。从太空中看地球，地球是极为秀丽的蔚蓝色球体。水是地球表面数量最多的天然物质，它覆盖了地球71%以上的表面。地球是一个名副其实的大水球。所以，我们说"--"既代表地龙，也代表水龙。

地球是太阳系八大行星之中唯一被液态水所覆盖的星球。水是由氢、氧两种元素组成的无机物，无毒。在常温常压下为无色无味的透明液体，被称为人类生命的源泉。水在地球上的存在形式包括河流、湖泊、大气水、海水、地下水等。水是地球上最常见的物质之一，是包括无机化合物、人类在内所有生命生存的重要资源，也是生物体最重要的组成部分。人的生命一刻也离不开水，水是生命需要的最主要物质。

水在生命演化中起到了重要作用，世界上最早的生命就诞生于水。在地球的组成物质中，99.99%是非生物——没有生命的物质。与生物不同，非生物不能利用能量进行生长，对周围的世界也不能做出任何反应。最重要的是，它不能进行生殖。那么，又是什么让这样毫无生气的开端产生了40亿年前的生物呢？

大多数科学家认可的答案是，溶在海洋中的含碳物质发生了一系列随机的化学反应，而生物就是从这些化学反应中产生出来的。其中的一些反应形成了油性细胞膜包裹着的微泡，里面包含着一些液体，它们与外面的水世界是完全隔离的。另外，一些反应则形成了一些特殊物质，它们通过吸引周围更加简单的化学物质而进行自我复制。不知何故，这两类反应产生的物质就结合到了一起，从而产生了第一个能自我复制的细胞。当这些细胞开始利用能量的时候，生命也就随之产生了。根据科学家的研究证明，数十亿年前地球上有生命的物体都是从水中衍生而来，水是生命的起源。至今，所有有生命的动植物都离不水，水更是人类的生命源泉。

水，利万象万物，“善心”备焉。水凭借渗透性强而滋润生物；水靠浮力大而可行舟船；水凭着流动不息而改善环境，让地球充满生机；水可降温，水可去污；水可驱动机器，水可以发电生能……水的作用无数，水之善心无边。禅语曰：“善心如水。”水，貌似柔，实则强；水虽柔但能克刚。滴水久之可穿石，流水载歌载舞可使棱棱角角的石头日臻完美变成鹅卵石。柔软的水，加压能把巨岩击碎，能把成吨的钢材如同揉面团般锻压。“天下莫柔弱于水，而攻坚强莫之能胜，以其无以易之。弱之胜强，柔之胜刚，天下莫不知，莫能行。”（《道德经》第七十八章）因此，老子曰：“上善若水。水善利万物而不争，处众人之所恶，故几于道。”（《道德经》第八章）

老子在探究《易经》的过程中，发现了伏羲八卦中的乾、坤、坎、离四卦是揭示宇宙万物生成的奥秘。于是，老子在《道德经》第四十二章中提出了自己的精辟论述：“道生一，一生二，二生三，三生万物。”用朴素的辩证思维构建起《道德经》独特理论体系和深邃的思想蕴涵。其内容重在详尽论述作为宇宙本体、万物之源和运动规律的天道，并将这种天道用以观照人道，指导治国和修身，直面现实社会，涉及宇宙、自然、社会、人生的各方面。由此可知，伏羲八卦是传播盘古文化的重要途径，《易经》和《道德经》是共同传承和弘扬中华龙文化的重要载体，它们都是太极文化的经典之作。

考古发现证明，太极图在我国新石器初期就有雏形了，如在1万年前的岩画上就有螺旋图。古太极图形大量存于7000至5000年前的器皿上，说明太极图的产生在新石器中后期，是中华祖先智慧的结晶。矗立于天安门广场东侧的中国国家博物新馆内，有一把新石器时期大汶口文化象牙梳，这是迄今为止发现的原始社会保存最为完好的梳子，也是我国历史上最早的象牙雕刻精品之一。令人惊叹的是，在梳身上雕刻的“S”形图案

颇像后世的太极八卦图。（图 52）

大汶口文化遗址位于泰安市的大汶口镇，分布在大汶河两岸，遗址总面积 80 余万平方米，文化堆积层 2—3 米，是大汶口文化的发现地和命名地。大汶口遗址包括了大汶口文化发展的全过程，距今 6200 至 4600 年，跨度达一千多年，分为早期、中期、晚期三个阶段，属于父系氏族社会，为新石器时代遗址。26 号墓中发现的象牙梳，经易学专家、云南大学教授黄懿陆的考究，他认为这是一个太极图。黄懿陆的观点认为：象牙是非常坚硬的，6000 年前，人类社会尚未产生金属制品，要把象牙刻成梳齿，并凿穿形成三个孔，那是非常困难的。可想而知，这并不是一般的生活用品，而应该是一件精致的神器。

图 52　大汶口文化象牙梳

在 5000 年前的屈家岭文化陶纺轮上，也有与太极图类似的图像。（吴山《中国新石器时代陶器装饰艺术》第 332—334 页）位于山西省襄汾县陶寺村南部的陶寺遗址，在一座贵族大墓中出土了一件彩陶龙纹陶盘，专家认定龙纹象征王权、族徽。龙纹是个亘字，亘即恒，陶寺大墓彩陶龙纹可认为是迄今为止发现的最早的“大恒图”，即“太极图”。陶寺龙山文化在年代和地域上与唐尧虞舜相当，属于中原地区龙山文化，距今年代大约为 4500 年—3900 年。屈家岭文化与龙山文化同一时期，位于湖南、湖北一带，与仰韶文化、龙山文化、蜀国彝族文化存在地缘联系。大汶口文化、山东龙山文化以及殷周时期的东夷文化，都应是早期的彝族文化。古彝族文献《玄通大书》中，列有多幅“古太极图”，彝族文献称之为“宇宙”。古代彝族文献的“古太极图”（冯时《中国天文考古学》第 363 页）完全是龙蛇的形象，第 10 图直接画作龙形。

第 41 届世界博览会于 2010 年 5 月 1 日至 10 月 31 日在中国上海市举行。此次世博会也是由中国举办的首届世界博览会。上海世博会乌克兰国家馆外墙硕大阴阳太极图映入人们的眼帘，（图 53）红黑白色装饰图案及

图 53　乌克兰特里波耶文化太极图

其农耕时代之前狩猎民族的特征。驯服了的狗、被追逐的鹿、各种被捕猎的动物、弓箭、日月星辰以及带有神秘文化的各种图腾等，这些似乎在无声地宣称：乌克兰人的祖先，在农耕之前的狩猎活动中，黑白二龙的太极图图案已经深入他们的骨髓。乌克兰馆馆长伊万·布恩托夫说："这是5000年前特里波耶文化的符号。"

太极图是龙祖盘古借助图形语言表达抽象凝练的宇宙万物生成的衍化图，以图形语言表达了龙祖盘古对宇宙起源、宇宙结构及宇宙、社会、人类演化规律的理论与图式，试图给人们提供一把解释一切现象的总钥匙——阴阳，这便是中华哲学的萌芽。随着符号的进步，太极内涵阴阳两仪的思想，通过符号表现出来，并记录在大量出土的夏商周时期的甲骨文上。夏商周时期，由符号演变而来的单个文字逐步形成了系统文字，于是有了书籍的出现。《易经》就是这一时期出现的解释太极、阴阳、八卦的书籍。文字的产生极大地推动了社会文明和进步，并形成了中华文化的第一高峰——百家争鸣。千百年来，太极图以博大精深的内涵，千古永辉的义理，激励着一代又一代的研究者对其寻根溯源，探赜索隐，从而汇成了中华民族的智慧源头——太极哲学。太极图虽简单明了，一个圆圈（○）、一条曲线（S）、两个圆点（●、○），两条黑白龙形图，但经过历代的图解与诠释，它构成了一个含义丰富深邃庞大的"太极哲学"体系。这个哲学体系的关键词就是阴阳。阴阳既蕴含着形而上的宇宙之道与天人之际的大法则，也包括形而下的人生法则。其中"太极和"辩证法是太极哲学体系的核心。"太极和"思想认为，事物发展的终极目标不是事物的矛盾对立，而是事物之间的包容与妥协、共存与共容。共容与共存才是事物发展的根本规律。简言之，圆润的太极图形启迪我们，在一个矛盾对立体中追求平衡，在众多矛盾平衡体中追求相互的包容、化合，在矛盾对立中最终走向多元的和谐统一，这才是事物发展的终极目的与永恒动力。

在哲学里，对立统一规律是根本规律，是宇宙根本法则。太极图看似简单，却用图形语言揭示了对立统一规律这一永恒真理，这正是它的伟大之处。宋代思想家、哲学家陈抟在《易龙图序》中曰："是龙图者，天散而示之，伏羲合而用之，仲尼默而形之。"在太极图中被"黑白二龙"分割成对立的阴阳两极，喻示了宇宙及万事万物皆由辨证的二元对立所构成，如天与地、黑与白、明与暗、清与浊、寒与暑、冬与夏、上与下、南与北、祸与福、得与失、男与女、雄与雌等等，这就是所谓的矛盾对立。阴阳两极之间柔曲流畅的分界线却又昭示着对立的两极无时不有的变化与无处不在的交合，以此求得平衡，以便更好地共融于一体，即所谓矛盾统一。由此，揭示了宇宙万物在一个矛盾对立体中追求阴阳平衡，在众多矛盾平衡体中追求和谐的"太极和"真理。进而，揭示了宇宙在平衡中发展的变化规律和人类进步、社会发展以"和"为根本目的。此乃太极图精髓之所在，太极哲学核心之法则，太极哲学的光芒之处。"太极和"理论强调对立为手段，以"追求阴阳平衡（统一、和谐）"为目的。换句话说，太极图其实就是新石器时期龙祖盘古用图形语言表达的对立统一规律图，是世界上最早的图形辩证法。

当中国古代思想家引入阴阳范畴看待宇宙万物的生成与运动时，哲学便由此产生了。在《易经》里，我们知道所有的"卦"都是由"阴爻（--）"和"阳爻（—）"两种爻来构成的，易学里的"阴阳爻"不但传承了太极图中蕴含的阴阳符号，同时还复制了自然界阴阳能量对立统一的规律，并通过阴阳、五行、干支等文字符号以及"卦"的图形符号模拟了阴阳能量的相互影响和作用。它能抽象地通过阴阳的变化规律和朴素的符号来告诉人们现实世界"万有"的存在和演化规律。所以自然世界的"阴""阳"作为基础切实地造就了复杂的现实世界，易学中的"卦"和"阴阳爻"抽象地揭示了自然界存在的事件和其变化规律。阴阳的实质在于它揭示了世界万物均可用正、反两个元素来概括，这便是哲学中最基本的两个元素——矛、盾。阴阳的哲学意义就是通过图形语言揭示了哲学真谛及核心命题——万物皆矛盾。用阴阳辨证矛盾来解释世界，在《道德经》中得到了充分的展示，老子在《道德经》中共解释了四十八对阴阳辨证矛盾关系，使《道德经》成为哲理博深的第一书。

在太极哲学地孕育下，中华民族创造了悠久璀璨的五千年文明。历史语言包括图形语言、符号语言、文字语言。当今历史研究和哲学起源研究，主要依据文字史料进行。仅以文字语言为依据必然就会远离图形、符号时代，造成历史研究断层和哲学起源落后于世界文明两千多年的谬误。大量太极图考古发现这一事实，为中华哲学起源提供了一个有力的证据，我们的祖先早在六至七千年前就已经通过太极图阴阳两仪这一辨证矛盾来概括宇宙万物的起源与变化，比古希腊哲学至少早了2000—3000年。由此我们可得出：太极图是中国哲学的起源、世界哲学的起源。中华哲学的起源比中华五千年文明早2000—3000年，有了中华哲学，才有了中华文明，是中华哲学孕育了中华五千年文明。所以说，太极图是中华文化之根、文明之母。

三、黄河石林景区是中华古文明的十字路口

前已述及，大禹治水时，得到了应龙的大力帮助。首先，应龙将大禹带到黄河上游老龙湾的黄河石林，让大禹观看了盘龙洞内当年龙龟送来的太极图和显现于黄河石林的天然洛书。然后，大禹在应龙“以尾画地，导水所注”的鼎力相助下，从而治理黄河，大获成功。《册府元龟·帝王部》：“夏禹即天子位，洛出龟书，六十五字，是为洪范，此所谓洛出书者也。”这里的“洛出龟书”，就是龙龟幻化于黄河石林的天然洛书。

“洛书”一词，需要分开来解析。先谈“书”，华夏文字，在汉朝时称为“汉字”，在汉以前称为“书”或“书契”。《说文解字》说，汉字单体曰“文”，合体曰“字”。因此，“洛书”中的“书”，应该指“文”，因为先有“文”后有“字”。而“文”指“纹样”。因此，“洛书”就是“洛文”。再谈“洛”，“洛”字从水从各，“各”意为“十字交叉”。因此“洛”本义为“十字交叉的河流”。那么，在这里与黄河十字交叉的是哪条河流呢？它就是发源于寿鹿山的古媪围河，景泰县境内的43条沙河，分别从寿鹿山的不同山涧流出，由西向东，在今一条山的大梁头下相聚，从

索桥渡口处汇入黄河，与黄河形成了十字交叉。《水经注》载："媪围县西南有泉沅，东迳县南，又东北入河也。"《读史方舆纪要》载："温围水，在卫西南。其下流入于黄河。晋咸宁五年，马隆讨凉州鲜卑，度温围水，是也。胡氏曰：温围水东北，即万斛堆。汉武威郡有媪围县，此水或因以名。媪，讹温也。"（清·顾祖禹《读史方舆纪要》）因此，古媪围河与黄河十字交叉处的黄河石林就是"洛出书"之地。

通过对"洛书"词义的探讨，我们还弄懂了甲骨文的数字10变为今天楷书数字10的道理：在"洛书"的影响下，甲骨文的数字"|"变成了楷书的数字"十"，因为后者的形状与"洛书"完全契合。我们回过头来看传世文献的"洛书"图样：一、中心的"五"是典型的"十字纹样"；二、处在中心"十字纹样"上下和左右两端的数字之和都是10；三、两条对角线组成了一个转角45°的"十字纹样"，每条线两端的数字之和也是10。即"洛书"里面包含了三套十字纹样：中心十字纹样（代表"天心"，对应"地心"，）、天十字纹样（即由阳数组成，代表"天"）、地十字纹样（即由阴数组成，代表"地"）。这就是说，"洛书"的纹样确实是"十字交叉"形成的。后来，从西周初始的萧关古道，至西汉时，成为丝绸之路东段的北线，经索桥渡通往西域，又与黄河形成了一个大的十字交叉。这个十字交叉点被称为中华古文明的十字路口。

黄河石林景区地处白银天然太极图的中心，从人文地理的角度来说，也就是处在中华古文明的十字路口。首先，世界东大龙脉和古龙山山脉在这里与黄河形成十字交汇。由古龙山山脉形成的广大区域，被当今的学者称为陇山区域。陇山区域的东南部，是现今黄土高原上的一片绿洲，这里具有丰富的人文背景，孕育出了中华民族和中国文化。因为，在这里先后诞生了华夏民族的人文始祖伏羲、女娲、神农、黄帝，这一区域正好是华夏文明与中华民族形成的地方。黄河石林景区向西经过世界东大龙脉通向天下龙脉祖山——昆仑山与其他三大龙脉相连通，在南大龙脉、西大龙脉和北大龙脉上，先后诞生了古印度文明、古巴比伦文明（苏美尔文明）、古埃及文明、古希腊文明和玛雅文明等。其次，中国三大干龙之一的北干龙也在这里与世界东大龙脉和古龙山龙脉形成十字交汇。因北干龙抵达宁夏中卫后，经黄河石林景区溯拥黄河而上，所以古龙山龙脉之气伴随着北干龙又与华夏龙脉宝山马衔山相接。在中国三大干龙的北干龙、中干龙和南干龙上分别诞生了兴隆洼文化、红山文化、仰韶文化、裴里冈文化、良渚文化、河姆渡文化等诸多文化。所以说，从龙文化的广义角度讲，黄河石林景区是世界远古文明与中华远古文明的十字路口。

“白银黄河段是中华古文明的十字路口。”从文化上讲，这个十字是由黄河和丝绸之路两个大的文明形成的交叉，这也是特殊的地理条件决定了一个奇特的文化现象，黄河白银段，以东是传统的农耕文明；以西是以祁连山、天山和河西走廊一带的西域游牧文明；以北则是河套平原、贺兰山为线的北方草原文明，曾为西夏属地；西南是甘南、青藏的外延，属于高原文明，古为吐蕃属地。从这个概念讲，黄河白银段的古老渡口非常形象地形成了中华古文明的十字路口。敦煌研究院李正宇教授，是享誉国内的敦煌学和丝绸之路文化研究的权威专家。他说：“黄河白银段，就凭丝绸之路穿越，就凭处于几大文明交汇的这个特殊的地理位置来讲，完全可以将白银称为中华古文明的十字路口。”

在中华文明史中“丝绸之路”几乎是妇孺皆知的。两千多年前，亚欧大陆上勤劳勇敢的人们，探索出多条连接亚欧非几大文明的贸易和人文交流通路，后人将其统称为“丝绸之路”。丝绸之路涉及亚洲、非洲、欧洲整个旧大陆广阔地域，包容多个国家、地区和民族，历史演变曲折复杂，而各地区民族、国家之文化又多种多样，丰富深厚。丝绸之路这一在世界上已存在了数千年，至今仍鲜活地呈现于世人面前的历史综合体，如果路网是其血脉，它所涉及的区域或国家是其肌体，路网上来往输送的名贵货物以及政治、科技、宗教等讯息是其血液，那么蕴涵于它们之中的文化则是其灵魂，是其得以长期延续下来的生命力。

丝绸之路的开辟，是璀璨的中华文明历史长河中熠熠生辉的一笔，也是整个人类文明史上的一个伟大创举。丝绸之路，让我们在曾经拥有的自我满足中，自认为我们中华文化和中华文明是天下唯一的文化形态的同时，明白了世界上还有别的文化、别的文明。由此开始，中华文化进入了采百家之长而丰富自身的吸纳、包容、交流和融合的时期。横跨亚、非、欧的丝绸之路，有力地促进了中西方的经济文化交流，对促成汉朝的兴盛产生了积极的作用。于是，中国进入了经济发展、文化繁荣的全盛时期，到了大唐时期，中国成了当时世界上实力最强的唯一大国。对于丝绸之路在中华文化中的地位、作用，余秋雨先生如此论断："靠诸子百家，是建立不起一个伟大的唐代的。唐代这个当时世界上的第一帝国是怎样形成的？中华文明与全世界的文明紧紧地融合在一起，才有可能构建成一个伟大的朝代。"

若以天下龙脉祖山——昆仑山为中心来看，横跨亚、欧、非三大洲的丝绸之路，其实是沿着远古世界四条大龙脉的东大龙脉、南大龙脉、西大龙脉、北大龙脉（"天山廊道"属于北大龙脉的一段）而展开。据中国学者估算，从中国西安，经陕西、甘肃、新疆，中亚、西亚诸国至欧洲意大利威尼斯的丝绸之路直线距离为7000余千米，在中国境内的距离有4000余千米，而昆仑山恰好处在丝绸之路的中间。所以我们说，昆仑山不仅是世界四条大龙脉的祖山，也是丝绸之路的中心，丝绸之路由此贯通东西，连接南北。丝绸之路这条欧亚大陆的交通大动脉，在世界文明史上扮演着非常重要的角色，成为中国、印度、古巴比伦和希腊四种主要文化交汇的桥梁，记录了中国黄河流域、美索不达米亚平原两河流域、埃及尼罗河流域、印度河流域人类文明史上四个最辉煌荣耀的历史。因此，丝绸之路是人类文明史上真正已经进入文化这个范畴的通道，被余秋雨先生称之为"人类文明第一通道"。

丝绸之路，按照目前学术界通行的提法，在中国境内分为三段：长安——凉州为东段；凉州——敦煌、玉门关、阳关为中段；玉门——阳关——葱岭为西段。甘肃、宁夏、陕西的地理位置正处在丝绸之路的东段；而东段又分为南、中、北三道。

丝绸之路东段南道从长安到陇县，出大震关翻越陇山（小陇山），在张家川马鹿折南经清水，过天水（古秦州），沿渭河西行经甘谷，武山，陇西（古襄武），渭源，临洮（古狄道，陇西郡治），再经永靖渡黄河，出积石山，经乐都至青海西宁，然后穿过大斗谷（扁都口）到张掖。

丝绸之路东段中道这条是沿泾河至平凉，再由崆峒山东峡入泾源，穿制胜关西出六盘山，经隆德、静宁、定西、榆中，在兰州（金城）过黄河，再经永登（汉令居），越乌鞘岭达武威。

丝绸之路东段北道从长安临皋（今西安市西北）经咸阳县驿出发西北行，经醴泉、奉天（今乾县东）到邠州治所新平县（今邠县），沿泾水河谷北进，过长武、泾川、平凉入固原南境弹筝峡（三关口），过瓦亭关，北上原州（固原），沿清水河谷，再向北经石门关（须弥山沟谷）折向西北海原，抵黄河东岸的靖远渡河，由景泰直抵河西武威（凉州）。这是在丝绸之路东段南、中、北三道中，由长安抵达河西凉州（武威）最捷径的线路。

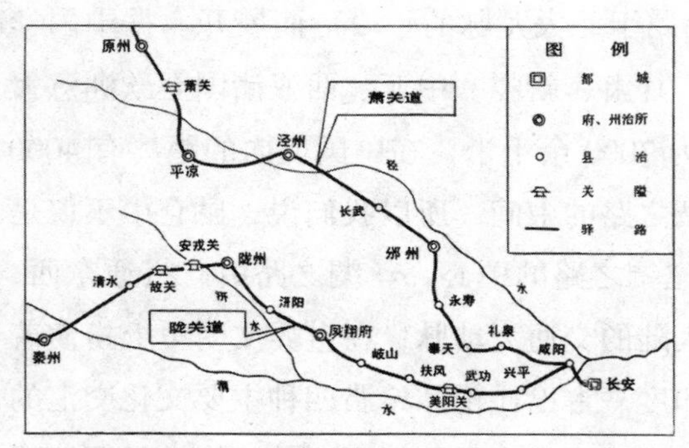

图 54　丝绸之路东段北道——萧关古道

丝绸之路东段的北道也就是古之萧关道。（图 54）宁夏社会科学院历史研究所所长薛正昌在谈到萧关道时说："萧关道，因萧关而来。广义的萧关道，即汉唐丝绸之路东段北道，是中原通西域的交通要道，是历史上农耕文化与草原文化的结合带。萧关古道大致走向是由长安出发，沿泾河过固原、海原，在靖远县北渡黄河，经景泰直抵武威。"严耕望的《唐代交通图考》论述长安至凉州的交通最为详密。他认为："长安西北至凉州主要道路有南北两线，南线经凤翔府及陇、秦、渭、临、兰五州，渡河至凉州。北线经邠、泾、原、会四州，渡河至凉州。"（严耕望《唐代交通图考》）而严耕望先生细密考证的是唐代的情况。至于两汉的具体路线，只有汉简才给我们提供了确切的记录。

汉简是中国两汉时代遗留下来的简牍。早在北周时代就有人在居延地区发现了汉竹简书，北宋人也曾在今甘肃等地获得了东汉简。20 世纪初至今，甘肃的河西走廊以及新疆、青海等地先后出土汉代简牍 70000 多枚，这些汉简与两汉时期的丝绸之路有着密切关系。居延汉简和悬泉汉简中的道路里程简，给我们提供了从长安到凉州的基本路线、走向、里程以及停靠站体系。在甲渠侯官遗址（破城子）出土的汉简（简号 EPT59.582；Ⅱ 90DXT0214）中，就有关于丝绸之路东段北道的记载，它的走向可以分为三段：

第一段：京畿段。“长安至茂陵七十里，茂陵至茯置卅五里，茯置至好止（畤）七十五里，好止至义置七十五里。”这五个站点中，长安、茂陵、好畤是著名的历史地名，至今有遗址留存（好畤在今陕西千县东郊的好畤村）。茯置在茂陵与好畤之间，义置在今永寿县以北。这一段路程全长 255 汉里，合今 106 千米。也就是从长安出发，经今兴平县境之茂陵，过千县、永寿、彬县进入泾水流域，而后经长武进入今甘肃东部的泾川、平凉。

第二段：安定段。“月氏至乌氏五十里，乌氏至泾阳五十里，泾阳至平林置六十里，平林置至高平八十里。”这一段从月氏到乌氏、泾阳、平林、高平，240 汉里，近 100 千米。高平是汉代安定郡首县，遗址在今固原市原州区。泾阳古城在今平凉市西北安国乡油坊庄村北。里程简所记从泾阳到高平 140 汉里，合 58 千米左右。中间有一个平林置，当是泾阳和高平之间的一个驿置，位置在中间偏南。泾阳县以南的两个地名乌氏和月氏。分别相隔 20 千米，因此按里程简的记载，乌氏的位置当在今崆峒区，月氏的位置当在今崆峒区以东四十里铺。总之，这一段路线是从平凉东部往西北到固原，然后经过海原，至靖远渡河（北周曾置乌兰关）到甘肃景泰。

第三段：武威段。“媪围至居延置九十里，居延置至 K21Z198 里九十里，K21Z198 里至揟次九十里，揟次至小张掖六十里，小张掖去姑臧六十七里，姑臧去显美七十五里。”媪围、居延置、K21Z198 里、揟次、小张掖、姑臧、显美 7 个站点 472 汉里，合今 196 千米。这是横贯武威郡的路线。汉代的媪围，即今景泰县芦阳镇响水村北的窎沟城遗址。K21Z198 里的大体位置在今古浪县大靖镇，揟次在今古浪县土门镇西 3 千米左右。（李并成《河西走廊历史地理》）小张掖在今凉州区以南 20 多千米的武家寨子一带。（郝树声《敦煌悬泉里程简地理考述》）小张掖即汉之张掖县，前面冠以“小”者，以示区别于同名的“张掖郡”。由于汉代武威郡是在张掖郡设置若干年后从后者分离出来的，所以早先已经设立的张掖县在武威郡分设时由于地理位置的原因就划归了武威郡，这就造成了张掖县不在张掖郡而在武威郡的状况。姑臧即今天的凉州区，显美在今天凉州区西北32千米的丰乐堡。

这三段路线，从陕西彬县到甘肃泾川将近90千米、从宁夏固原到甘肃景泰200千米，因简牍残缺而有所中断，其余都是连在一起的。河西四郡有35个站点，安定和京畿有记载的站点有10个。这就是汉简给我们提供的丝绸之路东段明确具体的行程路线，也就是严耕望先生所考定的唐代丝绸之路东段的北道，是两汉时期丝路东段的主干道。

萧关古道是丝绸之路东段北道经过今陕西、甘肃、宁夏境内的一段驰名线路，因萧关而得名，开辟于商周之际，到汉代全线贯通。伴随着丝绸之路的开通、繁荣与昌盛，成为关中通往北方与河西的政治、经济、军事、文化要道，在中西、南北文化交流、商业贸易往来、民族迁徙融合等诸多方面发挥了极其重要的作用，在中华文明史上，留下了浓墨重彩的一页。

萧关，在今宁夏固原东南。六盘山山脉横亘于关中西北，为其西北屏障。自陇上进入关中的通道主要是渭河、泾河等河流穿切成的河谷低地。渭河方向山势较险峻，而泾河方向相对较为平易。萧关即在六盘山山口依险而立，扼守自泾河方向进入关中的通道。萧关是关中西北方向的重要关口，屏护着关中西北的安全。

关中西北方向的威胁主要来自陇西、河西及青藏高原上的游牧民族。秦汉时期主要是匈奴，隋唐时期主要是突厥、吐蕃，北宋时主要是西夏党项。萧关为关中抗击西北游牧民族进犯的前哨。汉文帝十四年（公元前166年），匈奴曾经入萧关，袭扰北地等郡，致使关中震动。汉武帝时，国力增强，重视北边国防。汉武帝曾两次出萧关，巡视西北边境，耀兵塞上，威慑匈奴。自北朝后期起，突厥称雄塞外，中原政权频频受其扰。唐武则天时，曾任魏元忠为萧关大总管，统重兵镇守萧关，以备突厥。北宋时，党项人建立的西夏称雄西北。在宋夏之间近百年的对抗中，萧关一带为双方对峙前沿。

萧关位于今宁夏固原境内三关口峡谷之瓦亭，（图55）历史上是关中的北塞，高诱在《战国策·秦策》注中引徐广说：关中“东函谷、南武关、西散关、北萧关”，以四塞为固，称为关中。明人张自烈《正字通》记：“今陕西，东有函谷关，南有晓关、武关，西有散关，北有萧关，居四关之中，故曰关中。”也是丝绸之路东段北道上的著名关隘，因此衍生出了萧关道。

图55　宁夏固原三关口峡谷瓦亭之萧关

萧关古道的开辟始于商周之际。商末，周人用兵扩展西土势力，对戎人进行征战，成为此道开通的肇始。有专家依据甲骨文“小臣墙刻辞”与“多友鼎”的记述，结合文献史料考证后指出，周戎之战的古战场主要位于今宁夏泾源县境内六盘山支脉鸡头山与瓦亭一带和彭阳县茹河流域的古朝那（今古城镇）以及高平（今固原）一带。（林梅村《汉唐西域与中国文明》）

周王朝建立后，公元前993年阴历十月，周穆王驾八骏之乘，率六师之人，历一年八个多月进行了著名的“穆天子西巡”，行进路线经过了萧关古道。著名历史学家岑仲勉先生研究认为：穆王西行的路线自镐京（今西安）出发，溯泾水，沿彬县、平凉，经过宁夏固原，西北行沿河西走廊到张掖，再沿黑河、弱水到达居延海。（李崇新《〈穆天子传〉西行路线研究》）《穆天子传》卷一记载：“天子北征于犬戎，犬戎胡觞天子于当水之阳。”并将部分戎人迁往“大原”之地，“大原”之地即今固原周围川源开阔的地带，实际上穆王迫使被征服的犬戎向更远的西北方退居。

春秋战国时，秦人兴起，且与戎人杂居。东周平王时，封秦襄公为诸侯，赐给岐以西之地。“曰：‘戎无道’，侵夺我岐、丰之地，秦能攻逐戎，即有其地。’与誓，封爵之。襄公于是始国。”（《史记·秦本纪》）自此秦人为了扩展生存空间，与戎人发生了长时间的战争，并在不断征伐戎人的过程中逐步走向强大。秦穆公时，“用由余谋，伐戎王，益国十二，辟地千里，遂霸西戎。”（《史记·秦本纪》）春秋末至战国初，诸戎基本已被秦人征服，至惠文王时，秦人在新占领的戎人土地上设立义渠县（前327年）与乌氏县（前324年），其中乌氏县在今宁夏南部固原，是固原历史上最早的县级建制。至昭襄王时（前272年），秦灭义渠国，“于是秦有陇西、北地、上郡，筑长城以拒胡。”（《史记·匈奴列传》）

秦汉时期，萧关古道的记载逐渐明晰，据《史记·秦始皇本纪》记载：“二十七年（前20年），始皇巡陇西、北地、出鸡头山，过回中。”西汉初，北方匈奴势力日渐强大，“汉文帝十四年（前166年），匈奴单于率十四万骑入朝那萧关，杀北地都尉卬，遂至彭阳，使骑兵入烧回中宫。”（《史记·匈奴列传》）兵锋直达关中，京城长安震惊，成为汉初振聋发聩的事件，匈奴大军正是由清水河谷的萧关古道进入。汉武帝时，随着国力的逐步强盛，抗击匈奴取得了初步胜利，于元鼎三年（前114年）以北地郡西北部设置安定郡，郡治高平（即今固原城）。安定郡的设置，奠定了萧关道的历史地位，使其成为抗击匈奴向西北运兵的重要通道。

古代丝绸之路是东西方之间政治、经济、文化交流的重要通道。萧关古道作为丝绸之路东段北道的重要组成部分，它的历史悠久，文化灿烂。萧关古道从长安经咸阳县驿站出发一路向西北而行，经醴泉、邠州、平凉、固原折向西北海原，抵黄河东岸的靖远渡河，由景泰直抵河西武威（凉州）。从地理大势上讲，萧关古道一路是伴随着古龙山山脉而行，（景泰至武威段是依昆仑山东大龙脉而行）因此，我们可以将萧关古道称作丝绸之路的“龙山廊道”。

萧关古道从长安到凉州，必须要经过黄河的古渡口，而这些渡口，又恰恰集中在白银的258千米黄河河段上，从而形成了黄河祖厉段上五大古渡口：虎豹口古渡、鹯阴古渡、索桥古渡、乌兰关古渡和白卜渡古渡。这些黄河的古老渡口，不知迎来了多少东来西去的阵阵驼铃和声声马蹄。白银黄河段的这些古老渡口，与萧关古道形成了中华古文明的十字路口。

萧关古道伴随着古龙山山脉一路蜿蜒而来，经海原县盐池乡（宋定戎寨）进入甘肃境内的汉代驿站遗址——杨崖湾古城。古城遗址地处平川区黄峤乡双铺村，从古城的形制看，这里也应是座驿站遗址，汉代边塞驿站城门并不正南正北对称，而是呈对角线分布，从东北进城，那么出城的门一定在西南。这样，既能确保进出，也能保证安全。这座古城见证了汉代丝绸之路的兴盛，维护着西汉第一国道的畅通。古城的北面是黄家洼山。史书记载，宋夏分界时，这座山为北宋和西夏的边界线。古城南面是屈吴山，宋代李宪曾率大军，攻天都山，烧毁了西夏的离宫。由于战乱和自然灾害的原因，萧关古道至靖远境内（平川区原属靖远县）或合并，或交错，从而形成几条线路通向黄河古渡口：

1.从杨崖湾古城往西行至西和村进入青砂岘岘口，沿北面的黄家洼山，过苍龙山东古堡、卧龙山苦水堡、莲台山，再经水泉堡、裴家堡，过石门川而至哈思吉堡，又往西南索桥渡口，渡过黄河到景泰境内。

2.一条路线是从杨崖湾古城行至芦沟堡（今靖远县北滩乡芦沟村，附近有唐代遗址乱骨堆），经过永安堡（今靖远县双龙乡永和村）等处，到北城滩的乌兰关（乌兰津），又称会宁关渡过黄河。

3.从苍龙山的古堡至芦沟堡，经伦古堡（今靖远县永新乡）、大庙堡（今靖远县兴隆乡）等处由白卜渡过黄河然后到景泰的上沙窝，再到达古浪县大靖镇进入河西走廊至武威。1988 年，从靖远北滩出土的鎏金银盘，是西方商人遗留在古丝绸之路上的遗物，这个一千多年前在东罗马帝国铸造的银盘，成为丝绸之路上东西文化交流融合的历史见证。

4.如遇由于“大、小口子”索桥被黄河冲淹，则选择从杨崖湾古城往西经打拉池（古怀戎堡）、毛卜拉、大湾、吊沟、响泉、黄湾从鹯阴口渡过黄河。另一条路线则就是经过卧龙山苦水堡，莲台山至石碑子沟，经过黄湾从鹯阴口渡过黄河至西番窑，经过脑泉、兴泉堡、宽沟进入古浪县境。

5. 从打拉池向南行至毛河洛村，经杨稍沟、法泉寺、靖远县城，从虎豹口渡过黄河。丝绸之路东段中道，其一支线也从虎豹口渡过黄河。具体路线是从静宁界石铺经青江驿进入会宁界，经会宁城、甘沟驿、郭城驿沿祖厉河至靖远暗门红山寺到达虎豹口古渡。丝绸之路经过黄河后，分两路抵达景泰：一条路线是向北经过吴家川，经过脑泉、兴泉堡、宽沟进入古浪县境；另一路线是向西行，经过红罗寺、剪金山至铜城白银，再经武川乡进入景泰。

第五章

黄河龙神

第五章

黄河龙神

黄河，发源于青藏高原巴颜喀拉山（昆仑山南支）北麓，呈“几”字形，流经青海、四川、甘肃、宁夏、内蒙古、陕西、山西、河南及山东九个省，由山东北部而入渤海。黄河分为三段，内蒙古自治区托克托县河口镇以上为上游；河口至河南孟津为中游；孟津以下为下游。这条由冰雪覆盖的高山中涌出的河水，清澈见底，潺潺有声。黄河的上游穿行在高山峡谷之间，跌宕起伏，湍急回旋，水流依旧清冽；及至中游，河口至孟津，流经黄土高原，含沙量大增，水呈深黄色，从而使黄河形似一条黄色的巨龙。《金龙训言》：“天生地成化五行，华夏大地化龙身。一条黄龙穿西东，九湾十峡成体龙。”经过孟津，地势平坦，华北平原敞开胸怀拥揽着狂怒的河水。泥沙从怀中释落沉入河底，年年堆积，月月沉淤。于是两岸筑大堤，积年而增高，河底高于地面，黄河之水遂成地上之河，犹如从天而来，奔向大海。

黄河全长 5464 千米，为中国仅次于长江的第二大河，流域面积 752 443 平方千米。在黄河流域，生活着汉族、回族、藏族、蒙古族、东乡族、土族、撒拉族、保安族等许许多多不同的民族，华夏民族就是在这片领域广大、天地开阔的土地上，创造出了光辉灿烂的农耕文明。因此，黄河被誉为是中华民族的母亲河，她孕育了八千年的中华文明，与中华民族的繁衍生息和文明进步有着至关重要的关系，在中国历史文化中有着不容置疑的崇高地位。

公元前 2000 多年前，黄帝族后裔的一支——夏后氏崛起，在生产力发展到一定水平和私有制产生的基础上，一次巨大的灾难，让我们的民族在中原地区进入了文明时代。一场仿佛由天而降的洪灾遍及华夏大地，夏禹治水成功的故事成为中华民族永不磨灭的传说，借助这次治水的成就，夏部落最后一位经原始社会推举而出的部落联盟领袖禹，开始向建立第一个中国奴隶制社会夏王朝的历史进程前行。

一、黄河河神信仰与崇拜

21世纪初，发现一件新出现的青铜器，由于其铭文记载着大禹治水的传说事迹，受到国内外学者的广泛关注。这件器物，就是现保利艺术博物馆收藏的遂公盨。（图56）著名历史学家、古文字学家李学勤说：“至于治水的事迹，乃是第一次发现。秦公簋等都属春秋，遂公盨则早到西周，成为大禹治水传说最早的文物例证，这对于中国古代历史文化的研究有很大的意义。”遂公盨铭的发现，充分表明早在2900年前人们就在广泛传颂着大禹的功绩，而夏为“三代”之首的观念，早在西周时期就已经深入人心。

图56　西周中期的遂公盨

大禹治水的足迹遍布四方，各地都有大禹治水的传说。其中，禹凿龙门更是世代相传的经典故事。开凿龙门，是应龙帮大禹治水的重要工程之一。当时，黄河中游有一座大山，叫龙门山，它和吕梁山的山脉相连接，位置在今陕西与山西两省交界的地方，正好挡住了黄河的去路，使黄河的水到这里就流不过去了，只好倒回头往上流。于是，蛟龙族便趁势兴风作浪，就造成洪水的泛滥，把上游的孟门山都淹没了。《吕氏春秋·爱类篇》：“昔上古龙门未开，吕梁未发，河出孟门，大溢逆流，无有丘陵沃衍平原高阜，尽皆灭之，名曰鸿水。”

《尚书·禹贡》：大禹“导河自积石，至龙门，入于沧海。”《史记·夏本纪》：禹“道河积石，至于龙门……入于海。”从这两则记载中可知，大禹治水是从积石山（在今青海省）开始的。当禹从积石山疏黄河到龙门这里，看着奔腾而下的河水受到这座大山的阻挡，根据当时的人力和物力情况只能望而兴叹。这时，应龙站出来说道："让我来劈开它吧"！只见应龙腾空而起，向北飞去，当飞至百里之外的一个地方（今黄河壶口，向南5千米即孟门山），突然，掉转头来向下俯冲直入水中，冲起一堆堆直射天空的雪浪。之后，又见应龙将头伸出水面，尾巴却深深地插入地中，竭尽全力地向南冲去，应龙所过之处，在大地上拉开了一道巨大深邃的峡谷（即今秦晋峡谷南段），四面漫延的洪水纷纷涌向峡谷。（图57）由于峡谷形成的水位差（峡谷深约30米），使流入峡谷的水流产生了巨大的推力，一路呼啸，势不可挡，应龙凭借着狂涛激浪的推动，奋勇向前，至龙门山时，便把这座大山拉开了一个大口子。从此，黄河水从龙门奔腾而去，河水就畅通无阻了。后世的人们为了纪念应龙帮助禹治水的功绩，便将这个应龙用尾巴拉开的大口子称为"龙门"，将被应龙劈开的这座大山称为"龙门山"。

图57 黄河壶口

龙门山横跨黄河两岸，把黄河穿过的龙门紧紧夹在中间。两山对峙，形如门阙，上入霄汉，陡壁千仞，危耸险峻，地势异常险要。至后世，东西龙门山上均建有禹庙，建筑雄伟，依山而立，亭台楼阁，险峻秀雅，雕梁画栋，绚丽异常。站在庙前，深感"黄河一线天上来，两山突兀屏风开"的传神。沿龙门逆水而上，两岸如同刀劈斧砍，行约4千米处为"石门"，乃黄河最窄之处，咆哮的黄河在此被夹成一束急流。九曲黄河从雪峰连绵的莽莽昆仑奔腾而来，一路上，集千溪，汇万流，裹挟着黄土高原上的泥沙呼啸着直奔龙门。正如唐代大诗人李白的千古绝唱："黄河西来决昆仑，咆哮万里触龙门。"到此处洪流扑岸，奔腾湍急，浪花飞溅，百漩相连，波涛汹涌，咆哮如雷，险不可测，一种水自天泻、卷起千堆雪的壮美气势滚滚袭来……

龙门下游几百里的地方，是有名的三门峡，相传也是应龙帮助禹治水时劈开的。应龙把一座挡住河道的山，以尾划地破成几段，使河水分流，包绕着山经过，好像三道门，所以叫作“三门”。《水经注·河水》：“砥柱，山名也，昔禹治洪水，破山以通河，三穿既决，水流疏分，指状表目，亦谓之‘三门’矣。”“三门”分别为“鬼门”、“神门”、“人门”。在三门峡水电站未建之前，有人将三门峡的光景描述为：“站在黄河两岸的陡崖上俯瞰河谷，只见大河从上游宽荡荡地奔流过来，越往东水势越急，刚刚流进三门峡，便被两座石岛迎面劈开，劈成惊心动魄的三股急流。这三股急流又被两岸突出的岩石紧紧卡住，瞬间三股急流又拧成一股，一起从一百二十米宽的小豁口硬冲出去，只震得满峡谷一片雷声。”

大禹在应龙的帮助下平治了洪水，解救了万民的痛苦，使人们得以安居乐业，过上幸福的日子。禹得到人民的爱戴和舜的信任，舜就把帝位禅让给禹，成为五帝之一，又被称为夏代的开国君王。由于应龙在帮禹治水的艰巨任务中做出了巨大贡献，尤其在疏导黄河的过程中，以黄河石林为中心营造出了一个巨大的天然太极图，龙祖便敕封应龙为“黄河龙神”，被后世人尊称为“黄河河神”，亦称“河神”。《金龙训言》：“届至三皇时期观，照照朦云似海观。再观五帝时期连，投入黄河变龙鳞。”

龙祖为何要敕封应龙为“黄河龙神”？一是为了表彰应龙的卓著功绩。二是为了更好地治理黄河，让应龙来监管原来品行不端的水神——河伯。因为，由“四星之精”降生于地球上的四大兽类，在6600万年前的大灾中，恐龙和翼龙灭绝了。除了鳄鱼、蛇、龟逃过这一劫难延续至今，只有风神翼龙因带领翼龙族营造出中国的三大干龙汇聚于马衔山的丰功伟绩而被龙祖敕封居于天龙之宫，成了神物龙——太阳神鸟。亿万年来，鳄鱼、蛇、龟以及后来由西方白虎星所降生的虎类，由于它们都没有大的作为，因此，鳄鱼、蛇、龟、虎类都成了留在大地上的生物龙。其中，鳄鱼类中的蛟龙（蛟鳄），不但不作为，反而做出种种卑劣之事，伤害大地上的万物生灵，被后世人称为“孽龙”。

在远古中国大陆上，曾存在从原鳄到真鳄的多种鳄类，但到了有历史记载的古代（尧、舜、禹时代）以后，中国大陆上所存在的鳄类，主要仅为两种：一即蛟鳄，一即鼍鳄。因为它们和恐龙是同一时代的动物，所以蛟鳄在典籍和古代神话中常被称作蛟龙，鼍鳄今名扬子鳄，在古代又常被称作鼍龙或螭龙。在古代关于龙的诸种传说中，一向被认为最勇猛的龙，恐怕无过于生物龙——蛟龙了。蛟龙的真相究竟是什么？我们可以考察一下古书中所记述的蛟龙形态。

《说文》：

蛟，龙属也。池鱼满三千六百，则蛟为之长，率鱼而飞去。

《艺文类聚》卷九十六引《山海经》：

蛟似龙蛇，四脚，而小头细颈。颈有白婴，大者数围。卵生，子（蛋）如一、二斤瓮。能吞人。

《艺文类聚》引王韶之《始兴记》：

云水源有汤泉。下流多蛟，害厉。济者遇之，必哭而没。

《埤雅》释蛟之得名：

蛟能交首尾束物，故谓之蛟。

明代陈绛《辩物小志》引《尔雅翼》曰：

鳄鱼，南海有之，四足似鼍，长二丈余，喙三尺，长尾而利齿，虎马鹿渡水，鳄击之，皆中断。以尾取物，如象用鼻，往往卷取人家畜羊豕食之，亦能食人。

李时珍《本草纲目》记蛟龙谓：

任昉《述异记》云："蛟乃龙属。其眉交生，故谓之蛟，有鳞曰蛟龙。"

裴渊《广州记》云："蛟，长丈余，似蛇而有四足。形广如盾。小头细颈有白婴，胸前赭色，背上有斑，肋边若锦尾，有肉环。大者数围。其卵亦大。"

王子年《拾遗录》云："汉昭帝钓于渭水，得白蛟若蛇。无鳞甲，头有软角，牙出唇外。命大官作，食甚美。骨青而肉紫。"据此则蛟亦可食也。

《淮南子·泰族》谓：夫蛟龙伏潜于渊而卵剖于陵。（高诱注：蛟龙，鳖属也。乳于陵而伏于渊。其卵自孚）

《渊鉴类函》引《山海经》：

梼过（杌）之山，……泿水出焉。而南流注于海。其中有虎蛟，其状鱼身而蛇尾，其音如鸳鸯，食者不肿，可以已痔。

从以上所引材料可以看出，在历史上，蛟龙并不是一种神话性动物，而是一种曾经实有过的动物——生物龙。综观古人关于蛟龙形态及生态的这些记述，根据“四脚蛇”（即似蜥蜴）的形态，这种长而巨大的躯体，以及凶悍、卵生、水生的习性，我们可以断定，所谓蛟龙，无疑就是蛟鳄。

蛟龙是生存于江河中的一种水生动物，由于其是具有能吞食虎豹、马鹿以及人类的凶猛之兽，所以，远古的先民把蛟龙奉为江河水族中的“水神”。《管子·形势解》说：“蛟龙，水虫之神者也。乘于水则神立，失于水则神废……故曰：蛟龙得水而神可立也。”在江河水族中，蛟龙以其凶悍、凶猛而位居水神之位，故在黄河流域将其称为“河伯”。伯者，伯仲叔季，伯是老大，季为最小。

河伯，这个江河水族之王，他的手下有大批的官员和兵马。普通的虾兵蟹将就不必说了，单说其中几种比较特别的。例如猪婆龙（鼍龙的一种），人们把它叫作“河伯使者”；团鱼，叫作“河伯从事”；乌贼，叫作“河伯度事小吏”。苏鹗《苏氏演义》：“江东人谓鼋为河伯使者……鳖，一名河伯从事；乌贼，一名河伯度事小吏。”想必这些都是河伯的亲信官员，他们时常来到水面上巡游，把探听到的各种消息报告给河伯。河伯使者出来的时候排场甚至还很大，变化成人的形体，骑一匹红鬣毛的白马，穿着白衣服，戴着黑帽子，仪表堂堂，后面跟着十二个小孩子，骑着马在水面上如风似地急驰。有时跑上岸去，马蹄跑到哪里，水也就淹到哪里。所到的地方，顷刻间大雨滂沱。到了黄昏时分，出来巡游的河伯使者依然带着可能由小鱼小虾变化的孩子们回到河里去。

河伯时常把自己变化成为一个风流而潇洒的漂亮男子，他经常喜欢乘荷叶作为蓬的水车，驾着蛟螭一类的动物，和女郎们在九河遨游。屈原在他的诗篇《九歌·河伯》里把河伯所过的风流潇洒的生活描写得非常生动："鱼鳞屋兮龙堂，紫贝阙兮珠宫，灵何为兮水中？乘白鼋兮逐文鱼，与女游兮河之渚，流澌纷兮将来下。"过着这种风流潇洒生活的河伯，难怪后来民间传说他每年要娶一位新娘来陪伴他玩耍作乐了。这样，就有了西汉后期史学家、经济学家褚少孙《西门豹治邺》的自述，河伯娶妻是其中最精彩的部分，后来成为汉族民间家喻户晓的传说故事。文中通过描写两千多年前西门豹治邺时有勇有谋、以民为本的故事情节，刻画了西门豹敢作敢为，与民做主，为民除害的形象。

黄河水神河伯性格上的一些卑劣行迹，同样，在江水的"水神"身上表现得毫不逊色。在秦昭王时代，给原来的蜀国派来了一个郡守，名叫李冰，是一个也像望帝（蜀国原来的国王）那样非常关心、爱护人民的好人，一到蜀郡，就做了很多益于人民的事。其中最叫人民感念不忘的，就是平治洪水的灾患。并且由于利用了江水，灌溉了万顷的农田，使世世代代的人民，都享受李冰治水的福利。

相传李冰刚到蜀郡来做郡守的时候，江水中的水神也如那好色贪欢的河伯一样，每年都要选两位年轻漂亮的女子来做他的新妇，稍不顺意，就兴风作浪，涌起漫天的洪涛来为害人民。民众被这件事害得极苦，但也还是每年照例出钱办喜事，选聘美貌女子去给淫虐的江神享用。李冰一来，得知这个情况后，知道是江神在作怪，便向主办喜事的人说："今不用大家出钱了，我自有女儿给江神送去。"

到了嫁女那天，李冰果然把他的两个女儿装饰打扮起来，准备沉到江里去送给江神。江边神坛上设有江神的神座，陈列着香花灯烛、果酒供品之类，坛下一群穿着彩装的乐人，正在那里吹吹打打，好不热闹。李冰端着一杯酒，径直走到神座上去，给江神敬酒说道："我很荣幸能够攀附九族，江君大神，请显露尊颜，让我奉敬一杯酒！"神座上寂然，没有任何动静。李冰略沉吟了一下，说道："好吧，那么请干杯！"顿时举起酒来，一饮而尽，把杯口倾侧一照，果然滴漏毫无了。可是神座上陈列的几杯酒仍旧清清亮亮，一点也没有消耗。李冰怒不可遏，厉声说道："江君既然瞧不起人，那么咱们只好拼个你死我活了！"

说罢就从腰间拔出剑来，忽然间就不见了。一刹那，乐鼓停奏，所有看热闹的人都惊愕不止。过了好一会儿，只见对岸的山崖上，有一头苍灰色的牛和一条蛟龙在那里拼死拼活地决斗。又过了一会儿，那头牛和蛟龙一起消失了踪影，只见李冰头上大汗淋漓，气喘吁吁地跑回来向他的从属官员们说："刚才我变成了牛和江神战斗，下次江神也一定会变成牛与我决斗。我战斗得太疲倦了，得请大家帮一下忙才成，我拿大白练拴在身上做标记，你们就射杀那个没标记的。"说罢李冰便喊着叫着，奋身跃入水里，一会儿，雷声震响着，大风呼号着，天和地成了一个颜色。风雷稍定，只见有两头牛猛烈地角斗在水面上，其中一头牛腰间拴着白而长的绶带，于是手拿强弓大箭的几百健卒就一齐把箭射向那头没有绶带的牛，作恶的江神当时就被射死了。（《太平广记》引《成都记》）

在李冰诛杀孽龙——江神的战斗中，还有一位妇孺皆知的二郎神，号称灌口二郎，据说，他就是李冰的第二个儿子。这位公子，喜欢驰骋田猎，非常勇敢。李冰把自己的两个女儿装饰起来奉献给江神的时候，其中有一个就是这位公子假扮的。后来又和他的七个好朋友一齐跳进水里去斩杀蛟龙。《都江堰功小传》："二郎为李冰仲子，喜驰猎，与其友七人斩蛟，又假饰美女，就婚孽鳞，以入祠劝酒。"这七个好朋友，被称为"梅山七圣"，可惜姓名早已失传了，或者是居住在山林里的一群勇壮的猎人吧。关于二郎的神话，较之李冰的神话，当然是后起的，不过至少到了宋代，他们的父子关系就确定了。《朱子语录》："蜀中灌口二郎庙，当是因李冰开凿离堆有功立庙。今来许多灵怪，乃是他第二个儿子。"

黄河以内蒙古自治区托克托县河口镇以上为上游；河口至河南孟津为中游；龙门居于黄河中游的中间。黄河流经的这一区段，我们将之称为黄河中上游流域。黄河中上游流域是龙的圣地，也是中华龙文化的发祥地。在这一流域有诸多中华龙文化的重要遗迹。首先，是天下龙脉祖山昆仑山和华夏龙脉宝山马衔山。其次，是昆仑山东大龙脉的截止地——黄河石林，以及由此生发的古龙山山脉和华夏龙宫老龙潭。再者，就是应龙帮大禹治水，在黄河中游形成的壶口瀑布和龙门。

应龙担任黄河龙神后，为了防止蛟龙族在黄河龙门以上流域兴妖作怪和保持龙圣地的纯真圣洁，应龙决定以龙门为界，拒蛟龙于龙门之外，即不允许蛟龙族越过龙门进入黄河中上游流域。这样，就必须有一支强壮精干的水龙族队伍守护在龙门，以堵截蛟龙族越过龙门。因为，原来黄河水神手下的成员都是靠不住的，所以，应龙决定在江、河、海的水族中遍招英才，并要打破过去长期以来形成的陈规，如"蛇雉遗卵于地，千年而为蛟，久则化为龙"；（陆禋《续水经》）"虺五百年化为蛟，蛟千年化为龙。"应龙不拘一格、广招英才的方案是：凡是能从龙门的下游，跃过龙门而至上游者皆可成为龙。这样，便就有了"鱼跃龙门"的神话故事了。

江河海中的水族们听到这一消息后，深受蛟龙族残害的黄河鲤鱼、江海中的鲟鱼等都非常高兴。尤其是黄河鲤鱼更是兴奋不已，众多金背鲤鱼、白肚鲤鱼、灰眼鲤鱼听闻挑选能跃上龙门的优秀之才管护龙门，镇压恶蛟作祟，便成群结队，沿黄河逆流而上参加竞选。还未望见龙门之影，那一条条灰眼鲤鱼们便被黄河中的泥沙打得晕头转向，无奈只能原路返回。但金背鲤鱼和白肚鲤鱼却排成一字儿长蛇阵，轮流打前锋，迎风击浪，日夜兼程，终于游到龙门脚下。应龙一见大喜曰："鱼龙本是同种生，跃上龙门便是龙。"鲤鱼们一听，立即鼓腮摇尾，使尽平生气力向上跃起，没想到刚跳出水面一余丈高，便跌落于水面之上，浑身疼痛。但是，鲤鱼们并未灰心丧气，而是更加日夜苦练摔尾跳跃之功。如此苦练七七四十九天，一跃七七四十九丈高，但达百丈龙门，还相差很远。应龙看到鲤鱼们肯用功苦练过硬本领，激流勇进，便点化："好大一群鱼！"有条金背鲤鱼听了应龙的话大有所悟，便对群鱼说："这不是启发我们要群策群力跃上龙门吗?"群鱼齐呼："多谢龙神！"鲤鱼们高兴得摇头摆尾，一条条瞪眼鼓腮，甩尾猛击水面，只听"漂漂"的击水声连接不断。一跃七七四十九丈高，在半空中一条为一条垫身，又是一跃七七四十九丈高。只差两丈，应龙便用尾巴轻轻扇过一阵清风，风促鱼跃，众鱼一条接一条跃上了日夜向往的龙门。却说最后那条曾为其他鱼多次垫身的金背鲤鱼，眼看同伴都跃上龙门，唯独自己还留在龙门山下，寻思道："我何不借水力跃上龙门。"恰巧黄河水正冲向龙门河心的巨石上，浪花一溅几十丈高，这金背鲤鱼便猛地蹿出水面，跃上浪峰，又用尾鳍猛击浪峰，一跃而起，没想到竟跃入蓝天白云之间。一会儿又轻飘飘地落在龙门之上，如同天龙下凡。应龙一见赞叹不已，随即在这条金背鲤鱼头上点了点红，瞬时，金背鲤鱼幻化成一条吉祥之物——黄金龙，应龙便命黄金龙率领众水龙管护龙门。

龙门的形成，是其东面的龙门山和西面的梁山各伸出山脊，相互靠拢，形成一个只有100米宽的狭窄的口门，好像巨钳，束缚着河水，形成湍急的水流。每当洪水季节，由于峡口中的水位壅高，而出了峡谷后，河谷突然变宽，水位则骤然下降，于是在龙门形成明显的水位差，故有"龙门三跌水"之说。沿袭相传的"鲤鱼跳龙门"的故事，就是指跳跃此处的跌水。该故事说的是小鲤鱼不畏险阻，纷纷跳跃这道通向成龙道路上的关口，能跃过去者，便能成龙。只有那些百折不挠的小鲤鱼，最终才能成龙。这个故事千百年来也激励着炎黄子孙顽强拼搏，奋斗不息。

应龙帮助大禹治水的功绩，在2900年前夏族的先民中广泛传颂着，他们对由应龙演变而来的黄河龙神——黄河河神崇祀有加。据说，夏商王朝各自都有对黄河河神的崇拜和祭祀，但关于夏王朝怎样祭河神，现已不详，殷墟甲骨文中却有很多记载关于商人祭河神的卜辞。殷商时期，商人的活动范围主要是在黄河中下游一带，由于商人的生活区域接近黄河，黄河时常因蛟龙作祟而决口泛滥对商人的生命及财产造成威胁，从而导致了商人对黄河河神的祈求和崇祀。卜辞中有大量关于人们向河神进行"求雨"、"求年"、"求禾"等祭祀活动的记载，显然黄河河神已具备了神龙的威力。"河为水神，而农事收获依赖雨水与土地，故河又为求雨求年之对象。"（陈梦家《古文字中之商周祭祀》）

"辛未贞，求禾高祖河于辛巳，酉三燎。"

"壬午卜，于河求雨，燎。"

"戊寅卜，争贞，求年于河，燎三小牢，沉三牛。"

"壬申贞，求禾于河，燎三牛，沉三牛。"

"贞，于南方，将河宗，十月。"

"甲子，求于河，受禾。"

"帝未卜，□贞，□年于河。"

"壬申卜贞，□禾于河。"

"壬申贞，□贞，于河，匄吉方。"

"戊戌卜，祝□于河祀。"（丁山《中国古代宗教与神话考》）

"……河珏，惠王自征。"（《甲骨文合集》2489）

"丁巳卜，其燎于河牢，沉嬖"（《殷墟书契后编》上23·4）

……

从这大量的卜辞中可以看出，殷人祭祀黄河河神是十分普遍且非常的虔诚，祭祀已有相当规模，祭品不仅有牛、羊及牢作为祭品献给河神。可见，黄河河神在古代崇拜与祭祀习俗中的主导地位于商朝便已奠定。

春秋时期是一个社会转型期，礼崩乐坏，王权开始衰落，在思想意识领域，随着社会形势的变化，人们的黄河河神信仰也出现了一些与以往不同的内容，人们不再局限于祈求河水的风平浪静，而是对河神有了一些更高的要求，黄河河神在人们的敬仰与崇拜下逐渐有了诸多的权威与社会职能，开始分担起人类社会中许多世俗事务，主要体现在以下几个方面：

一是战争胜负的主宰神。《左传·成公十三年》载："国之大事，在祀与戎。"国家的大事就是祭祀与战争，祭祀在国家社会生活中占据重要地位。春秋时期的河神首先被人们认为肩负着在战争中帮助打败敌人或夺取土地的社会职能。《左传·文公十二年》记载，秦晋交战之前，"秦伯以璧祈战于河。"《左传·昭公二十四年》记载，王子朝与周敬王争位时，"用成周之宝珪于河。"他们用璧、珪讨好河神，以祈求河神能够保佑他们在战争中取得胜利。以璧、珪等玉器祭祀河，可能是源于古代中国人对被作为祭神、事神、通神以沟通上天的神物——玉龙信仰的延伸。《博物志》曰："名山大川，孔穴相向，和气所生，则玉生膏，食之不死。"在古人看来，玉是服之可以长生不死的仙药，也是天地神灵的食物，所以可以用来作为祭祀的祭品。有时人们在战争胜利后也会去祭拜河神。《左传·宣公十二年》记载，楚庄王在战胜晋国之后，"祀于河，作先君宫，告成事而还。"《左传·襄公十八年》载："晋侯伐齐，将济河，献子以朱丝系玉二瑴而祷曰：'……苟捷有功，无作神羞，官臣偃无敢复济。唯尔有神裁之。'沉玉而济。"《左传·僖公二十八年》记载，城濮之战前夕，子玉梦见河神对自己说：“畀余，余赐女孟诸之麋。”

二是人间盟誓信义的主持神。春秋时期，人们常常对河神发誓，面对河神起誓是这一时期常见的盟誓形式，河神又被视为主持正义的象征。人们认为，既然河神有超自然的力量，那么，他对人们的行动就有监视的权威。因此，诸侯会盟都要对河神盟誓，请他监视，如果违背誓言，就要受到他的惩处。在《左传》的很多盟誓中都有体现。僖公二十四年，晋公子重耳流亡归来，到达黄河，子犯以璧授公子说：“臣负羁绁从君巡于天下，臣之罪甚多矣，臣犹知之，而况君乎？请由此亡。”晋公子对着黄河起誓说：“所不与舅氏同心者，有如白水。”便投其璧于河。杨伯峻在解释“有如白水”时说：“‘有如’亦誓河中常用语。”文公十三年，士会将离开秦国，秦康公对他说：“若背其言，所不归尔帑者，有如河。”（《左传·文公十三年》）襄公十九年，晋人士匄对荀偃发誓“主荀终，所不嗣事于齐者，有如河。”襄公二十七年，卫国子鲜与卫献公的使者“盟于河”。襄公三十年，郑驷带和子上盟于酸枣河上，“用两珪质于河。”杜预注：“沉珪于河，为信也。”（《左传·襄公三十年》）昭公三十一年，鲁昭公发誓与季平子不共戴天，说：“己所能见夫人者，有如河。”（《左传·昭公三十一年》）定公十三年，晋卿荀跞对晋侯说：“君命大臣，始祸者死，载书在河。”杜预注：“为盟书沈之河。”（《左传·定公十三年》）春秋时期，人们以黄河河神为盟誓，以河神为公平正义的代表，大概是请河神对人们执行监督、惩罚之意，以加强盟誓的可信度和权威性。从《左传》的大量盟誓中可以看出，河神在这一时期虽然仍被称为河，但很显然已经被赋予了新的含义，河神的权威性已被各国所认同。

三是人的疾患的掌管神。这一时期的黄河河神不仅能够主宰战争胜负、主持正义，而且还能执掌人的疾患。《左传·哀公六年》载：“初，昭王有疾，卜曰：‘河为祟。’王弗祭。大夫请祭诸郊，王曰：‘三代命祀，祭不越望。江、汉、睢、章，楚之望也。祸福之至，不是过也。不穀虽不德，河非所获罪也。’遂弗祭。”楚昭王因为黄河不流经楚国境内而不以为望，拒绝祭祀黄河河神。《史记·鲁周公世家》也记载：“初，成王少时，病，周公乃自揃其蚤沉之河，以祝于神曰：‘王少未有识，奸神命者乃旦也。’亦藏其策于府。成王病有瘳。”

四是呼风唤雨的控制神。雨水对人们十分重要，特别是对农业更是具有关键性的影响。人们认为河神既然能够主宰如此巨大的黄河，那么他自然也握有控制雨水的大权。因为，河神是应龙的化身，由于上古时期在遇到旱情严重的年月，人们就用泥土沙石等做成应龙的模样，祈祷一番，往往就能求得大雨一场。所以，至春秋时期，当天旱之时，人们便会去祈求河神。对于河神的显灵，《谷梁传》上也有一段记载，成公五年，“梁山崩，壅遏河三日不流。”晋侯便“亲素缟”，去祭祀河神，并“帅群臣而哭之”，后来河水真的疏通了。

公元前 1046 年，姬姓族以陕西渭水中下游为中心建立了周。周的统治区域较殷商明显扩大，祭祀河神的情况也有了很大的变化。民间依然遵循旧俗祭祀自己居住区域附近的河神，但是官方则将河神列入天下名山大川一起祭祀。《史记·封禅书》载：“《周官》曰：天子祭天下名山大川，五岳视三公，四渎视诸侯，诸侯祭其疆内名山大川。四渎者，江、河、淮、济也。”《礼记·曲礼下》载：“天子祭天地，祭四方，祭山川，祭五祀，岁遍。诸侯方祀，祭山川，祭五祀，岁遍。大夫祭五祀，岁遍。士祭其先。”《诗经·周颂·时迈》则曰：“怀柔百神，及河乔岳。”《公羊传·僖公三十一年》注释云：“三望者何？望，祭也。然则曷祭？祭泰山河海。曷为祭泰山河海？山川有能润于百里者，天子秩而祭之。”这些记载表明，周朝的统治区域远远大于殷商时期，黄河、淮河、长江、济水等流域皆是周人的活动范围，因而这些大江大河都成了周人祭祀的对象。此外，在周朝时期，对山川之神的祭祀已有了严格的等级划分，官方祭祀山川的活动已成为定制。《礼记·乐记》载：“先王之祭川也，先河后海。”这说明黄河河神在山川之中又占据着首要位置。

公元前 221 年，秦灭六国，建立了大一统的中央集权国家，在思想文化方面，从秦朝的“焚书坑儒”到西汉的“罢黜百家，独尊儒术。”从此封建专制主义中央集权国家有了统一的文化，《礼记·祭统》云：“礼有五经，莫重于祭。”历代王朝都十分看重祭祀礼仪，因此，在祭祀神灵的各种礼仪中，统治者都有明确的规定，要求有高度的统一性，这与统治者为维护封建政权的统治秩序有密切关系。一直以来，人们所祭祀的黄河河神也随着大一统国家的建立逐渐发生了一些新的变化。大一统国家建立后，对黄河河神的祭祀也成为统一国家的一项任务。统治者需要有一个统一的水神、一个整体意义的河神，而这个整体意义的河神只能以国家的名义进行祭祀，于是具有高度抽象化、概念化的河神便出现了，即河渎神，他受到历代王朝的祭祀与加封。这种整体意义的黄河河神，是国家统一、文化统一后的结果，是以国家的名义来祭祀的，属于官方的水神崇拜。“官方的水神崇拜隆重而肃穆，并形成一整套规范的祭祀礼制，体现出封建等级制度的威严。”（王永平《唐代水神的崇拜》）而民间则不同，民间的河神形象走向世俗化，由于地域的区别和民风的差异，有关河神的神话故事传说丰富多彩。秦汉至明清之前，祭祀礼制的不断完善必然会限定和影响到民间的祭祀习俗，两者在不断磨合中发展，因此在这一段时期内，官方和民间对河神的崇拜与祭祀呈现出两种完全不同的形式。

秦灭六国，“自以获水德之瑞，更名河曰德水。”（欧阳修《艺文类聚》卷八）秦始皇统一天下之后，确立了名山大川为国家统一的祭祀对象。秦始皇二十六年（前221年）令祠官祀河渎，从秦代开始，河神有了庙祠。关于河祠所在地点的记载，最早见于秦代。《史记·封禅书》：“及秦并天下，令祠官所常奉天地名山大川鬼神可得而序也。……自华以西，名山七，名川四。……水曰河，祠临晋。”这里“鬼神”之“鬼”字的含义并非后世的死人神灵之称。章炳麟在《小学答问》中指出：“古言鬼者，其初非死人神灵之称。鬼即是夔。”《吕氏春秋·古乐》记发明音乐之神名“夔”，又称夔龙。《尚书·舜典》：“伯拜稽首，让于夔龙。”所以，这里的“鬼神”应为“龙神”。

《正义》曰：“（临晋）即同州冯翊县。本汉临晋县也，收大荔，秦获之更名。”秦时临晋，即今天陕西大荔县朝邑镇东南黄河西岸。这是大一统的封建国家第一个专门祭祀黄河河神的祠庙。关于临晋，《汉书》卷二五下《地理志》颜师古注曰：“冯翊之县也，临河西岸。”《汉书》卷二八上《地理志》曰：“临晋，故大荔，秦获之，更名。有河水祠。”《元和郡县志》记：“同州，《禹贡》雍州之域。春秋时其地属秦，本大荔戎国，秦获之更名，曰临晋。后魏永平三年改为同州。”

到了汉代，汉高祖又承秦之旧，按照秦朝的祭礼来祭祀河神。《史记·封禅书》载：“天下已定，……长安置祠祝官、女巫。……其河巫祠河于临晋。”祭祀河神的庙祠仍设置在临晋。汉文帝时，又规定祭河“加王各二；及诸祠，各增广坛场，圭币俎豆以差加之。”（《史记·封禅书》卷二八）还用三正牲（即猪牛羊）、玉圭、玉璧、车马、绀盖沉于河中以祭河神。汉武帝建元元年（前140年），下诏曰：“河海润千里，其令祠官修山川之祠，为岁事，曲加礼。”（《汉书·武帝纪》）

元光三年（前132年），黄河在濮阳瓠子决口。黄河改道南流，夺淮入海，使梁、楚（今豫东、鲁西南、皖北和苏北一带）16郡受灾。汉武帝在接到灾情报告后，当即命大臣汲黯和郑当时主持堵口。但因水势凶猛，堵而复决。此后，在丞相田蚡的阻挠下，未再堵塞，致使黄河泛滥达20余年之久。元封二年（前109年），汉武帝派汲仁、郭昌率数万军民再次堵塞决口，并亲临现场指挥，“沉白马玉璧于河”，表示治河的决心。经过艰苦奋战，终于堵口成功。汉武帝为此创作了著名的《瓠子歌》，用以纪念。司马迁亦亲身经历了瓠子堵口。他“悲《瓠子》之诗而作《河渠书》”，深深地为瓠子堵口的壮观场面和汉武帝《瓠子》悲壮诗句所感动，认为水之利害于人类发展太重要了，并成就了我国第一部水利通史。到汉宣帝时，正式列四渎神入国家祀典。自是五岳、四渎皆有常礼，并规定“河于临晋”，“唯泰山与河岁五祠。”（《汉书·郊祀志下》）这说明，汉代官方祭祀河神的地点仍设在临晋，但是祀礼等级、规格尤其高。在此祭祀的原因：

其一，临晋祀河神，与早期黄河龙神的传说及这一区域龙文化发达有关。传说中，应龙助大禹治水，在黄河中游形成的壶口瀑布、龙门、三门峡之“三门”均在此区域内。民间关于河神巨灵神话的记载最早见于东汉张衡的《西京赋》：“汉氏初都，在渭之涘。秦里其朔，实为咸阳。左有崤函重险，桃林之塞。缀以二华，巨灵赑屃，高掌远蹠，以流河曲，厥迹犹存。”（梁·萧统编，唐·李善注《文选》）后《搜神记·卷十三》云：“二华之山，本一山也。当河，河水过之而曲行；河神巨灵，以手擘开其上，以足蹈离其下，中分为两，以利河流。今观手迹于华岳上，指掌之形具在；脚迹在首阳山下，至今犹存。”显然，巨灵是一位以造山川、导江河而造福于人类的福神。河神巨灵的神话反映了汉代百姓希望河神改造山河来为人民服务，使生活变得更加美好的一种愿望。另外，在汾水入黄河处有汾阴雎，历史上后土祠也设立于此。而关中、晋南、豫西也是先民们活动的主要区域之一。此外，也与这一地区邻近秦汉都城有关。《史记》云："陈宝节来祠，其河加有尝醪。此皆在雍州之城，近天子之都。"（《史记·封禅书》）

其二，汾渭平原上黄河的独特自然环境，也是祀河神的原因之一。龙门至潼关一带的黄河（今称为黄河小北干流）流经汾渭平原，接纳汾水、渭水，地势北高南低，水流缓慢，而临晋与永济间是黄河小北干流河床最宽阔的地段之一，河心洲多布，这里有历史上黄河最早的桥梁蒲津大浮桥，是宋以前秦晋之间交通的捷径。加之历史上临晋至永济之间的黄河河道在这里摆动较为频繁。故人们认为在这最有灵性、河患较多的地方祭祀黄河河神是最为灵验的。

魏晋南北朝时期是中国历史上的一个特殊时期，是一个大动荡、大变革的时期。政治上，王朝频繁更替；经济上，经济重心向南转移；思想上，儒道佛相互影响和吸收，形成了中国历史上又一次“百家争鸣”；民族关系上，正经历着空前的民族大融合过程。所有这一切，必然会影响到这一时期的神灵信仰。神灵信仰是魏晋南北朝时期容量最丰富、最多彩的信仰形式。其中，丰富多彩的河神信仰多数体现在民间，而这一时期有关官方对河神的祭祀，正史中几乎没有记载。晋代成公绥写了《大河赋》来赞美黄河：“览百川之弘壮，莫尚美于黄河。”北魏孝文帝有《祭河文》曰：“维太和十九年，皇帝敢昭告于河渎之灵。坤元涌溢，黄渎作珍。浩浩洪流，实裨阴沦。通源导物，含介藏鳞。启润万品，承育苍旻。惟圣作则，惟禹克遵。浮楫飞帆，洞厥百川。朕承宝历，克纂乾文。腾鸾淮方……宴我皇游，光馀夷滨。肇开水利，漕典载新。千舻桓桓，万艘斌斌。保我大义，惟尔作神。”（唐·徐坚《初学记》）东汉时，应瑒的《灵河赋》和李尤的《河铭》也是以诗赋的形式来赞美黄河的。

秦汉以后，河神祭祀的地点仍在汾渭平原的黄河之滨。“大唐武德、贞观之制，五岳、四镇、四海、四渎，年别一祭，各以五郊迎气日祭之。”分别祭祀东海于莱州、南海于广州、西海及西渎大河于同州（治今陕西大荔）、北海及北渎大济于洛州，“其牲皆用太牢，祀官以当界都督刺史充。”（《通典·礼六》）河神祠的地点并未在同州州治，而在下辖的朝邑县境，具体位置当在河滨。据《新唐书》卷三九《地理志》记载，唐玄宗开元十五年（727 年）时将河渎祠由朝邑迁至蒲津关（一名蒲坂）。

宋以后，历代国家祭祀河神之地皆在河东的河中府（蒲州）。祭祀地点的迁移，当与祭祀河祠渡河不便、都城东移以及黄河的决徙有关。宋代由于祀河附近的黄河河道变迁频繁，所以至宋时，“立秋日祀西岳华山于华州，西镇吴山于陇州，西海、河渎并于河中府，西海就河渎庙望祭。”（《宋史·礼五》卷一百二）宋太宗时，宋祀河渎于河中府。宋真宗时，大中祥符元年（1008 年）“车驾至潼关，遣官祀西岳及河渎”，应在距潼关相近的河滨或河中府的河渎庙祭祀。河渎祭祀转移至黄河东岸的河中府。这说明，宋代时在河中府和澶州两地都设有河渎庙。

元时仍定岁祀河神于河中府。元世祖至元十二年（1275 年）二月，“立河渎庙于河中。”（清乾隆官修《续文献通考》卷七十四）明代弘治至嘉靖年间，黄河在此多次决口，于此不断增修堤防。明弘治八年（1495年），“帝以黄陵冈河口功成，敕建黄河神祠以镇之，赐额曰昭应。”（《明史》卷八三《河渠志》）黄陵冈，在今河南兰考东，是旧黄河与贾鲁河之间的一个险工河段，明代弘治至嘉靖年间，黄河在此多次决口，于此不断增修堤防。《明一统志》云：“河渎庙在西海庙（在蒲州西南）东，祀西渎大河之神。”清代亦在蒲州城西南近河处祀河。

龙是我国古代传说中的神兽。古人认为龙能兴云布雨，影响晴雨旱涝，民间就有祭祀龙神祈雨的风俗。自东汉佛教传入中国以来，随着佛教的影响日益扩大，中国的龙又吸收了印度神蛇的一些神通，使得两国文明在这个问题上水乳交融。佛教中的龙为“天龙八部”之一的护法神，在八部中地位仅次于天众，位列第二，有着极大的神通，不仅能够降福消灾，而且还能兴云布雨。而在中国古代正好又有祈龙求雨的习俗，从唐代开始，由于道和佛两教的兴盛，龙神的地位不断提高，被尊奉为龙王，黄河河神又被尊称为“黄河龙王”。龙王崇拜逐渐兴起和普遍，对中国民间信仰中的河神崇拜产生了巨大影响。

从此以后，在所有的祈雨对象中，龙成为最具权威性的水神，各地的江、河、湖、海、湫、渊、潭、塘、井，凡是有水之处皆有龙王。龙王庙也因此遍布全国各地，甚至穷乡僻壤。如“汾水贯太原而南注，水有二桥……由是架龙庙于桥下。”渭水边建龙王庙，“合土为偶龙……蜿蜒鳞鬣，曲尽其妙，虽丹青之巧，不能加也……里中有旱涝，祈祷之，应若影响。”随着各地龙王庙普遍兴建，龙王崇拜也逐渐兴盛起来，成为河神信仰中最为重要的神祇。由此还衍化出各种不同形式的祈雨习俗。在唐玄宗开元十六年（728年）以前，唐朝的国家祭祀中，祈雨时包括祭土龙与龙池。唐玄宗在位于西京兴庆宫的龙池畔“诏置坛及祠堂”，命太常卿韦绍草祭仪。韦绍奏曰：“龙者四灵之畜，亦百物也，能为云雨，亦曰神也……其飨之日，合用仲春之月……飨之法，请用二月。有司筮日，池傍设坛，官致斋，设笾豆，如祭雨师之仪，以龙致雨也。其牲用少牢，乐用鼓钟，奏姑洗，歌南吕……今享龙亦请三变，舞用帗舞，樽用散酒，以一献。”诏从之。又命太常寺以右拾遗蔡孚及王公大臣所献《龙池篇》等一百三十篇，“考其词合音律者，为《龙池篇乐章》，共录十首……每仲春将祭，则奏之。”从此以后，祭龙祈雨成为国家祭祀中的重要祭典。甚至雩祀也在龙堂举行，如唐宪宗“元和十二年四月，上以自春以来，时雨未降，正阳之月可雩祀，遂幸兴庆宫（龙）堂祈雨…… 相率舞蹈称庆。后大雨果下。”唐玄宗还在东都凌波池畔置龙女祠，亲作《凌波曲》，“每岁祀之”。正是由于统治者的倡导，龙王逐渐成为后世所有水神中最具权威性的祈雨对象。

黄河河神的祭祀与信仰，原本是一种自然崇拜，它像对其他自然现象或事物的崇拜、信仰一样，更广泛地存在于民间，但这种信仰得到统治者的承认和利用，黄河河神的崇拜与祭祀发展到隋唐时期，展现出龙神——“黄河龙王”的极大神通，比如作为龙神所具有的司雨功能、兴云布雨，而且还能降福消灾，灵应如响。所以，开始受到统治者的尊奉，有了爵位和封号，河渎神已经完全被抽象化、概念化了。

自唐代以来，黄河龙神的地位逐渐被抬高。河渎之封爵，起始自唐朝，之后在历代皇帝不断地祭祀与加封下，河神在原来的封号上被加新的封号，每年按时享受着庄严肃穆、隆重非凡的祭典，地位不断地被抬高。《旧唐书·玄宗本记》称，唐玄宗天宝六年（747年），当时，"五岳既已封王，四渎当升公位"，于是"河渎封为灵源公"。遣京兆少尹章恒祭河渎灵源公。（《旧唐书·礼仪志》卷二四）当时颜师古还作了《大河祝文》，并规定了一大套隆重而烦琐的祭祀仪式，载入《开元礼》。开元十六年以来，国家诏令正式修建龙坛和龙堂以供祭祀。所谓开元"十六年，诏置（龙）坛及祠堂。"除了国家祭祀修造龙坛与祠庙外，地方在祈雨时也如法炮制。如广德二年（764年）八月，应道士李国祯的请求，令"于（昭应）县之东义扶谷故湫置龙堂。"唐人在祈龙求雨时筑五龙坛、祭五龙的行为，也是沿袭中国上古习俗的一种做法。

宋代时，河神的封号又有所增加。宋太宗太平兴国八年（983年），因河决滑州（河南滑县），"遣枢密直学士张齐贤诣白乌津，以一太牢沈祠加璧。自是，凡河决溢、修塞，皆致祭。秘书监李至言：'按五郊迎气之日，旨祭逐方岳镇、海渎。……望遵旧礼，就迎气日各祭于所隶之州。'"并规定于立秋日祀河渎于河中府。（《宋史》卷一〇二《礼志》）真宗大中祥符元年（1008年），真宗亲自到澶州祭河渎庙，并"诏进号显圣灵源公，遣右谏议大夫薛映诣河中府，比部员外郎丁万顾言诣澶州祭告。"真宗到潼关时，也会"遣官祠西岳及河渎，并用太牢，备三献礼……还至河中，亲谒奠河渎庙及西海望祭坛。"（《宋史》卷一〇二《礼志》）仁宗康定元年（1040年），又诏封河渎为显圣灵源王。《宋史·礼志》卷一〇二载："康定二年三月，以黄河水势甚浅，致分流入汴未能通济，遣祭河渎及灵津庙。又澶州曹村埽方开减水直河，而水自流通，遣使祭谢，后修塞，礼同。"到南宋绍兴七年（1137年）时，太常博士黄积厚言："岳镇海渎，请以每岁四立日祠分祭东南西北，如祭五方帝礼"诏从之。（《宋史》卷一〇二《礼志》）

至元三年（1266年），元世祖下诏"立秋日遥祭大河于河中府界"，

“祀官，以所在守土官为之。”（《元史》卷六《祭祀志》）至元二十八年（1291年），元世祖下旨：“朕惟名山大川，国之秩祀。今岳、渎四海皆在封宇之内，民物阜康，时惟神庥，而封号未加，无以昭答灵贶。”于是为了答谢神灵庇护国泰民安，在隆祀的同时，给岳镇海渎加号封爵，四渎为“王”号，封黄河河神为“河渎灵源弘济王。”（《大元圣政国朝典章·圣政卷之二》）至正二十一年（1361年），黄河自平陆三门碛下至孟津五百余里皆清，顺帝命秘书少监程徐祀之，并下诏加封河渎为“灵源神佑弘济王。”（《元史》卷四六《顺帝本志》）

明太祖治国尊礼，洪武三年（1370年），太祖曾说：“夫岳镇海渎皆高山广水，自天地开辟以至于今，英灵之气萃而为神，必皆受命于上帝，幽微莫测。岂国家封号之所可加？渎礼不经，莫此为甚。”（《明太祖实录》卷五三）因此下令重新厘定祀典，用礼来重新规范神的祭祀，即所谓的“礼所以明神人，正名分，不可以僭差。”当年六月初三日，太祖下诏令“今宜依古定制，凡岳镇海渎并去其前代所封名号，止以山水本名称其神。”（《明太祖实录》卷五三）黄河河神则被称为“西渎大河之神”。朱元璋还亲自署名于祝文，遣官以更定神号告祭。到了清代，雍正二年（1724年）八月，加江海大神封号。“少事詹钱以垲上言，请加封江海诸神有功德于民者，下礼部议复，从之。”于是加四渎、四海、大沽海口神、浙海潮神、洞庭湖神等。四渎封号江渎曰涵和，河渎曰润毓，淮渎曰通佑，济渎曰永惠，均遣官赍送祭文香帛，令督抚布政使大员致祭又加封。封号原因主要还是包括黄河河神在内的江河海渎有功于民众，官员提议，皇帝批准而加封的。

黄河龙神一直以来被人们所崇敬，除了中央政府在临晋（同州）、河中府（蒲州）祭祀河神之外，地方上也建了许多河神庙。这些祭祀的出现，是河神在人们信仰中的反映，也是河神与人们生产与生活密切相关的反映。人们祭祀河神，目的以求雨和求安定最普遍，也有答谢和祈祷平安的祭祀，还有一些非常之祭、报告灾异等祭祀。历史上黄河河道变迁、泛滥决口等，多发生于其中下游，由于蛟龙族被应龙拒之龙门之外，所以黄河中上游相对比较稳定。而对于黄河中下游地区，特别是宋元明清以来，黄河决口改道频繁之地。所以，地方上的河神庙、河神祠或龙王庙多建于黄河沿岸，且多建于泛滥决口频繁之地。其地点以河南、江苏、山西居多，山东、陕西、甘肃等也有记载。

二、金龙四大王信仰与崇拜

古代中国人对黄河河神的崇拜和祭祀，自殷商开始，历经三千多年。黄河河神由最初的神物龙——黄河龙神，发展成为一个人格化、社会化、世俗化的神，到明清时期又演变成为人类英雄式的河神——“金龙四大王”。任何宗教信仰形式都是与社会密切相关的，都具有社会属性。古代中国对黄河河神的崇拜亦是如此，河神的发展演变过程就说明了这一点，它适应社会的需求而产生，又随社会的发展而发展，拥有着独特的龙文化内涵及多彩的神话传说进入黄河历史文化的光辉历程。

始于汉代，盛行唐代的投龙仪式中的金龙，从最初为祭祀河神的神圣物演化成为黄河龙神的标志物和象征，延伸发展演变为黄河龙神的形象和信使。从此，黄河龙神的“河神信仰”，也就回归到了它的本源——金龙信仰。伴随着国家祈福的投龙仪式遍及名山大川、岳渎水府，金龙信仰与崇拜几乎遍布整个黄河流域及九州山川大地。

元人傅汝砺《徐州洪神庙碑》载：“中原河山形胜彭城为最，河源出昆仑，万里西来，宣房水之灵府，神明实主，……灵源弘济，历代所宗。孰其尸之，护国金龙。再新祠宇，龟石穹窿。”（嘉靖《徐州志》卷八《人事志三·祀典》台北）“灵源弘济”，依《续通志》卷十五称，元至元二十八年（1291 年）二月对天下岳镇海渎封赐时，封河渎神为“灵源弘济王”。《元史新编》卷七十八与《六典通考》中所载略同。毕沅在《关中金石录》卷六中亦有“考唐自明皇以后，岳渎之制互有轻重，然犹封河神为灵源公。真宗封禅进号为显圣灵源公。仁宗康定（1040—1041 年）封为灵源王。金章宗明昌（1190—1196 年）为显圣灵源王。元太祖（元世祖）至元（1264—1294 年）为灵源弘济王。顺帝至元（1335—1340 年）为灵源神佑弘济王。明则革去前号，改称西渎大河之神”。对上所述，上海复旦大学教授张晓虹说：“然此已足证傅氏所称‘灵源弘济，历代所宗。’

有所凭依，且可视此处灵源弘济实为黄河河神代称，故‘护国金龙’即为黄河河神，应确凿无疑。”

明中叶前后，“护国金龙”这一名号，逐渐被金龙的又一化身——南宋谢绪具体化为“金龙四大王”，河神遂被人格化，黄河河神也就有了新的尊称——金龙四大王。最初形成于江南余杭的金龙四大王，随着明代永乐迁都北京以后，江南地区漕运负担加重，从而在信仰层面形成了以护佑水运、漕运为主的运河河神崇拜，并沿运河传播开来。金龙四大王在沿运河向北传播的过程中，与数千年来流传于黄淮流域的河神信仰以及由其演变发展到宋元时期的“护国金龙”融江贯通为一体，从而形成集河神信仰、金龙（护国金龙）信仰、运河河神崇拜于一体的金龙四大王信仰，并在运河、淮河、黄河交织地带形成了以江苏、山东、河南三省交界地区为金龙四大王信仰中心祭祀区和传播中心。这充分说明了黄河河神的崇拜和祭祀，自殷商开始历经三千多年，河神由最初的自然神——“黄河龙神”，发展成为一个人格化、社会化、世俗化的神，到明清时期又演变成为人类英雄式的河神——“金龙四大王”。

中国三大干龙之一的南干龙，它起自马衔山，溯洮河之水南下至西倾山，沿岷山经峨眉山而下丽江，趋云南绕益，贵州关索，过九嶷衡山，出湘江，过九江，入黄山、天目山、金龙山，最后汇入杭州湾。天目山支脉金龙山地处杭州城北 18 千米的余杭区良渚镇，历史悠久，人杰地灵，是被誉为中华文明曙光——良渚文化的发祥地。金龙山下有个濒临苕溪的村庄叫下溪湾村，又因金龙化身——“谢绪”的后裔从宋代开始世世代代生活居住此地，也叫谢家湾。

“直上青霄望八都，白云影里月轮孤。茫茫宇宙人无数，几个男儿是丈夫？”这是唐代诗人白居易《东山寺》诗，诗中从对上虞东山谢家人的怀念，而慨叹茫茫人世间，真正心怀忠贞之士毕竟不多，而谢氏世世代代都有“大丈夫”名留青史。据史料统计，东山谢家，仅从谢衡以后的东晋南朝 250 多年的历史时期中，见于史传的谢家人达 100 多人。其中，有当朝宰相、方镇大员、州郡守吏、诗文名家，其中还有不少为国捐躯的忠烈人士。在封建社会，所谓“德才兼备”的谥号，就用“忠孝”两个字。忠于皇上就是爱国，还有就是为父母尽孝，这是社会风尚的主旋律。谢家有许多忠君爱国的忠烈人士，以东晋著名政治家谢安一家为例，就见其一斑。谢安自己就是最好的表率，例如为了抗击外敌入侵，大军压境的危急存亡之秋，毅然把自己的兄弟、儿子、侄子全部送往前线，是何等难能可贵！

谢安的幼子谢琰，原为著作郎，转秘书丞，累迁散骑常侍、侍中。淝水大战中，为先锋将，率精兵八千，与从兄谢玄冲锋在前，击败苻坚先头部队，大挫其锐气，在战争胜利后，以功封望蔡公。东晋太元十九年(395年)，王恭举兵反晋，谢琰任都督前锋军官，乱平之后，被升为卫将军，徐州刺史，假节。东晋隆元二年（399年），孙恩在浙东起义，谢琰又被调到一线，任会稽内史兼吴兴、义兴两郡军官。曾把孙恩人马赶入海，保住了一方平安。东晋义熙十一年（402年），孙恩军卷土重来，在山阴城北的战役中，因马失前蹄，谢琰遇害。他的两个儿子谢肇，谢峻同时被害，埋忠骨于上虞山。朝廷认为谢家“忠孝卒于一门”，赠谢琰侍中、司衔，另谥号忠肃。

金龙为了将龙神金龙的信仰逐渐形成为一个全国性的官民信仰，弘扬中国传统儒家文化，发扬光大龙文化，于南宋年间转世投生“一家皆忠烈”的谢氏门中，为谢太后族侄——谢绪。据《始宁东山志》介绍，谢绪是谢达的孙子。“谢达，字昭远，居钱塘江安溪，晋太傅谢安之裔孙也。”谢绪祖籍地会稽（今浙江绍兴），是上古名都，也是晋、唐、宋时期的大都会。至其祖父谢达时，由会稽迁徙钱塘安溪（今良渚镇下溪湾），谢绪父谢仲武，生有四子：纪、纲、统、绪，谢绪为其四子。明代文学家和书画家陈继儒在《宝颜堂集》中称：“金龙四大王之神，晋太傅文靖公安之三十一世孙也。安与右军王羲之好游上虞之东山，其从侄康乐公玄分居上虞。宋时讳达字明远者，徽宗提举淮浙，见蔡京柄国，遂徙安溪之下墟湾，下墟湾有谢氏盖自此始也，今属钱塘县治之孝女北乡矣，及卒显灵于乡。再传而生绪，英迈轩举，望之岩岩可畏，髫龄时与里中儿浴溪获光明大宝珠，间一摩弄辄溪云滃集，咫尺莫可辨，有神龙扬鬣雷电中，似欲攫珠去者，急以垢秽物匿之，晴霁如初。绪视龙犹虫蝘蜓、蜥蜴也，稍长更折节就学，褒衣绥带，斌斌有儒者家风，性刚决遇不平及辄慷慨持论，怒发裂眦而起。以谢太后戚畹，绝意仕进，建望云亭于祖茔金龙山岭而隐焉，倜傥好施，遇岁饥多散钱穀，赈下墟之饥饿人。甲戌八月大霖雨，天目山崩，绪泣曰：天目主山也，而灾若此，宋其亡矣。……绪大恸，题诗二律赴水死，时苕水汹涌高丈许，状若龙门。绪尸逆流而上，经旬不仆，面目如生，远近骇以为神，祔葬于祖茔金龙山之麓。元末，乡落皆梦绪为神曰：中华有主矣，黄河北流此其验也，明年当有吕梁下之战，吾且提骑助之。其后往来者拥护漕河猝呼应往往凭巫传语。”

《宝颜堂集》记述了东晋名相文靖公谢安常与右军王羲之游山玩水于上虞东山，与其堂侄康乐公谢玄分别都居于上虞。谢绪的祖父谢达，字昭远，是谢安的第三十一世孙……谢达逝后，常显灵于乡里，随后其孙谢绪降生，谢绪从小英气勃勃，人望之俨俨可畏的感觉。一次，谢绪和同伴在苕溪中戏浴玩耍时，忽然，一道亮光从水底闪出，谢绪顺着光影勇敢地潜入水中，只见一颗明光闪亮的宝珠嵌在溪底。谢绪急忙掘起宝珠，抱入怀中，凫出水面，同伴们见状欢呼雀跃。正当谢绪抚去宝珠上面的水珠时，瞬时，云雾骤集，雷鸣电闪，伸手不见五指，咫尺莫可辨。忽然，一条神龙腾空跃起，欲将宝珠夺将而去，这时，同伴都吓得哇哇直哭，谢绪却镇定自若，视巨龙如蜻蜓、蜥蜴，毫无惧色，忙将宝珠藏于溪底污泥之中，这时，云雾、神龙一尽散去，天气就像雨后转晴，一切如初。谢绪长大后，更不忘饱读诗书，衣着宽袍大带，文质彬彬，一派儒家风范。性格刚毅果断，遇到不平之事则慷慨抨击，愤怒时，怒目而起……其后来护佑漕河时随呼即应，其信息往往通过巫觋传语。

谢绪所处的时代，正是南宋末期。南宋（1127—1279年）是靖康之难徽宗、钦宗二帝被女真人俘虏北上后，由唯一幸存下来的宋徽宗第九子赵构在北宋陪都南京（应天府，今河南商丘）重建宋朝，南迁后建都临安（今浙江杭州）史称南宋，与金朝东沿淮水（今淮河），西以大散关为界。南宋与西夏、金朝和大理为并存政权，是中国历史上经济发达，古代科技发展，对外开放程度较高，但军事实力较为软弱，政治上较为无能的一个王朝。国势日衰，内忧外患。谢绪出身世家大族，有文才“以天下自任”，具有儒家视野下完美的士人形象，当他看到自宁宗以后，奸佞当道，政治腐败，预感宋室江山将移，虽为皇室国戚，但他立誓隐居不进仕为官。他在下溪湾金龙山的祖茔旁建造了一个亭子，因金龙山顶常负白云，所以，这个亭子就叫“望云亭”，以表示远望白云于东山的志向。（图 58）他作一首诗以明志：“东山渺渺白云低，丹凤何时下紫泥。翘首夕阳连旧眺，漫看黄菊满新谷。鹤闲庭砌人稀迹，苔护松荫山径迷。野老更疑天路近，苍生犹自望云霓。”

图 58 南宋临安（今杭州）金龙山“望云亭”

这首诗的前两句充分表达了谢绪时刻不忘报效祖国的雄心壮志，他站在金龙山巍，遥望远方渺若烟云的祖籍地上虞东山，要以东山谢家历代忠君爱国的忠烈之士为楷模，只要皇帝的“黄麻紫泥”招告文书传到，随时准备尽忠朝廷，报国为民。“翘首夕阳连旧眺，漫看黄菊满新谷。鹤闲庭砌人稀迹，苔护松荫山径迷。”这四句，是描述野望之景，出语纯情自然，犹如勾画了一幅素淡恬静的江村闲居图，整个画面充满了村野之趣，传达了此时此刻谢绪的闲适心情。然而谢绪并不是一个超然物外的隐士（久望之下），虽然目下似同当年唐代爱国诗人杜甫如村野老人居于金龙山。但是，面对国家残破、生灵涂炭的现实，只要能为天下苍生求得安静和平，也就能像著名诗人屈原投身汨罗江而死，无怨无悔，义无反顾，这就有了尾联两句“野老更疑天路近，苍生犹自望云霓。”

南宋咸淳七年（1271 年），两浙发生大饥荒，居民苦甚，谢绪散尽家财救济于民。甲戌年（1274 年）秋，八月龙见大雨，天目山崩，大水泛滥成灾，临安、余杭诸县溺死了无数人，苕溪沿岸居民十分恐慌，谢绪哭泣着对大众说：“天目是临安的主山，太后受制于权奸，其兆也，今崩，宋其危矣。”后果然，蒙古帝国于1276年攻占南宋都城临安（今杭州），俘5岁的宋恭帝，灭南宋。谢绪闻讯后，说：“事已去矣！大丈夫死则死耳，生不能报效朝廷，有惭于祖，死愿为厉鬼，以灭醜。”他随即写了一首诗：“立志平夷尚未酬，莫言心事付东流。沦胥天下谁能救？一死千年恨不休。湖水不沉忠义气，淮淝自愧破秦谋。苕溪北去通胡塞，留此丹心灭虏酋。”然后跳进苕溪自尽，顿时苕溪水猛涨，波涛汹涌高达一丈多，仿佛龙相搏兴起的波浪，其子孙哭泣皆谓其葬于鱼腹矣。过了数日，忽然，只见谢绪尸体现于钱塘江上，其尸体随着钱塘江潮涌逆江而上，如坐云端，且面色红润与活人无异。人们扶起后将他葬在金龙山祖墓之右，立像而祭于灵慧祠之旁。夜间有声传出：“灭胡！灭胡！”如此达数年。百姓都相信谢绪一定成了一位神灵。至元顺帝丙午年（1366年）正月初一的夜晚，空中突然传出如甲兵的呼唤，乡人们惊闻后，其声音隐隐呼呼，若真若梦，大家都起床出门观望，只见一人空中跳跃而对众人说道：“予宋谢绪，恶金、元乱，赴水死，饮恨九泉，今幸新天子与元有吕梁之战，吾其助之，如众不信，但看黄河北流。”

丙午年九月，黄河水果然改道向北，随之，朱元璋攻取杭州，当地军民按谢绪的吩咐，纷纷归顺了明军。丁未年（1367年）二月，朱元璋率明军在徐州的东南，黄河著名的三洪之一吕梁洪段与元军展开决战，元军据守吕梁洪的上游，而明军在吕梁洪的下游，地形对明军十分不利，军中有识者都担心元军决堤放水，用水淹没明军。

突然，天地间狂风大作，乌云翻滚，电闪雷鸣，乌云中有一位披甲大将跃马挥鞭，裹挟狂风将黄河之水如钱塘江潮从下游倒灌回上游，形成了黄河倒流的千古奇观。顿时，黄河之水淹没了元军的阵地，淹死无数元军，明军士气大振，个个奋勇杀敌，势如破竹，元军一败涂地。因为，这场战争是关系到全局的决战性战役，明军在神灵地佑助下转败为胜。当天夜晚，朱元璋遂作一梦，梦中一儒生入告说：“吾宋时会稽诸生，姓谢名绪是也，祖名达，宋敕封广应侯，伯名孟关敕封五道十一相公。余弟兄四人，长名纲善驾云致雨；次名纪善制水往来，次名统善兴风扬沙；余居第四，恶金、元乱中原，力不能剿，赴苕水死，尸葬金龙山麓，饮恨九泉百

余年。幸圣主出，时为拥河北流，以伸平生之志也。”言毕而出。

朱元璋惊醒后次日，将梦境告诉属臣，并命查会稽谢绪生前事历。当得知谢绪为数千年来的黄河龙神，亦即盛行徐州洪一带的“护国金龙”的化身时，朱元璋便传旨昭告天下，封谢绪为“金龙四大王”。取这个封号既因为谢绪是金龙的化身，又因其生前隐居金龙山，并葬于金龙山，且在兄弟中排行老四，“大王”是为水神之尊者。因为谢绪能号令黄河之水，因此又被封为黄河之神，兼管运河（明清时，徐淮一带黄运不分）。其神民间称为黄河福神、黄河福主。史曰：“永乐间，凿会通渠，舟楫过洪，祷无不应”。

关于谢绪少年读书金龙山中，在山建构亭，于兄行为四，殉宋宪难，投苕溪死，成神显圣，有明属卫河工，翼护漕运，封为大王。中国的正史、类书、文志笔记、碑文、小说中有相关记载：

宋末元初吴县人徐大焯在其《烬余录》中记载：“谢绪会稽人，秉性刚毅，以天下自任，咸淳辛未两浙大饥尽散家财赈给之。知宋祚将移，搆望云亭于金龙山祖陇隐居不仕，作望云亭诗云：‘东山渺渺白云低，丹凤何时下紫泥。翘首夕阳连旧眺，漫看黄菊满新谷。鹤闲庭砌人稀迹，苔护松荫山径迷。野老更疑天路近，苍生犹自望云霓。’未几国亡，绪北向涕泣再拜曰：‘生不报效朝廷，安忍苟活！’即草一诗云：‘立志平夷尚未酬，莫言心事付东流。沦胥天下谁能救？一死千年恨不休。湖水不沉忠义气，淮淝自愧破秦谋。苕溪北去通胡塞，留此丹心灭虏酋。’吟毕赴水死。”

明万历年间，首辅大学士朱国桢《涌幢小品》记载：“金龙四大王姓谢名绪，晋太傅安之后，元兵方炽，神以戚畹愤不乐仕，隐金龙山，椒筑望云亭以自娱，咸淳中浙大饥，捐家赀饭馁人所全活甚众，元兵入临安，掳太后少主去，义不臣。赴江死，尸僵不坏，乡人立之。大明兵起，神示梦当佑圣主，时传友德与元兵右丞李二战徐州吕梁洪上，士卒见空中有披甲者来助战，元兵大溃，遂著灵应，永乐间凿会通渠，舟楫过洪涛无不应，于是建祠洪上……”

明万历四十五年，时为钦差上江运粮把总以都指挥体统行事杭州右卫指挥使蔡同春，其《金龙四大王庙记》载："黄河当七省之漕渠，赤子转四方之刍粟，材官介士护卫神京者咸仰给焉。不有神助，则司其职者何能奠平成之绩，而收轮挽之劳也。洪惟我国家定鼎北平，罢海运而专事内漕，军储四百万，粮艘九千，有奇繇吴越以达淮泗，横流而下宛若三峡之建瓴，巨舰中飞俨似千钧之一线。直河一口乃襟喉之区，官旌至此，必割羊酹酒、击鼓扬旌，惴惴焉乞灵于神，拔颠危于呼吸之间；置平康于衽席之上，殆泰山而四维者实神司之。旧有金龙四大王祠，往为洪涛所齿，沧桑屡变，迁徙不常，神无所依焉。同春承祖爵，岁乙卯部浙杭右卫之运，历都险危，即密祷而默祈。丙辰谬转上江有夏镇之役，信宿而过，未遑展敬。丁巳适奉漕台唐公简委直河催督，驻劄其地。六月既望觅祠虔告，里人毛氏偕道流巳新其址于故祠之左，鸠工经始，神之庙像尚虚，法身未就。遂捐俸值若干金，命工装像，刻期落成，以酬夙绩，盖是役也。实神有以启之，且祠联下邳界，接睢宁，居淮阴上游。罗钟吾之胜概，挹相山之佳气，揽泗水之芳澜，大堤云连屹如乔岳，超越百代之规模，巩固全漕之血脉。先儒有言地之车仁，莫不仁于太行，莫不仁于康衢；水之于舟仁，莫仁于瞿塘，莫不仁于溪涧。盖遇险必戒，遇平必败。凡粮艘之入直口者，斋戒以告神，严慎以操楫，恐惧怵惕，则冯夷效顺，海若归灵将，神功默助，易危为安，化灾为福，自无意外之虞，永享安宁之庆矣。神谢姓讳绪，四其行，金龙其号，晋太傅谢安右之后。耻事元代，自沉于河，遗体逆流而上，颜面如生，经月香袭不变。于黄河上下有祷必应，屡著灵显，得赐封爵。其居址坟墓在吾杭钱塘孝女，里守祠典祀者其裔孙谢锡也。是为记，钦差上江运粮把总以都指挥体统行事杭州右卫指挥使蔡同春生山熏沐顿首拜立。万历四十五年仲秋朔日。"（清·仲学辂《金龙四大王祠墓录》卷四）

明人徐允翮《孟浚文集》载："王讳绪、行四、号金龙。金龙，里中山名也，世为钱塘孝女北里人，系出东山即广应侯孙。王生质英迈，眉宇轩举，神清肤泽，望而可畏。……诧为神，立祠祀之，常托巫祝传意，弭灾捍患，如觌面语。迄今，灵爽弥著于河，朱旺、直沽口诸处钦崇庙貌，祭祀无休。稍不虔辄得风涛险，矢愿布沈复获安济，土著之民，商贩之子，以至缙绅大夫啧啧口碑不置。隆庆间，河道屡易，漕舟苦之，襄事者入告宸扆，降玺书新栋宇，隆奠祝遂获驯扰，国储籍无梗。……纶音褒秩，使节相望于道，碑碣栉比，禋祀不绝，皆言念曰：我王河渠福神也……”（清·仲学辂《金龙四大王祠墓录》卷一）

清《康熙钱塘县志》载：“谢绪理宗皇后谢氏之族也，世居邑之安溪孝女北乡。儿时浴于溪，探水底得光明珠，忽云雾滃起，有物蜿蜒作攫拏状，绪不为动色。长善读书，为会稽诸生彬彬称儒者，性刚决持论慷慨，乐善以好施与乡人咸敬之。以椒戚故不求仕进，祖墓在金龙山，遂筑望云亭而隐焉。于时，天目山崩，绪泣然曰：‘天目山为临安主山，今崩矣，国其危乎’！德佑二年，帝北狩，谢太皇太后以病请留，元兵入宫舁之而去。绪大恸，题诗二章与其徒诀曰：‘生不能报国恩，死当诉之上帝，异日黄河水北流是吾效灵之证也。’遂赴水死，时苕水陡涌高丈余，绪尸立而逆流，山川变色禽鸟异声，举葬于金龙山祖墓之侧，立祠其傍。明太祖战于吕梁，敌兵乘流而下垂败，忽河水逆行，空中闻人马声，旌旗隐隐见金龙字，遂得捷。是夜，太祖梦儒巾深衣，历述生前事，且曰兄弟四人，绪居其季。遂下诏书封绪金龙四大王，御笔亲为制赞。天启丙寅，总督漕运苏茂相疏请加封护国济运金龙四大王，凡舟行黄河者，神应如响，宿迁、吕梁以及凡有漕运之地并立庙。国朝封显佑通济金龙四大王。”（清·仲学辂《金龙四大王祠墓录》卷一）

至清光绪年间，仲学辂汇编了《金龙四大王祠墓录》，本著主要搜集整理了明清两代按照礼制规定，以皇帝、中央各部为中心，其他官员广泛参与的公共祭祀活动，祭祀金龙四大王的主要方式有赐予封号、敕建庙宇、颁发匾额、撰写祭文等。另外，还包括地方官员及河道、漕运官员奉皇帝、中央各部谕令而按国家祭祀政策自主进行的活动以及各种明清两朝仕宦及官方志书记载中对金龙四大王信仰的显灵记载和赞美之词，集中体现了金龙四大王信仰的官方化色彩，遂成为研究金龙文化之一——“金龙四大王信仰”的权威著录。

金龙四大王信仰是明清时期盛行于运河、黄河附近流域以“捍御河患，通济漕运”的官方和民间信仰，其起源、发展、兴盛、衰落都与漕运、黄河河患密切相关，是运河文化与黄河文化的重要组成部分。（图 59）明代，金龙四大王信仰以中心祭祀区开始沿运河扩展，形成大运河祭祀带。由于中心祭祀带位于黄河下游，信仰亦沿黄河扩展至河南黄河一带。清代，大运河祭祀带庙宇更为密集，中心祭祀区向南扩展，扬州府庙宇增多，成为中心祭祀区的组成部分。除大运河沿岸庙宇集中外，信仰以大运河为轴心，向周边地区扩展。黄河多次侵夺淮河水道，安徽北部淮河及其支流一带河患较重，信仰扩展地域较广。安徽南部与中心祭祀区淮扬一带联系密切，信仰扩展至安徽长江干流及附近支流地区。明清时期金龙四大王信仰传播甚广，除在大运河、黄河沿线地区传播外，还扩展到湖南、江西、山西、陕西、甘肃等省，信仰的产生和发展始终伴随着不同地域、不同社会阶层、社会群体的信息传播与交流，其中还掺杂着国家和民间的互动影响。金龙四大王是明清国家祀典所定正祀之神，与明清时期的国家礼制和祭祀政策密不可分，金龙四大王亦是明清时期深受民间崇拜的神祇，与民众社会生活紧密相连。

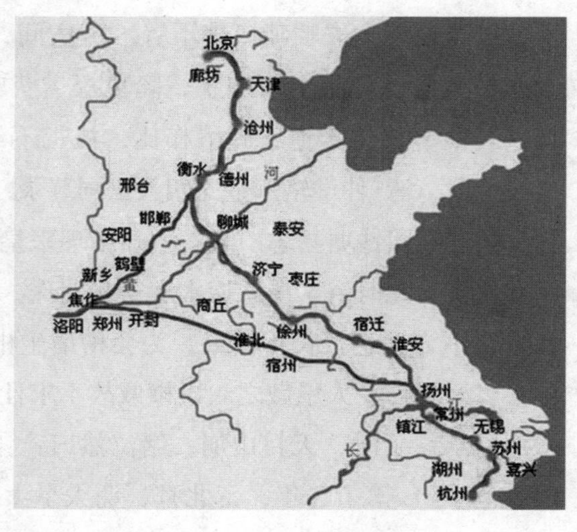

图 59　明清时期京杭大运河图

第六章 汉武西巡

第六章

汉武西巡

公元前156年农历七月初七日，风和日丽，天高云淡。长安城的上空，万里无云，天边罗霓绮虹，使人有一种祥瑞降临的感觉。汉景帝刘启和往日一样，被宫女服侍穿戴以后，坐在桌前用餐。可是与往日有点不同的是，他从早上醒来，一直在思索着昨夜的一个梦：他梦见一头红色的猪从天而降。这头猪，身上裹着祥云，从太虚落入宫中，紧接着，先帝刘邦便飘然而至说："王夫人生子，应起名叫彘。"景帝醒来，才发现是梦。可又非常奇怪：王夫人已近临产，难道这位妃子要为他生一个皇子不成?

大约到了午夜，从猗兰殿传来婴儿出世的第一声啼哭惊破了沉寂的夜空。"王夫人生皇子了!"这一消息，立刻飞传到新生儿的父亲汉景帝这里。闻听佳节（这一天正是中国传统佳节"七夕节"）生子，汉景帝兴奋异常。驾辇早已备好，景帝乘驾，立刻前往猗兰殿。

猗兰殿里，宫女侍婢们正忙碌不停。新生儿被裹在襁褓里，不停地啼哭。景帝走上前去，笑眯眯地望着自己的第九个儿子。儿子在宫灯下望着父皇的脸，睁大了圆圆的眼睛，马上止住了哭声。王夫人欠身榻上，温和地对景帝说："请皇上给皇儿赐个名吧。"说完，王夫人就闭上疲惫的眼睛躺下了。景帝拈须想着。

汉景帝想起往日的传闻，他又想起昨晚的梦。民间有种通俗说法：孩子出世，起个低贱的小名，能使将来富贵。他想给儿子起名"彘"，同时也希望小孩能像小猪一样善养，加之皇儿本来就生得结实健壮，于是给他起名"彘"。这位皇子就是后来的汉武大帝——刘彻。

刘彻初名彘，天生聪颖过人，慧悟洞彻，进退自如。三岁时，景帝抱于膝上，试问刘彻："乐为天子否？"对曰："由天不由儿。愿每日居宫垣，在陛下前戏弄。"刘彘信口而应的回答，使刘启不得不对这个儿子另眼看待。刘彘有惊人的记忆力，求知欲特别强，尤爱读书中古代圣贤帝王伟人事迹，过目不忘。景帝深感诧异。刘彘"诵伏羲以来的群圣所录阴阳诊候龙图龟册数万言，无一字遗落。至七岁，圣彻过人"，景帝遂改刘彘名"彻"。"彻"字表示充满智慧，达到圣德的要求。

汉景帝刘启的第九个皇子"彘"，是景帝梦见一头红色的猪从天而降所生。这头猪，身上裹着祥云，从太虚落入宫中，这里的太虚是指宇宙。南朝梁沈约《均圣论》："我之所久，莫过轩羲；而天地之在彼太虚，犹轩羲之在彼天地。"唐陆龟蒙《江湖散人传》："天地大者也，在太虚中一物耳。"那么，这头红色的"猪"与太虚有着怎样的渊源关系？在古人心目中的太虚，就是由三星垣与四方的青龙、白虎、朱雀和玄武共同构成宇宙图式。青龙、白虎、朱雀和玄武是最早由华夏人文始祖伏羲于八千年前发现的四大星象龙，在先民的龙神崇拜发展过程中，由于受到大地上一些动物被"龙化"的影响，至六千多年前，四大星象龙被演变成为天之四灵——龙、凤、鹿、猪。（赵宝沟文化"四灵"纹陶尊）如鹿的"龙化"，可从道教书中略窥及一二。《艺文类聚》第九十五引《列仙传》载："苏耽与众儿俱戏借，常骑鹿。鹿形如常鹿，遇险绝之处，皆能超越。众儿问曰：'何得此鹿，骑而异常鹿耶？'答曰：'龙也'！"至二千多年前，"龙、凤、鹿、猪"又被演变成为后世的四灵"麒麟、凤、龟、龙"。（《礼记·礼运》）由上所述可见，汉景帝刘启的第九个皇子"彘"，这位身上裹着祥云，从太虚落入宫中的红色的猪，应是四大星象龙中的一星象龙

图 60 "四灵"纹图展开后显示凤鸟、鹿龙、猪龙在天空遨游平行前进的透视效果图（赵宝沟文化）

所降生，也就是赵宝沟文化“四灵”中的猪龙。（图 60）由于“猪为水畜”、“豕属水”与坎卦属水而“坎为豕”，（《周易·说卦》）在八卦中，坎为水龙。因为“四星之精，降生四兽”，只有朱雀星所降之兽成了神物龙——金龙，独具沟通天地的神性，其他三星所降之兽除遭灭绝之外，皆成了大地上的生物龙，不具备沟通天地的能力。因此，金龙从而成了四大星象龙的象征和化身。所以我们说，汉景帝刘启的第九个皇子，也就是后来的汉武大帝——刘彻，他是龙神金龙的化身。《金龙训言》曰：

仙云彩歌高世贤，云州普洒吾证件，
三皇朝歌多搜索，汉帝时期论吾音，
大章成篇普中原。湖南越下奇迹观，
名曰一寺龙观寺，亲临那边有吾身。

由猪龙降生的汉武大帝刘彻，开创了西汉王朝最鼎盛繁荣的时期，那一时期亦是中国封建王朝第一个发展高峰。汉武帝是一位承前启后真正伟大的君王。在前古的历史上，他所建树的文治武功无人可及。他胸怀宽广，既有容人之量又有鉴人之明；他开创制度，树立规模，推崇学术，酷爱文学艺术；他倡导以德立国，以法治国。平生知过而改，从善如流，为百代帝王树立了楷模。在后来的魏武帝、唐太宗、明太祖、努尔哈赤、康熙皇帝的行藏中，多少似乎都可以看到他的影子。汉武帝在位期间，采取了许多新的措施，使西汉王朝出现了前所未有的繁荣。下面仅以汉武帝与白银地区及黄河石林相关的举措略述如下：

一、开辟丝路

在中国历史上，汉武帝是第一位具有世界眼光的帝王。（图 61）他的目光从 16 岁即位之初，就已经超越了长城封障以内汉帝国的有限区域，而投向了广阔的南海与西域。清吴裕垂《历朝史案》指出：“宋人竭中国之财力，纳币赂寇，偷安旦夕；致使生民左袒，肝脑涂地。退而渡江航海，竟以议和误国。则武帝所为，又岂宋人所能议乎？”古今之论汉武帝

图 61　汉武帝画像

者，惟清人吴裕垂特具卓识。其论略曰：

武帝雄才大略，非不深知征伐之劳民也，盖欲复三代之境土。削平四夷，尽去后患，而量力度德，慨然有舍我其谁之想。于是承累朝之培养，既庶且富，相时而动，战以为守，攻以为御，匈奴远遁，日以削弱。

至于宣、元、成、哀，单于称臣，稽玄而朝，两汉之生灵，并受其福，庙号“世宗”，宜哉!武帝生平，虽不无过举，而凡所作用，有迥出人意表者。始尚文学以收士心，继尚武功以开边城，而犹以为未足牢笼一世。于是用鸡卜于越祠，收金人于休屠，得神马于渥洼，取天马于大宛，以及白麟赤雀，芝房宝鼎之瑞，皆假神道以设教也。

至于泛舟海上，其意有五，而求仙不与焉。盖舳舻千里，往来海岛，楼船戈船，教习水战，扬帆而北，慑屐朝鲜，一也。扬帆而南，威震闽越，二也。朝鲜降，则匈奴之左臂自断，三也。闽越平，则南越之东陲自定，四也。且西域既通，南收滇国，北报乌孙，扩地数千里，而东则限于巨壑，欲跨海外而有之，不求蓬莱，将焉取之了东使方士求仙，一犹西使博望凿空之意耳。既肆其西封，又欲肆其东封，五也。惟方士不能得其要领如博望，故屡事尊宠，而不授以将相之权，又屡假不验以诛之。人谓武帝为方士所欺，而不知方士亦为武帝所欺也!

在历代王朝的历史上，有“汉唐盛世”之说，这里的“汉”，主要是指汉武帝时期。人们又常常把汉武帝的功业和秦始皇相提并论，史称“秦皇汉武”。因为中国封建专制主义中央集权的国家体制是由秦始皇创立的，由汉武帝巩固下来。

早在霍去病打通河西走廊之前十八年，一个从西部包抄匈奴的战略计划就在汉家朝堂上进行酝酿了。那时，汉武帝听说匈奴冒顿的儿子老上单于砍下月氏王的头颅作饮器，双方结下了世仇，就想联合月氏人从西部夹击匈奴。于是，朝廷开始征募精明强干的人出使月氏。武帝建元二年（前139年），张骞奉命率领一百多人，从长安出发。一个归顺的“胡人”、堂邑氏的家奴堂邑父，自愿充当张骞的向导和翻译。他们西行进入河西走廊。这一地区自月氏人西迁后，已完全为匈奴人所控制。正当张骞一行匆匆穿过河西走廊时，不幸碰上匈奴的骑兵队，全部被抓获。

匈奴单于为软化、拉拢张骞，打消其出使月氏的念头，进行了种种威逼利诱，还给张骞娶了匈奴的女子为妻，生了孩子。但均未达到目的。张骞“不辱君命”、“持汉节不失”。其始终没有忘记汉武帝交给自己的神圣使命，没有动摇为汉朝通使月氏的意志和决心。张骞等人在匈奴一直留居了十年之久。至元光六年（前129年），敌人的监视渐渐有所松弛。一天，张骞趁匈奴人不备，果断地离开妻儿，带领其随从，逃出了匈奴王庭。这种逃亡是十分危险和艰难的。幸运的是，在匈奴的十年留居，使张骞等人详细了解了通往西域的道路，并学会了匈奴人的语言，他们穿上胡服，很难被匈奴人查获。因而他们比较顺利地穿过了匈奴人的控制区。

但在留居匈奴期间，西域的形势已发生了变化。月氏的敌国乌孙，在匈奴支持和唆使下，西攻月氏。月氏人被迫又从伊犁河流域继续西迁，进入咸海附近的妫水地区，征服大夏，在新的土地上另建家园。张骞了解到这一情况后，他们经车师后没有向西北伊犁河流域进发，而是折向西南，进入焉耆，再溯塔里木河西行，过库车、疏勒等地，翻越葱岭，直达大宛（今乌兹别克斯坦费尔干纳盆地）。路上经过了数十日的跋涉。

张骞到大宛后，向大宛国王说明了自己出使月氏的使命和沿途种种遭遇，希望大宛能派人相送，并表示今后如能返回汉朝，一定奏明汉皇，送他很多财物，重重酬谢。大宛王本来早就风闻东方汉朝的富庶，很想与汉朝通使往来，但苦于匈奴的中梗阻碍，未能实现。汉使的意外到来，使他非常高兴。张骞的一席话，更使他动心。于是满口答应了张骞的要求，热情款待后，派了向导和译员，将张骞等人送到康居（今乌兹别克斯坦和塔吉克斯坦境内）。康居王又遣人将他们送至大月氏。

不料，这时大月氏人，由于新的国土十分肥沃，物产丰富，并且距匈奴和乌孙很远，外敌寇扰的危险已大大减少，改变了态度。当张骞向他们提出建议时，他们已无意向匈奴复仇了。加之，他们又以为汉朝离月氏太远，如果联合攻击匈奴，遇到危险恐难以相助。张骞等人在月氏逗留了一年多，但始终未能说服月氏人与汉朝联盟，夹击匈奴。在此期间，张骞曾越过妫水南下，抵达大夏的蓝氏城（今阿富汗的汗瓦齐拉巴德）。元朔元年（前128年），动身返国。

归途中，张骞为避开匈奴控制区，改变了行军路线。计划通过青海羌人地区，以免遭匈奴人的阻留。于是重越葱岭后，他们不走来时沿塔里木盆地北部的“北道”，而改行沿塔里木盆地南部，循昆仑山北麓的“南道”。从莎车，经于阗（今新疆和田）、鄯善（今新疆若羌），进入羌人地区。但出乎意料，羌人也已沦为匈奴的附庸，张骞等人再次被匈奴骑兵所俘，又扣留了一年多。

元朔三年（前126年）初，军臣单于死了，其弟左谷蠡王自立为单于，进攻军臣单于的太子于单，于单失败逃汉。张骞便趁匈奴内乱之机，带着自己的匈奴族妻子和堂邑父，逃回长安。这是张骞第一次出使西域。从武帝建元二年（前139年）出发，至元朔三年（前126年）归汉，共历十三年。出发时一百多人，回来时仅剩下张骞和堂邑父子二人。

张骞这次远征，仅就预定出使西域的任务而论，是没有完成的。因为他未能达到同大月氏建立联盟，以夹攻匈奴的目的。如从其产生的实际影响和所起的历史作用而言，无疑是很大的成功。自春秋以来，戎狄杂居泾渭之北。至秦始皇北却戎狄，筑长城，以护中原，但其西界不过临洮，玉门之外的广阔的西域，尚为中国政治文化势力所未及。张骞第一次通使西域，使中国的影响直达葱岭东西。

汉武帝元狩二年（前121年）春、夏，汉政府曾两次派将军霍去病率军渡过黄河，出击匈奴右部。经过两次打击，匈奴不仅失去了对其生存具有极其重要战略意义的今河西走廊地区，而且还引起了整个匈奴内部的矛盾和政治形势的变化，乃有“亡我祁连山，使我六畜不蕃息；失我焉支山，使我妇女无颜色”的哀叹。“其秋，单于怒浑邪王居西方数为汉所破，亡数万人，以骠骑之兵也。单于怒，欲召诛浑邪王。浑邪王与休屠王等谋欲降汉，使人先要边。是时大行李息将城河上，得浑邪王使，即驰传以闻。”（《史记·卫将军骠骑列传》）浑邪王和休屠王先派人向汉朝边将联系，当时正在黄河边监督修筑边防设施的大将李息，将此事上报朝廷。武帝得知此信，喜出望外，但又不十分相信，遂令霍去病率兵渡河迎降。这时，休屠王中途反悔，结果为浑邪王所杀，浑邪王遂率河西匈奴各部四万余人归汉。汉王朝也因此“则陇西、北地、河西益少胡寇，徙关东贫民处所夺匈奴河南、新秦中以实之，而减北地以西戍卒半。”（《史记·匈奴列传）

浑邪王降汉及河西地区的归汉，对匈奴是一个沉重的打击。汉朝取得河西，不仅占据了一片辽阔的宜耕宜牧的土地，增强了抵御匈奴的力量，而且也隔断了匈奴与羌族的关系，使匈奴失去了羌族在物力和人力上的巨大支援，匈奴从西部包抄汉朝的严峻形势顿时改观，“金城河西，西并南山至盐泽，空无匈奴，匈奴时有候者到而希矣。”（司马光《资治通鉴》）大大改善和加强了汉朝对匈奴战争中的战略地位。汉朝得到了河西，不仅保障了陇右和关中的安全，而且打通了连接西域各国的通道，加强了自己，削弱了匈奴对西域的控制，并进而能与匈奴在西域展开争夺。

霍去病第一次西征匈奴经过的路线，《史记》、《汉书》、《册府元龟》、《资治通鉴》都有较完整的记载，内中《汉书》本于《史记》，并有许多补充，《册府元龟》又取于《汉书》。现在以《汉书》为准，将所反映的资料引录如下：

元狩二年（前121年）春，为骠骑将军，将万骑出陇西，有功。上曰：“骠骑将军率戎士隃乌盭，讨遬濮，涉狐奴，历五王国，辎重人众慑詟者弗取，几获单于转战六日，过焉支山千有余里；合短兵，鏖皋兰下，杀折兰王，斩卢侯王，锐悍者诛，全甲获丑，执浑邪王子及相国、都尉，捷首虏八十九百六十级，收休屠祭天金人，师率减什七，益封去病二千二百户。

这条史料给我们提供了这样一些信息：霍去病这次西征是从陇西出发，行程千余里至皋兰，途中隃乌盭，讨遬濮，涉狐奴，历五王国，过焉支山，取得了杀折兰王，斩卢侯王，执浑邪王子及相国、都尉，捷首虏八十九百六十级，收休屠祭天金人的战绩。2006年，西北师范大学教授黄兆宏对这条线路作了详尽的考证后，认为此条路线途中的“乌盭”就是萧关古道上的屈吴山，《汉书》颜师古注：“隃与踰同。盭，古戾字也。乌盭，山名也。”“屈吴”一词，应与汉代的“符离”、“乌盭”、“祖厉”及后来的“乌兰”互为对音；“遬濮”，也别作“须卜”，《史记·索隐》载：“崔浩云：‘匈奴部落名。’”“遬濮王所在当在武威郡以东，北地郡以西，腾格里沙漠以南。换言之，遬濮部的分布地区，约在大河（黄河）以西，腾格里沙漠以南，今武威县以东，庄浪河以北，即今景泰及其附近地区，该部王治所在今景泰北。”（王宗维《汉代丝绸之路的咽喉——河西路》）“狐奴”，《史记·索隐》载：“晋灼曰：‘水名也。’”据专家考证，“狐奴”即今天流经武威市的石羊河；“五王国”的具体名称因史籍缺载，可能指霍去病在西征过程中先后穿越过右部匈奴的五个王国或部落所统辖的势力范围；“焉支山”，《甘州府志》载“焉支山，林木茂多，禽兽繁盛……为甘（今张掖）、凉（今武威）咽喉”；“皋兰”是霍去病西征的终点。“皋兰”与今天兰州市的皋兰山无关，“凡具有特征的山，都称之为皋兰。”（魏晋贤《甘肃省沿革地理论稿》）清人陶保廉在《辛卯侍行记》一书中指出：“去病鏖战之皋兰，去焉支山千余里，当今甘州之合黎山。”

综上考释，黄兆宏教授认为“霍去病元狩二年（前121年）春季的西征路线是从陇山以西出发，越过屈吴山区，在今靖远县、平川区及景泰相接的黄河渡口渡河，进入今景泰县境（即汉代的媪围县），并在此痛击匈奴贵种遬濮部，然后向西进入河西走廊，渡过石羊河，穿越匈奴五王国辖区（浑邪王和休屠王领地），经过焉支山，在合黎山一带与折兰王、卢侯王领军遭遇，经过激战，杀折兰王、斩卢侯王，完成了元狩二年春季的西征。霍去病所走的这条路线应该是今天我们所说的丝绸之路东段之北道。”（黄兆宏《元狩二年霍去病西征路线考释》）

无独有偶。在今白银市平川区黄峤乡，也就是屈吴山的北麓，有一个名叫神木头的村庄，至今流传着有关霍去病和苏武的传说：神木村的道边有一座被削去了顶的山包，当地人说那是霍去病当年西征时用过的点将台；在距山包附近的一道山梁中间，有一座被拆毁了的庙，当地村民称其为苏武庙，并说是霍去病西征时为苏武修建的。在苏武庙的遗址上，现在只留下遍地的青砖碎瓦和两块倒下的庞大石碑，只是石碑上的字迹已模糊难辨了。在石碑的附近还有两棵已经死去的碗口般粗的柏树。树的躯干上留下了被刀劈过的痕迹，村民们说，这柏树已有千年了，现在每逢年节还有人到这里来用刀劈下一块柏木，拿到家里避邪。在屈吴山周边，至今还延续着以“二百户”、“三百户”、“五百户”命名的村庄，仿佛在印证《汉书》关于“……益封去病二千二百户”的记述。

屈吴山北麓的神木村关于霍去病和苏武的传说，以及以“二百户”、“三百户”、“五百户”为名的村庄，更进一步证实了“霍去病所走的这条路线应该是今天我们所说的丝绸之路东段之北道（萧关古道）。”那么丝绸之路的开辟者张骞第一次出使时走的是哪条路线？以笔者之见，应为古之萧关道。

第一，张骞建元二年（前139年）出使西域，历时十余年，于元朔三年（前126年）匈奴内乱，张骞乘机逃回汉朝。时隔五年后的元狩二年（前121年），霍去病西征时，所选定的路线应该是张骞当年实际走过的线路。

第二，《史记》、《汉书》在对张骞出使西域和霍去病西征的记载中，关于起始线路都有一个共同之处“出陇西”。“陇西”，其一是指行政区划单位，秦昭襄王三十五年（前272年）为陇西置郡之开始。汉因秦制，仍保留陇西的名称；其二是指陇山西面的地方或陇山西北山脉，《史记》、

《汉书》记载中当时的“陇西”是指陇山西北之山脉。因为，“出”，《说文》曰：“进也”，“出陇西”应解释为进入回中道，沿陇山西北之山脉而行。《史记·匈奴列传》载：“汉使骠骑将军去病将万骑出陇西，过焉支山千余里，击匈奴，得胡首虏万八千余级，破得休屠王祭天金人。其夏，骠骑将军复与合骑侯数万骑出陇西、北地二千里，击匈奴。过居延，攻祁连山，得胡首虏三万余人，裨小王以下七十余人。”

二、汉武西巡

汉武帝一生功高盖世，就像电视剧《汉武大帝》片首曲所唱的那样，他把梦想写在蓝天草原，他燃烧自己温暖大地。两千多年的时光，在历史的长河中并不算短，今天，当我们透过史书中那些尘封的文字来追寻他的时候，才猛然发现，他并不像历史上的多数帝王那样，留给后世的仅仅是一个背影。他继位后共计出巡39次，如果把他振兵释旅，祭后土，泰山封禅，东海寻仙访道途中的出巡算在内，令人难以想象的是一生政务繁忙、百事缠身的他，竟然来过甘肃和宁夏九次。汉武帝到甘肃和宁夏的比例之高，可谓首屈一指，这位西汉最富神秘色彩的天子之旅，朝野闻名，记述甚多。

汉武帝时，随着国力的逐步强盛，抗击匈奴取得了初步胜利，于元鼎三年（前114年）以北地郡西北部析置安定郡，郡治高平（即今固原城）。安定郡的设置，奠定了萧关道的历史地位，使其成为抗击匈奴向西北运兵的重要通道。且汉武帝多次途经萧关古道巡视安定郡，《汉书·武帝纪》作了记载：元封四年（前107年），“冬十月，行幸雍，祠五畤。通回中道，遂北出萧关”，师古曰：“回中在安定高平，有险阻，萧关在其北，此盖自回中道以出萧关。”太初元年（前104年），“秋，八月，上行幸安定。”太始四年（前93年），“十二月，上行幸雍，祠五畤，西至安定、北地。”征和三年（前90年），“春，正月，行幸雍，至安定、北地。”后元年（前88年），“春，正月，行幸甘泉，郊泰畤，遂幸安定。”从公元前112年到公元前88年先后多次到达安定郡，不仅巡视边陲，检阅军队，向匈奴炫耀军威，显示威力，且对安定郡的交通创造了有利条件，修通了长安到达安定郡的回中道和萧关道，对陇山区域的交通建设起到了里程碑的作用。

《汉书·武帝纪》："五年冬十月，行幸雍，祠五畤。遂逾陇，登空同，西临祖厉河而还。"《史记·封禅书》载："上遂郊雍，至陇西，西登空同，幸甘泉。"司马迁也说："余尝西至空同。"据考，司马迁于元鼎五年（前112年）跟随汉武帝西巡登临了空同山。"至陇西"，就是汉武帝西巡到达了陇西郡。《隋书》："炀帝大业间，西征吐谷浑至狄道（今临洮）登空同。"

陇西郡，是中国古代的郡级行政区划。秦始皇二十六年（前221年）置三十六郡时，陇西郡是其中之一，治狄道（今临洮县）7县：狄道，豲道（今陇西县东南），下辨（今成县西），临洮（今岷县），西县（今天水市西南），上邽（今天水市区），冀县（今甘谷县）。

汉高祖二年（前205年），刘邦占有陇西郡。汉武帝时，分16县置天水郡，陇西郡有11县：狄道，临洮（今岷县），西县（今礼县盐官镇），上邽（今天水市西南），故安（今临洮县南），襄武（今陇西县东南），首阳（今渭源县东北），大夏（今广河县西北），羌道（今宕昌县西南），氐道（今礼县西北），予道（今岷县西南白龙江上游）。

东汉陇西郡，治狄道县，仍领11县，原领狄道，临洮，襄武，首阳，故安，大夏，氐道7县。新置障县（今漳县西南），枹罕，白石，河关县（今积石山县）。至三国魏时，陇西郡治迁到襄武县。

汉武帝"至陇西，西登空同"，是说汉武帝西巡至陇西郡治狄道（今临洮县）后，御驾亲自登上了位于狄道西北的空同山（今马衔山）。当时的空同山就是今天位于临洮县与榆中县交界的马衔山，而并不是指现今平凉的崆峒山。因为，其一，秦汉两代时期的陇西郡治均在狄道（今临洮县），空同山在陇山之西，而崆峒山在陇山之东。其二，古之马衔山的别称为"空头山"，与"空同山"谐音。其三，《隋书》："炀帝大业间，西征吐谷浑至狄道（今临洮）登空同。"其四，唐高宗咸亨元年，高宗派薛仁贵督师讨伐吐蕃，在大非川一带被吐蕃击溃，从此引起吐蕃人连年兴兵进犯大唐边境，致使唐太宗、文成公主与孙赞干布结成的大唐王朝与吐蕃三十年水乳交融的关系毁于一旦。至唐代宗宝应元年，马衔山周边地沦陷于吐蕃，吐蕃将原空同山（今马衔山）更名为“热薄寒山”。唐王朝将平凉的鸡头山改称为“崆峒山”（因平凉的鸡头山与庆阳镇原的鸡头山重名），为了与古之空同山相区分，便在“空同”二字之前加了“山”部首。由此充分说明先秦之前，以及汉唐（唐初）时期的空同山就是今天的马衔山，所以《庄子·在宥》中记载的“空同之山”就是今天的马衔山。

汉武帝为何要“至陇西，西登空同”？《金龙训言》“藏族人子朝拜过”一语道出了其中里奥：据汉文史籍记载，藏族属于两汉时期西羌人的一支。《括地志》一书中说“陇右、岷、洮以西，羌也。”《后汉书·西羌传》：“河关之西南羌地是也。”河关之西南应包括兰州西南部及青海东部地区，即黄河上游的洮河、大夏河、湟水流域。这些地区恰好是辛店文化分布最密集的地区。辛店文化彩陶经碳 14 测定其年代为公元前 1400—公元前 700 年。这一时期正是古代羌人在黄河上游活动最重要的时期。古代羌人的经济生活以畜牧和狩猎为主，羌人即为游牧人之意，从寺洼文化遗存发现的陶罐罐口均为马鞍形，有学者因此初步断定其为羌文化遗存。

西羌部落繁多，诸羌之中，最初以先零为最强大，居住在大榆谷（今青海贵德县，尖扎县之间），水草丰美，自然条件比较优越。对外向汉朝边境用兵，对内吞并弱小，后被烧当羌等联合击败。烧当羌传说是研的十三世子孙，本来居住在大元谷（今青海贵德县西），人少势弱，后击败先零、卑浦羌，迁居到大榆谷后日趋强大起来。此外，中羌也很强大，号称有兵力十万，至于其他羌部，大者万余人，小者数千人，一时都很活跃。

汉初兴时，这些羌族部落都臣服匈奴。汉景帝时，羌族一支研的后代留何率种人请求归附。为了汉朝守卫陇西要塞，汉景帝欢迎远方来降，把留何及其研种羌族部落一起迁居到陇西郡中，安排在狄道（今临洮县）、故安（今临洮县南）、临洮（今岷县）、氐道（今武山县东南）、羌道（今舟曲北），与汉人杂居，共同守卫西北边防。至今在马衔山南麓临洮改河乡留有“西蕃庙”，榆中县马坡乡留有“西蕃沟”等藏族同胞居住、生活的痕迹。

到汉武帝时，对匈奴人采取了疾风暴雨式的军事行动，与匈奴勾结的羌人也受到了冲击。汉武帝派兵在河西驱逐匈奴的时候，也同时对诸羌族施加了军事压力，逼迫他们向西迁移。元鼎五年（前112年）九月，分布在今甘肃临夏以西和青海东北一带的先零羌与封、牢种羌尽释前仇，结成同盟，再次与匈奴勾结，合兵十余万人，会攻汉朝的边境令居县（今甘肃永登西北）和故安县，包围了枹罕（今甘肃临夏县东北），边关告急。《汉书·武帝纪》载："西羌众十万人反，与匈奴通使，攻故安，围枹罕。"

为了安抚汉景帝时安排在陇西郡的研种羌族部落和稳定边关军民之心，激励将士斗志，汉武大帝于元鼎五年（前112年）十月西巡陇西郡，并亲登与枹罕近隔咫尺的狄道空同山。后又巡视位于今靖远县（古祖厉县、郭阴县）境内的黄河五大古渡口后，沿萧关古道返回长安。这段历史记载于《汉书·武帝纪》："五年冬十月，行幸雍，祠五畤，遂逾陇，登空同，西临祖厉河而还。"《金龙训言》对于这段历史是这样叙述的：

步涉长途出咸阳，苦果充饥马衔地，
遇仙指道过金城，龙马出面顺河行。
神龟渡口媪滩口，信口传信来一骑，
游演传道寻真地，五龙洞中得真文。
传颂人间八百载，原文还世待吉辰。

《金龙训言》的大意是：汉武帝的这次出巡不同于以往"从数万骑"，而是带着人数不多的随从人员从长安出发，沿着老子当年寻"远祖根"、访"圣迹"的路线，出大震关翻越陇山，经清水，过天水，沿渭河西行至甘谷、武山、陇西（古襄武）、渭源、临洮（古陇西郡治，又称狄道），一路风餐露宿，历经艰难险阻，最困难时尚徒步跋山涉水，苦果充饥。抵达陇西郡治狄道后，在听取当时军事形势和其他各方面的情况汇报后，汉武帝又亲自登上位于狄道县城西北的空同山。

在空同山（马衔山）天池拜谒了龙祖盘古的化身——混元老祖，并在混元老祖地指点下，从阿干河谷抵达金城（今兰州）。正是《金龙训言》所曰："苦果充饥马衔地，遇仙指道过金城。"当汉武帝站在金城河边，面对波涛汹涌的大河，不由心潮澎湃地仰天叹曰：“神鸟不至，河不出图，久矣!”话音刚落，忽然，河水大涨，波浪滔天，只听“哗啦”一声，从河水中冲出一外形非常奇特的巨兽，似龙非龙，似马非马，浪里飞腾。汉武帝与随行人员立即至河边近前观看，只见河中洪涛巨浪，波浪中的这一巨兽似骆而有翅，高八九尺，大体像马，却身有龙鳞，故后称为“龙马”。《汉书·孔安国传》载：“龙马者，天地之精，其为形也，马身而龙鳞，故谓之龙马。龙马赤纹绿色，高八尺五寸，类骆有翼，蹈水不没，圣人在位，负图出于孟河之中焉。”这里的“孟河”即是黄河，因为，“孟”字旧时是指在次序里代表最大的，黄河是中国北方最大的河流，又称“大河”。从黄河中跃出的龙马，踏水不没，如登平地，直奔岸边来到众人面前。身负形似“河图”黑白点数图像的龙马对武帝说，它是奉龙祖盘古之命，将引领汉武帝寻访“天书龙图”显于大地的“真地”——黄河石林。

在赤纹绿色龙马地带领下，汉武帝一行沿黄河顺流而下，一路跋山涉水，进入黄河小三峡。在古人眼里，这从天上而来的黄河，从来都是处处风急浪大，处处激流险滩。在黄河小三峡之大峡的一些险要河段，事实也确实如此。大峡是从兰州到包头途中最危险的一段，这一段的险境有：将军柱、煮人锅、大撞崖、小撞崖、锅底石、棺材石、大照壁、月亮石等，真是三步一险，五步一礁，稍不留神，就会筏散人亡。正是金龙训言所曰：“信口传信来一骑，龙马出面顺河行。”

在经过黄河小三峡的激流险滩后，汉武帝一行来到了元鼎三年（前114年）设置的祖厉县（今靖远），在沿河视察了祖厉五大渡口之一的虎豹口渡口（在靖远县城西4千米处）。虎豹口渡口是黄河上游一处闻名遐迩的古渡口。位于靖远县乌兰镇河靖村南上坝湾，距县城约7.5千米。秦始皇时派大将蒙恬北击匈奴，收复了黄河以南的土地，沿黄河筑了44座城池，祖厉城就是其中的一座，它就建在虎豹口旁边，是为防守这个重要渡口而建的。

虎豹口是古代军事上的戍守关隘，历来为兵家所看重。（图62）汉武帝时派卫青、霍去病攻打匈奴。卫青又收复了黄河以南的地区。据《资治通鉴》记载，西汉大臣主父偃认为“河南地肥饶外阻河，蒙恬城之以逐匈奴，内省转输漕戍，广中国灭胡之本。”武帝采纳了主父偃的建议。重新加固了临河的各座城池。祖厉城得到修缮加固。边塞重镇地位得到再次加强。武帝元鼎三年前设置安定郡，置祖厉县、鹑阴县归安定郡管辖。

图 62　靖远虎豹口古渡口

虎豹口为丝绸古道上的交通要渡。丝绸之路东段中道至静宁后分出一支线，即静宁界石铺经青江驿进入会宁界，经会宁城、甘沟驿、郭城驿沿祖厉河至靖远暗门红山寺到达虎豹口古渡，然后到达刘川乡的吴家川。再到脑泉、兴泉堡、宽沟，最后进入河西走廊。唐末宋初，由于吐蕃、西夏先后占领了景泰及靖远东北境地，萧关古道从打拉池分出一线，经杨稍沟、红沟、靖远县城，从虎豹口渡过黄河。从而形成杨稍沟→打拉池→双铺→狼山→海原的宋、夏边界线，边界线以东归宋管辖，以西为西夏属地。

在视察完虎豹口古渡和祖厉县后，汉武帝一行沿河向东又折向北来到鹯阴古渡口。鹯阴古渡口位于今天平川区境内的黄湾中村，距古鹯阴城 10 千米，处于红山峡的上口。“鹯阴”一词最早见于《后汉书·西羌传》“赵冲复追叛羌到建威鹑阴河。”李贤注《续汉书》中“建威”作“武威”。“鹯阴”是县名属安定郡。据史书记载古代西部少数民族扰内，多由此渡过黄河进入内地。黄河西岸有多处以军事名称命名的村名和地名。约六十里处有一村庄名西番窑，遗窑上下数层，颇似军事堡垒，疑为西域少数民族驻兵之地。

西夏神宗光定十二年（1222 年）在此建立索桥，在桥头修建迭烈逊堡驻兵。据记载此处古代曾经数次建造索桥。今天在塔儿山峭壁上“香炉台”处有一宽约尺、长约尺的石坑，疑为当年建造索桥的桥桩穴。如果下游索桥渡口发生索桥被黄河冲淹时，萧关古道则从打拉池经毛卜拉、大湾、吊沟、响泉、黄湾从鹯阴口渡过黄河。另一线路则是由苦水堡经莲台山沿石碑子沟抵达鹯阴古渡。

明太祖洪武三年（1370年），迭烈逊设立巡检司，戍卫“建置船只索桥，通凉庄路。”明宣宗宣德七年（1432年）五月，陕西布政司为迭烈逊巡检司“造船八艘，每艘十一人持之。”同年复开平凉府开成县（今固原开城乡）南迭烈逊道路时记载“昔西安诸府州岁运粮饷赴河西诸卫。均经六盘山蝎蛰岭。山涧徒绝人力艰难。开城旧有路经迭烈逊渡过黄河直抵甘州诸卫可近五百里。”由此可见这条经迭烈逊渡口到达河西的丝绸之路，与黄河西岸有条较为平坦、便捷的古道有很大关系。

汉武帝一行在结束了对鹯阴古渡和鹯阴（郭阴）的视察后，在龙马的带领下沿黄河红山峡北岸，一路经历了水急浪大、险石丛生的危险重重地带来到老龙湾。由今天坝滩村的神龟渡口渡过黄河，来到南岸的五龙洞，得到由五位龙神守护了三千年的真文“天书龙图”——太极图。当得知“天书龙图”是龙龟当年历经艰辛“六盘出头缠龙洞”而又传送至龙洞时，遂率部属前往龙湾西边的黄河石林祭拜“天下第一大神龟”。武帝又在龙马地带领下，进入石林区，实地勘察传说中的“洛书”。武帝一边行走，一边命随从人员将所经之地的地形地貌都绘制下来。历经多日的艰苦攀爬，风餐露宿，终于将巨大的黄河石林区勘察完备，返回到了黄河石林大峡谷内。武帝命随从人员将绘制的全部地形地貌图拼接在一起，经过认真研究惊奇地发现整个黄河石林区就像一个巨大龟甲，它上面布满甲纹脉络，突出的山丘峰岭组成了九大花点图案。武帝十分兴奋地说：“吾又得天书洛书矣”。正是《金龙训言》：“游演传道寻真地，五龙洞中得真文。”

正当大家欢呼雀跃庆贺武帝幸获“龙图洛书”之时，龙马也十分喜悦，高兴的是这次它跋山涉水，虽然经历了黄河小三峡、红山峡的水急浪大、危险重重的激流险滩地带，却也光荣地完成了龙祖盘古交给的使命，使汉武帝得到了华夏龙文化的瑰宝“河图、洛书”。可是，这时的龙马因多日长途负载过重，尤其是在巨大的黄河石林区内，既要引领武帝一行翻山越岭，又要轮番驮负武帝及其随从人员。此时，龙马已疲惫不堪，饥渴难耐，此刻的龙马，最想要的就是“开怀畅饮”。但是这里离龙湾黄河岸边还相距甚远，峡谷内又无水可饮。忽然，龙马仰首张口，只见从龙马口内飞出一条七彩长虹落入远方龙湾的黄河，源源不断地河水通过彩虹地输送供龙马酣饮。眼前的情景，再现了甲骨卜辞中记录的“虹饮于河”（图63）及《山海经·海外东经》记载的“虹虹在其北，各有两首”精彩一幕，武帝为之感叹不已。就在众人惊愕未定之时，龙马与彩虹一齐瞬间消失得无影无踪。汉武帝为了让世人永远缅怀龙马的功绩，便将这个大峡谷赐名为“饮马谷”，也就是流传至今的黄河石林“饮马沟”。

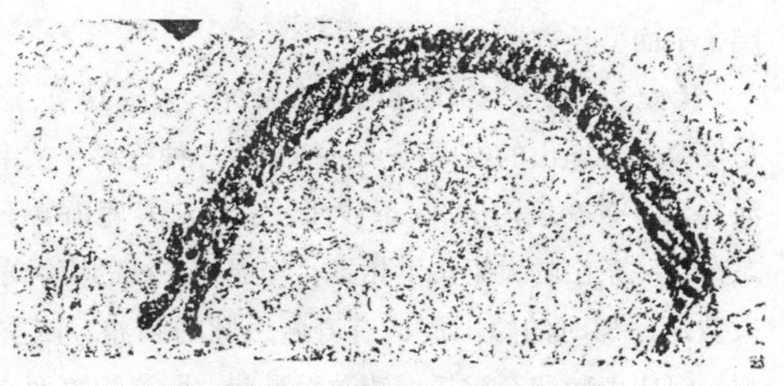

图63　河南唐河县出土的西汉画像石“龙形虹图”

《金龙训言》：“神龟渡口媪滩口”是指汉武帝一行从黄河石林返回后，便又前往古媪围城（在今景泰县芦阳镇）视察。古老悠久的媪围古城就是丝绸之路东段北道上的一个重要驿站，是当时通往西域河西的第一个重镇，也是管辖和护卫古黄河渡口，保障丝绸之路安全畅通的一个重要军事要冲。为了确保丝绸之路的安全畅通，汉武帝在视察完媪围古城返回后，于元鼎六年设立了媪围县（今景泰县）。关于媪围县，史书亦有确凿的记载。《汉书·地理志》记：西汉时武威郡辖十县中有媪围县。《后汉书·郡国志》记：东汉时武威郡辖十三县，媪围县是其中之一。在已经出土的居延汉简中，所列述的从长安到西域驿站名称里，西过黄河的第一个重镇就是媪围县。媪围古城遗址在今天景泰县城东约三十里的吊沟村，古城占地面积460多亩，由山城和川城两部分组成。山城沿山形板筑而成，北墙有明显削山制寨的痕迹，城东依山势象形而筑瓮城，依自然山沟地形开东、南拱门，上筑墩台，至今还能看到宽约5米、长255米之夯筑墙遗址。南墙紧靠山峦崖沿，中间自然沟谷处有门，与川城相连；川城地势开阔，平面呈长方形。

《水经注》："媪围县西南有泉沅，东迳县南，又东北入河也。"这便是发源于寿鹿山的媪围河。明朝又有各种资料、文字证明，媪围县与媪围河并名。景泰境内的 43 条沙河，分别从寿鹿山的不同山涧流出，由西向东，在一条山的大梁头下相聚，经媪围县城的南缘东泻，在索桥渡口处汇入黄河。那时的媪围河，有寿鹿山脉的涵养，四季有水，流域内野花幽香，河床由鹅卵石衬托，清澈而晶莹，既浇灌着两岸田园的庄稼，又荡漾着媪围古城的隽秀，源源泊泊。

1982 年，兰州大学历史系魏晋贤教授、冯绳武教授和省考古研究所张学正所长考察后，认为吊沟古城就是西汉时期的媪围县，遗址符合《水经注》中所指媪围县的位置，更与《明史·地理志》中有关媪围县的记载相吻合。西北师范大学文学院教授、知名的西北历史地理专家李并成认为："吊沟古城的面积不仅在其周边高居榜首，是芦塘古城的 2.5 倍，是永泰古城的 2.1 倍，而且在丝绸之路沿线的其他汉代县城遗址中也是最大的。"民国以来，附近发现的西林汉墓群、吊沟汉墓群、教场梁汉墓群和城北墩汉墓群，先后出土了大量的陶片、汉砖和古币，足以表明古媪围当年的繁华与辉煌。景泰县志《概述》中说："东汉、三国时，媪围境内安定富庶。西晋及南北朝时期，社会也相当安定，经济持续发展，佛教日益盛行。"

《汉书·武帝纪》："五年冬十月，行幸雍，祀五畤，遂逾陇，登空同，西临祖厉河而还。"这里的祖厉河不是指从会宁来的那个祖厉川河，靖远人叫苦水河。而是指汉代流经祖厉县的这一段黄河。"西临祖厉河而还"，也就是说当年汉武帝至黄河西岸的媪围城后，折向东开始返回，因为黄河祖厉段在这里是由南向北而流，古媪围城在河的西面。汉武帝视察媪围城后，便沿着媪围河向东前往黄河五大古渡口之一的索桥渡。据金塔县破城子出土的汉简记载，从媪围城（今景泰芦阳镇）沿芦阳砂河东行 12.5 千米过黄河索桥渡口。

索桥古渡在靖远西北石门川的崇山峻岭中，是萧关古道渡过黄河的首选渡口。（图 64）据康熙《靖远卫志》记载："索桥前后建置处所不一。据考证哈思古堡西南六七里至黄河又三四里至大小口子即昔初所建索桥也。明隆庆初创船桥以通往来，因河水泛涨淹没无存仍以船渡。”当时靖远处于西北部边关地区，明朝时因军事边防的需要建芦沟堡屯戍卒抵御外敌侵扰，为了贯通甘肃中部的交通要道，加强东西往来贸易。明神宗万历二十九年（1601 年）在渡口东岸临河的东山上建一堡名叫铁锁关。堡上设防守军官专备管理黄河上的船渡，以保障丝绸之路的畅通。明神宗万历四十二年（1614 年）重建索桥。在黄河两岸的石山上栽桩架设索道，将 24 艘木船固定排列挂于索道上以作为桥，并在河西又修建一座桥头堡，这里一时成了长安通往武威的咽喉。索桥渡口修建完善之后。哈思古堡这个交通枢纽得以延伸和补充，也使得这段丝绸之路的商道更加繁荣。索桥的创置沟通了东西商贸的联系和交流，也成为甘肃历史上最完善和影响较大的交通要津。

图 64　索桥古渡

汉武帝一行从古索桥渡口过河后，又向北来到黄河祖厉段的另一古渡口会宁关，又称乌兰关、乌兰津。据敦煌发现的《水部式·鸣沙石室书》记载：“在会宁关有渡口，有渡船五十只，宜令所管差强、官校、检藩兵防守，勿令此岸停泊。”另据《大唐六典》记载，会宁关是当时全国 13 个边塞关津中最大的渡口之一，其河对面有乌兰关。“会宁关”即双龙乡北城滩的黄河古渡口南岸，一日可渡千人以上。可以看出丝绸之路东段北道在唐中叶时的商旅往来盛况。

乌兰关位于靖远县双龙乡的北城村。在隋唐时发展为黄河中上游最大的渡口。丝绸之路东段北道也从此处渡河，其路线为水泉堡到裴家堡、石门川再到双龙乡北城村，然后由乌兰关渡过黄河，过河后到达景泰县五佛乡的沿寺村，再到一条山、古浪大靖镇。军队和商人主要走这条路。所以乌兰关是丝绸之路上最繁忙的渡口之一。

在乌兰关下游处有个白卜渡，现在被称为金坪渡。白卜渡是隋唐时期的大型古渡口，也是丝绸之路东段北道的渡口之一，其路线为从海原县经过苍龙山古堡或苦水堡、芦沟堡、论古堡、永安堡等处由白卜渡过黄河然后到景泰的上沙窝，再到达古浪的大靖镇进入河西走廊。乌兰关在红山峡的下口处而白卜渡在黑山峡的上口处。地理位置非常重要。乌兰关与白卜渡都很重要，两个渡口相辅相成，至今仍很繁忙。

在巡视完乌兰关后，汉武帝从北城滩至石门川，过裴家堡、水泉堡，经莲台山、苦水堡、苍龙山后，沿萧关古道返回长安。在行至打拉池时，汉武帝听说前面的神木村（在今平川区黄峤乡）山里长出了两棵“神木”，酷似人形，一大一小，便前往拜谒神木，后来，人们为了纪念汉武帝拜谒神木，便在长出神木的山崖下修了一座叫神木宫的庙。汉武帝这次长途跋涉而历经艰险的西巡壮举，在民间一直广为传颂。《金龙训言》曰：“传颂人间八百载，原文还世待吉辰。”

从《汉书·武帝纪》：“西临祖厉河而还”和《史记·封禅书》：“西登空同，幸甘泉”的记载中可以看出，汉武帝的这次西巡返回时是沿着萧关古道返回长安的。因为，“幸甘泉”是指汉武帝沿着萧关古道返回时临幸了甘泉宫。甘泉宫遗址位于咸阳城北 75 千米处的淳化县铁王乡凉武帝村，秦、汉两朝在此营建宫室，是因为甘泉一带在古代以地势险要闻名。范雎《战国策》中记述：“大王之国，北有甘泉，谷口。”甘泉山是屏障咸阳的前哨。汉武帝返回长安的次年（元鼎六年）十月，派将军李息、郎中令徐自为率兵十万人出兵讨伐与匈奴勾结的羌人。经过强硬的军事行动，解开枹罕之围，汉军平定了诸羌的叛乱。汉武帝为了强化对羌人的管理与监视，在公元前 111 年开始在羌人居住的地区设置护羌校尉，持节统领内附汉朝的诸羌部落。从此，青海东部开始成为中国的行政管理区域。

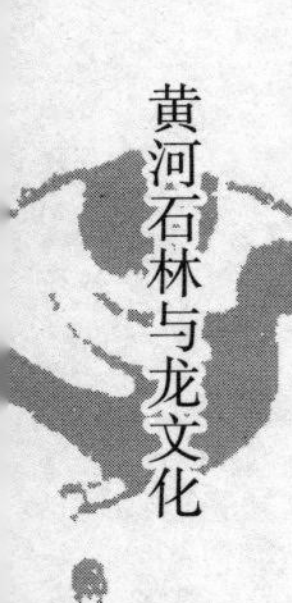

三、独尊儒术

汉武帝从甘泉宫返回长安后回顾此次西巡，虽历经艰辛，但收获颇丰。不仅达到了预期的目的，而且还获得了意外的收获。其一，过陇山，经上邽（今清水），游邽县（今天水），沿渭河继续西行经冀县（今甘谷）、豲道（今武山）、襄武（今陇西）、首阳（今渭源）、至陇西郡治狄道县西登空同山，在狄道空同山（马衔山）天池谒拜了龙祖盘古化身——混元老祖。其二，在混元老祖地指点下，至金城遇龙马抵达古龙山的发源地——黄河石林，得到了真文“天书龙图”——太极图和洛书。通过此次西巡，汉武帝深刻认识到由伏羲创造的八卦，不仅开启了华夏文明，而且由伏羲八卦演变而成的《易经》是中国传统文化的本源，是群经之首，儒家、道家共同的经典。所以使汉武帝更加坚定了继续推行董仲舒提出的“罢黜百家，独尊儒术”的方针。

秦始皇“焚书坑儒”，其后秦朝还颁布了“挟（藏）书者族”的法令，这给中国传统文化造成了无法弥补的损失。书籍是人类文化的主要载体，焚烧书籍、严禁藏书，知识、文化无法传播、继承和发展。古老而悠久的中华传统文化面临着中断的危险。

针对这一形势，汉朝初期开始搜求遗书，到汉武帝时达到高潮，遂形成制度。“至秦患之，乃燔灭文章，以愚黔首。汉兴，改秦之败，大收篇籍，广开献书之路。迄孝武世，书缺简脱，礼坏乐崩，圣上喟然而称曰：‘朕甚闵焉！’于是建藏书之策，置写书之官，下及诸子传说，皆充秘府。”（《汉书·艺文志》第1351页）

汉武帝搜集的遗书主要有儒家经典、诸子传记、史书及曲辞诗赋。另外，对各地上计的计书也认真收藏。这就为古籍的整理和学术研究创造了非常有利的条件。同时，在他地组织、倡导下，乐府曲词诗歌和汉赋得到了空前的发展与繁荣，汉武帝是对中国传统文化的继承和发展曾经做出重大贡献的皇帝。

正是在这样的客观形势下，原来在家乡读书“三年不窥园”的董仲舒，这时也不远千里抱着一部《春秋公羊传》来到京城长安，很快就成了新兴思想家、汉王朝的理论代言人。董仲舒在中国哲学史上虽不是位先进的思想家，然而他的尊孔崇儒思想对后世产生过深远的影响，一直是封建统治阶级的主导思想。

《春秋》原是孔子根据鲁国国史删订的一部史书。因文字过于简古，难以理解，后来有许多学者为之作传，即解释。著名的有左氏、公羊、谷梁三家。《公羊传》是其中之一，相传是战国时人公羊高对《春秋》一书的阐释。董仲舒给汉武帝上书说，孔子修《春秋》，把“一统”作为大事，把“忠君”作为最高的原则。“忠君”与“大一统”是天地宇宙间的常规，古往今来必须遵循的根本道理。要在政治上实行忠君主、大一统，在学术思想上，也须“罢黜百家，独尊儒术。”否则，百家百说，思想混乱，臣民无所适从，朝廷也就无法统一了。

汉武帝亲政时，历史已进入西汉中期，也即西汉王朝的鼎盛时期，促成封建大一统局面的条件已经成熟。董仲舒这套理论正适合当时的政治形势，投合了汉武帝的心意。儒学取代黄老之学成了国家的指导思想，这一点突出表现在国家政策上，以儒家的伦理道德作为约束诸臣与百姓的行为准则；甚至用《春秋》决狱，把儒家经典当法典用；国立太学中，只设儒家《易》、《书》、《诗》、《礼》、《春秋》五经博士，其他诸子传记博士全部被罢除，不断从太学中选拔弟子加入国家官僚集团。从此，儒学的地位开始提高，熟读儒家经典的人就可以做官。儒生公孙弘出身布衣，竟被提拔到宰相的高位，影响很大。

在尊儒的过程中及其以后，其他各学派的地位明显下降。武帝并没有对其“绝其道”，“灭其说”，而是各学派的著作均可收藏、流传以供后人学习、研究。并且，汉武帝还把法家、道家、纵横家、杂家甚至方术之术等诸多家派的人物通过公车上书、征召、任子、资足、从小吏中逐级提升等方式罗织在左右，让他们做官、出谋划策，有的辅佐自己治理国家。所以，可以说汉武帝实际上并没有“罢黜百家”，而是兼用百家。这一点汉代人是认可的，太史公就说他“悉延（引）百端之学”。汲黯则认为汉武帝“内多欲而外施仁义”，汉宣帝也说“汉家自有制度，本以霸王道杂之”，因此人们常把汉武帝说成是外儒内法、儒法并用。武帝之后汉朝还在重法治、以法治国。总之，应该说汉武帝继承了汉朝初期开明的文化思想政策，并没有返回到秦始皇在文化思想方面实行专制的政策中去。

汉初，秦朝为什么会灭亡成了人们探讨的热门话题。《汉书·刑法志》说：“春秋之时，王道浸坏，教化不行。”“秦始皇，兼吞战国，遂毁先王之法，灭礼谊（义）之官，专任刑罚，奸邪并生，赭衣塞路，囹圄成市，天下愁怨，溃而叛之。”贾谊在《过秦论》中把秦朝灭亡的原因归结为“仁义不施” 。认为秦的灭亡是由于不施仁义、不用德治、专任酷刑、废弃三代的传统所造成的。因此，德治、王道与法治、霸道的争论，非常明显地反映了汉初社会对治国思想、制度法的争论与选择。

儒家德治思想的源头就是从西周继承开始的。孔子说，仁者，“爱人”，也就是说仁，就是爱护每一个人，尊重每一个人，把人当作人去对待。这与《尚书·康诰篇》：“文王克明德慎罚，不敢侮鳏寡”的德治思想是完全一致的。至于孟子的仁政、王道思想则是从周代的德治思想发展而来的。然而，在春秋战国时期孔、孟的这套宣扬仁义教化、仁政、王道治国之道却备受冷落，以至于四处碰壁。与此相反，讲法治、霸道的法家，却大见成效。特别是秦国，竟然以法家思想为指导，使国家富强，并灭了六国。但是，秦朝却是个短命而亡的朝代。

儒家治国的根本特点是以德教（德治、教化）治国。董仲舒认为，这就是儒家的道统。所谓道统，就是治国的道路、方法。仁义礼乐是进行德教必备工具，仁义礼智信是德教必不可少的五个常用原则。在董仲舒看来，时代在变化，朝代在更替，儒家治国的道，即治国的道路、方法是始终不变的。所以说“道之大原出于天，天不变，道亦不变。”秦朝治国专用刑罚，以致使天下大乱，这是废先王之道的后果。因此就要改制、更化，重新改为用儒家的德教治国。

董仲舒强调德教，即德治和教化。就是说国家的施政永远要符合人民的愿望、利益，就应当领受大的俸禄，实际上是要求实行儒家的仁政。以此推理，也可以说，在董仲舒看来，适合民意，也就符合天意，从而达到天人合一。这就坚持了儒家的民本思想。这一思想在一定条件下、在一定程度上是能够实现的，对社会发展有着积极向上的意义。

在董仲舒看来，教化可以使民众的道德素质提高。所谓教化，就是道德教化，他特别强调教化，说“古之修教训之官，务以德善化民，今世废而不修，亡（无）以化民，民以故弃行谊（义）而死财利，是以犯法而罪多。”又说“教化不立而万民不正，万民之从利，如水之走下，不以教化堤防之，不能止也。教化废而奸邪并出，刑罚不能胜者，其堤防坏也。古之王者明于此，是故，莫不以教化为大务。”为了搞好教化，所以要“立大学以教于国，设地方上的学校庠、序以化于邑。太学者，教化之本原也。”

汉武帝自从继位皇帝后，就不断地进行尊儒活动，其中产生了重大而深远影响的，还要以置五经博士、兴学校两件事为最大。据考，置五经博士在战国末期已设立。汉初承秦制置博士，文帝时博士多达七十余人，博士的构成、作用与秦朝颇为相似。汉朝的初期，儒家经学就有博士。

《汉书·武帝纪》载，建元五年（前139年）春，置五经博士。由于这时《乐》因为时间久远而已失传，儒的六经也只剩五经，而《诗》、《书》、《春秋》三经已置，所以，要置的只是《礼》、《易》两经。《汉书·儒林传》赞曰：“自武帝立五经博士。开始《书》唯有欧阳、礼后（后苍）、易杨（杨何）、春秋公羊而已。至孝、宣世，复立大小夏侯尚书，大小戴礼，施、孟、梁丘易，谷梁春秋。至元帝世，复立京氏易。”这段记载把武帝立五经博士后经学的传授讲得再清楚不过了，传授的《尚书》是欧阳尚书、《礼》是后氏礼、《易》是杨何传授的易。到了宣帝对经学的传授又增加了几家，元帝时又增加了京氏易。

汉武帝置五经博士，是由于《易》、《书》、《诗》、《礼》、《春秋》这五经对治理国家有极其重要的作用。置五经博士这一措施对儒学发展的促进作用是无法估量的。据典籍记载，中国在夏、商、周时已有学校。汉代国立大学称太学，是武帝时创办设立的。郡国地方办的学校称庠序，在武帝之前如蜀郡已有设置，武帝时“乃令天下郡国皆立学校官（校舍）”，学校逐渐普及于全国。

兴办国立太学是董仲舒在《对策》中提出的最好建议。董仲舒兴太学的建议和办学的具体措施：其一，是“置明师”，就是设置儒家思想经学之师，也就是后来武帝所设置的五经博士。其二，是“养天下之士”，就是培养来自全国各地的学生。其三，是通过“数考问”了解学生的才学。这样国家就能得到“英俊”之才。汉武帝立即采纳了董仲舒的建议，并付诸实施。建元五年（前136年）春“置五经博士”，为兴建太学准备了教师条件。这样过了十二年，到了元朔五年（前124年）六月，武帝下了一道兴学的诏书，诏书中讲了制礼作乐进行教化的重要性，并指令太常商议为博士置弟子的事情，以使乡里人人崇尚教化，并达到砥砺贤才的目的。

汉武帝独尊儒术以后，儒家思想和中国以后的统治，形成了一种互相依存的关系。这种依存关系表现在，儒学在取得思想领域的主导地位的同时，反过来也为帝国统治提供文化合法性论证。一方面，儒家思想对中国的政治达到了咨政、咨事的目的，对国家的政权稳定、发展，对东方的文明方式，都产生了重大影响。但是，这个过程中，它对政权的发展是不断地促进，同时也让学者对这个思想进行阐述的时候，也更多是从国家制度，从有利于统治和统治者的学问这个角度去阐述得更多。而对孔子当时提倡的很多人文性的东西，这几千年以来，不能说没有阐述，但是由于中国的政治体制和文化的变迁，这方面被忽视了，需要在今天再重新深入发掘。儒家文化最闪光的东西，恰恰就是对人的重视，对人的尊严、人的智慧、人格的尊重。肯定人的价值，肯定现实生活的价值，肯定道德的价值，为了实现崇高的道德理想，可以牺牲自己的生命。中国古代儒家对人的观念的肯定和发掘，使得中国文化在一定程度上已经达到了人的真正自觉。

四、射杀蛟龙

黄河自远古以来即为多泥沙河流。公元前 4 世纪，黄河下游因河水浑浊即有“浊河”之称。生活在黄河两岸的古代先民，一方面依赖着黄河生存和发展，同时，另一方面也承受着黄河水患给人们带来的种种苦难。历史上的黄河以“善淤、善决、善徙”著称，被称为“中国的忧患”。

黄河穿过黄土高原的山、陕峡谷进入下游平原，带有大量泥沙，常常泛滥成灾。至西汉时期，由于泥沙长期堆积，“河水高于平地”，（《汉书》卷二九）显然已成为“悬河”。文帝十二年（前 168 年），河决酸枣（河南延津县境），东溃金堤（今河南滑县北，又名千里堤）。过了三十六年，武帝元光三年（前 132 年）黄河再次从瓠子（今河南濮阳县）决口，向东南经过巨野泽流入淮泗，泛滥地区遍及十六郡，给人民带来非常大的灾难，使这一地区“岁因以数不登，而梁、楚之地尤甚。”（《史记·河渠书》）武帝令大臣汲黯、郑当时征发服役的民众和刑徒填塞决口，经常是刚刚填好后又被冲毁。这时武安侯田蚡为丞相，他的封邑在黄河以北的鄃（今山东夏津县），黄河从南面决口，则鄃地无水灾，封邑的收入明显增多。于是田蚡就对武帝说："江河之决皆天事，不容易用人力勉强堵塞，堵塞未必合天意。"一些望云气、用术数的方士也认为有道理，因此武帝好久也没有堵塞。

自瓠子决口二十多年后，因常年无收，梁楚之地尤其严重。元封元年（前110年）武帝到泰山封禅，在封禅的路上，他知道了事情的真相，以后在一个诏书中曾说，在封禅过程中，曾"问百年民所疾苦"，得到的回答是"惟吏多私，征求无已"（《汉书》卷四十六）云云。所以，汉武帝在封禅后的第二年，即元封二年，亲临决口现场，督率治理黄河。武帝至瓠子决口，沉白马、玉璧于河中祭祀黄河龙神，任命汲仁、郭昌征发数万卒堵塞瓠子决口，令群臣从将军以下全都背着柴草填堵决口，因东郡当时烧草，柴薪极贵，因而砍伐淇园的竹子竖插于河中而填柴和土石筑堤。瓠子决口终于被堵塞了，完成了一件具有历史意义的大事。汉武帝是中国历史上第一位亲临现场治理黄河的皇帝，这一点将永垂青史。

堵塞瓠子决口当时正值春天，百姓都以烧柴取火为生，因此柴草十分缺乏，工程进展得很困难。武帝恐怕这一次塞河又不成功，就用当时流行的楚歌体，作了两首悲壮、苍凉的歌辞《瓠子歌》：

其一

瓠子决兮将奈何，皓皓旰旰兮闾殚为河！
殚为河兮地不得宁，功无已时兮吾山平。
吾山平兮巨野溢，鱼弗郁兮迫冬日。
正道驰兮离常流，蛟龙骋兮方远游。
归旧川兮神哉沛，不封禅兮安知外。
为我谓河伯兮何不仁，泛滥不止兮愁吾人。
啮桑浮兮淮泗满，久不反兮水维缓。

其二

河汤汤兮激潺湲，北渡污兮浚流难。

搴长茭兮沈美玉，河伯许兮薪不属。

薪不属兮卫人罪，烧萧条兮噫乎何以御水！

隤林竹兮楗石菑，宣房塞兮万福来。

《瓠子歌》第一首集中描写了黄河于瓠子河决口以后，洪水造成的危害。元光三年（前132年）春季，黄河于顿丘决口。入夏，又冲决了濮阳瓠子河堤，洪水东南注入巨野之泽，流入淮河、泗水，梁、楚十六郡国均被水淹。汉武帝一向注意兴水利、去水患。这次遭灾后，他调拨十万人筑堤治水。不料，水患猖獗，塞而复坏，以至前功尽弃。“正道驰兮离常流，蛟龙骋兮方远游。归旧川兮神哉沛，不封禅兮安知外。”洪水不走正道而离开了以往的河床，蛟龙决开河水后，乘机随流远游，肆虐为害。汉武帝怨天，认为是上天的意志，人力无可奈何。其实，祸水之所以向南漫延，恰恰是“人祸”造成的。汉武帝治水，丞相田蚡却心下不安，他的封地尽在黄河以北地区，担心遭灾，就别有用心地对汉武帝说：“塞之未必应天”，用神意吓唬他。阻挠继续治水，致使东郡百姓遭灾达23年之久。元狩三年（前120年），灾情最为严重，引起朝廷的不安。汉武帝下令将70万灾民迁徙到关中、朔方。“为我谓河伯兮何不仁，泛滥不止兮愁吾人。啮桑浮兮淮泗满，久不返兮水维缓。”汉武帝认为水患完全是由水神河伯率领下的蛟龙所造成的，因此说他没有半点仁慈，泛滥不止的洪水淹没了黄河以南的大片土地，却迟迟没有退去的迹象。

《瓠子歌》第二首主要描写了堵塞决口的战斗场景。元封二年（前109年），汉武帝到泰山封禅，调拨四万人筑堤堵水。汉武帝亲临现场，命将士一齐上工地，伐竹运土。“河汤汤兮激潺湲，北渡污兮浚流难。”写施工的艰难环境，那是在急流中进行的。“搴长筊兮沈美玉，河伯许兮薪不属。薪不属兮卫人罪，烧萧条兮噫乎何以御水。”由于这次治水前，武帝“沈（沉）美玉”、白马祭祀了黄河龙神，祈求河神帮助堵塞决口。所以，河伯闻讯后再也不敢作祟了。但是缺乏柴草，这是什么原因呢？汉武帝又归罪于卫地的人，怪他们把柴草都烧了。弄得现在筑堤垒坝都找不到柴草。“隤林竹兮楗石菑，宣房塞兮万福来。”没有柴草，汉武帝下令砍伐琪园的竹子，做成“楗”和“石菑”，沉入河底，填土筑坝。这次治水，取得了胜利，降伏了为害20多年的蛟龙。为此，汉武帝很高兴，诏示官员们向百姓“宣房（防）塞”，让人们懂得兴修水利是造福子孙的大事。

自从应龙帮助大禹治理黄河劈开龙门后，为了防止蛟龙族危害黄河中上游的华夏龙圣地，应龙便命黄金龙率领众水龙管护龙门，不容许蛟龙进入龙门以内，将蛟龙族拒之龙门之外。从此，具有能吞食虎豹、马鹿以及人类的凶猛之兽的蛟龙族只得活动于龙门以下的黄河中下游一带。从《瓠子歌》中可见，蛟龙不仅是具有能吞食人、畜的凶猛之兽，而且最大的危害是发洪水，制造河堤决口。其危害方式主要有：一是若遇天降大雨，便成群结队兴风作浪，致使河水泛滥，漫溢决堤；二是潜入河底，钻穿河堤，造成堤溃河决。《夷坚志》载：“黄河之南阳武下埽，在汴京西北，数为湍潦所败，每一修筑，至用丁夫数十万工。金皇统中常决溢，发卒塞之，朝成夕溃。汴守募能泅者探水底，一渔叟自言能潜伏一昼夜，遂命备牢醴，先祭河神，然后遣之入。入半日而出，曰：‘下有长蛟为害，故埽不能坚，非杀之不可，须得宝剑乃济。蛟方熟寝于百尺之渊，斩之易也。’守取镇库古剑付之。将入，又言曰：‘愿集众舟于岸浒以相俟，至午水变赤色，则令至中流。’及期，水赤，渔叟携蛟头，奋而登舟，洪流陡落，即时埽宁。守欲奏以武爵，辞不受；多与金帛，亦辞。旋踵而死，守为立祠于其处，请于朝，封为四将军，以为龙女三娘之子，塑像立于傍，灵应甚著。访渔之家，无有知者，亦不曾询其姓第，识者疑为神云。”（宋·洪迈《夷坚志·阳武四将军》）

经过堵塞瓠子决口得知，蛟龙是河堤溃决的罪魁祸首。汉武帝回顾元鼎五年的西巡，所经过黄河支流渭河、洮河及黄河金城至黄河石林段均未发现蛟龙出现，这全归功于黄河龙神将蛟龙族拒之龙门外的举措。因此，汉武帝昭告官民捕杀蛟龙，迫使蛟龙族归入大海。不仅如此，汉武帝还御驾亲征。相传汉代的时候，洞庭湖中有一条巨蛟，它为非作歹，常在湖中兴风作浪，吞食鱼虾，推翻船只，伤害人民。民众联名上书汉武帝，希望

他能够为民除害。于是，武帝决定御驾亲征，带领三千将士，一路上旌旗蔽日，吼声震天，来到洞庭湖。但是，一连好几天，蛟龙都没有露面，湖中风平浪静。汉武帝觉得很奇怪，他猜想可能是蛟龙看见这样大的阵势不敢出来。为了引蛟出洞，于是他密令官兵空船扬帆回都，众兵将偃旗息鼓埋伏于君山下，自己则一个人头戴斗笠，脚穿草鞋，打扮成渔翁模样巡视湖边。

一天，到了中午时分，突然龙口湖水倒灌，湖面巨浪翻腾，天空电闪雷鸣，一条绿眼赤须，金鳞红爪的蛟龙，摆尾掀浪，昂首望天，寻食人畜。汉武帝跨上巨石，挽弓搭箭，嗖的一声，正中蛟的咽喉。只听得一声狂叫，湖荡山鸣，蛟龙一头钻入水里，带着一道红水浮到武帝跟前，挣扎了几下就气绝身亡。埋伏在君山脚下的将士们将巨蛟拖上岸，并和当地的百姓们将它分而食之。从此，这里的百姓过上了太平的日子。君山山顶的一块石头上有两只椭圆形的脚印就是当年汉武帝弯弓射蛟时留下的。汉武帝射蛟完成之后，命令左右收兵回都。船至岳州城，倾城父老，满湖渔民，焚香顶礼，高呼万岁！后人为纪念汉武帝为民除害的功绩，将此石定名为射蛟台。《汉书·武帝纪》中记载：“（元封）五年冬，行南巡狩，至于盛唐，望祀虞舜于九嶷。登灊天柱山，自浔阳浮江，亲射蛟江中，获之。舳舻千里，薄枞阳而出，作盛唐枞阳之歌。”《金龙训言》曰：“吾恨当年蛟龙神，灊吾愤当年精神振。”为了缅怀汉武帝为民除害射杀蛟龙的功绩，唐代诗人独孤授作了一篇《汉武帝射蛟赋》：

有汉武彻，惟时巡省。穷楚之望，极江之永。舳舻塞川，旗甲荡景。汹汹旭旭，虬盘龙骋。驻清跸则洪波可遏，赫皇灵则潜怪可怛。但彼蛟之夭矫，据积水之空阔。谓訾芍剑莫前，灭明之璧是夺。天子乃戒无哗于羽卫，思有用于弦括。命舟牧回青翰而上，诏弓人奉乌号以登。肃天仪以山立，将亲发以抗棱。阴察变态，雄猜跨腾。古冶之伦，眦裂不敢擅其勇；逢蒙之党，技痒不敢专其能。我矢则直，我弦斯控；持满而英气顿飞，命处而幽姿必中。飕飗其电霍，卒颈蝮胸洞。赞获者鼓殷天之雷，称庆者跃如熊之众。始乎发若神兵，爆其有声，洪波雪涌，白羽月倾。突紫肉，裂素缨，馀怒蚴蟒奢，上浮泓澄。蹄质已靡后巨舰，流血方走乎东瀛。介以鳞莫能捍七札之劲，神之化不能保重泉之生。万灵震骇，九派徐清。然后海若亀跸，阳侯洗兵。山川肃其晏如，云雾廓其四除。涉者利乎涉，渔者安乎渔。于是左史趋进，执简以书曰："天子浔阳也，亲射蛟而获诸。"遂翻龙旆，韬象弭，篙工奋，棹歌起。威厉乎为白蛇，气雄乎絙青兕。隘秦皇之观日，追夏后之勤水。且夫君以胜残为大，臣以反德为害。亦将制于彀中，静此宇内。俾贯革之艺息，垂衣之道泰。岂徒与射夫渔父，较勇而论最？

由于黄河源远流长，所经地域广大，不少支流汇入其中，加之它穿越黄土高原，水体浑浊且携带大量泥沙，至下游时便沉积并抬升河床以及蛟鳄的危害，自然就在中原地区酿成决溢灾害。每遇黄河泛滥漫溢之时，都给民众带来了深重的灾难。自从汉武帝灭蛟之后，以至汉明帝永平十二年(69年)，经过王景对西汉末以来漫流河水的全面治理，黄河这条河道稳定了八百多年，一直没有发生过大的灾害和变动。《禹贡锥指》："王景修渠筑堤，自荥阳至千乘（今山东高青县东北）海口千余里。"（胡渭《禹贡锥指》卷一三）

汉武帝为民除害，射杀蛟龙的大无畏精神，在后世得到了传延和发扬。据说在汉平帝时期，在江苏省镇江市一带，八百里扬子江的江水常常暴涨，大浪滔天，船只被掀翻，村庄被淹没，许多渔民和村民葬身江水中。大家都说，这是江水中的孽龙——蛟龙在作怪。在扬子江边的一个村庄里住着母子俩，儿子叫杨四，其父亲和三个哥哥都被蛟龙吞噬了。杨四自幼聪慧神勇，满月会跑，五岁就已在江水中钻进钻出，人称神童。到了杨四八九岁的时候，有一天晚上梦见一位老人告诉他，江水中的孽龙又要在第二天，即六月六日起蛟涨水，掀翻船只，涂害生灵，为的是博美人鱼一笑。杨四清楚，要斩杀孽龙，必须偷来东海龙王的斩龙剑。第二天一早，杨四直奔江边，看见江中波浪涛天，洪水铺天盖地而来，渔民们知道是蛟龙在兴风作浪，又要残害众生了，大家都非常着急害怕。这时，只见杨四奋不顾身地跳进江水中，去寻找东海龙王。盗得斩龙剑回来后，杨四便与蛟龙一族展开了殊死搏斗，终于斩杀了蛟龙。然后，令人意想不到的是，杨四却被潜伏水底的美人鱼冷箭射死，鲜血染红了扬子江。

江水很快平息了，万民得救了，可小英雄杨四却再也没有回来。从此，杨四舍身救万民，斩除孽龙，平定水患，为民除害的故事在扬子江边广为流传，杨四成为了百姓心目中的神。渔民船夫为了纪念杨四，还盖起了庙堂，塑了神像祭祀，其形貌一直是一位少年神将，风雅俊朗。后来农历六月初六日这一天，被定为杨四的成道日，将其奉为水界神将。

杨四被奉为水界神将后，处处显灵，为民除害，辅助真君。据说，汉光武帝刘秀早年落难时，遭遇追兵赶杀，行至扬子江边时，大江阻遏而不得渡。危难之际，刘秀遇见一个八九岁的放羊娃，看见仓皇逃难的刘秀，放羊娃说道："这有何难？"说完，羊鞭一挥大江断流，江里瞬间开了一条道路，刘秀骑马从路中走过。当追兵赶到时，大江又恢复了原样。刘秀得了天下做了皇帝后，自然不会忘记这位挥鞭断流的恩人，于是寻找当年救过他的放羊娃，可是再也没有找到。有一天晚上，刘秀梦见一个八九岁的孩子对他说，他就是当年救过刘秀的那位放羊娃，是扬子江边上某村人，当年为救万民，舍身赴江斩孽龙。刘秀一梦惊醒，知道这是神的点化，便带上几位随从赶往他当年遇救的扬子江畔，打听梦中情景。原来当地确有杨四这个人，为救万民舍生取义。于是，刘秀钦封杨四为"杨四将军"，为其建庙塑像。

600多年前，明太祖朱元璋与陈友谅在鄱阳湖大战，朱元璋遭到陈友谅部的猛烈攻击，致使船只被搁浅，差点被陈友谅手下大将张定边所擒，幸得杨四将军出手相救，朱元璋才得以脱险。后来朱元璋登基后，查得当年出手相救的那位神童，原来就是当年威镇扬子江，后被汉光武帝钦封的杨四将军。于是下诏扩建杨四将军庙，赐封"镇江王庙"。

至清朝，民间传有镇江王在白水江救康熙的故事。据说，康熙三十七年（1698年）七月，康熙帝带着几位随从微服私访途经嘉陵江上游，当来到清澈见底的白水江（白龙江最大的支流）时，突然间惊涛骇浪，有两条蛟龙冲向康熙帝船舷底，猛烈攻击，其意欲讨得康熙的分封，然而未果后，欲颠覆船只，使之驾崩。原来，这两条孽龙经常在江中兴风作浪，涂害生灵，船至船翻，人至人没。两蛟龙交媾缠绵之际，堵住堰口水流泄口，造成方圆百里的巨大水患，淹没农田房舍，四方百姓无不恐惧。此刻，康熙帝虽为真龙天子，也被吓得魂飞魄散。情急之下，也双手合十，昂首祈祷上天："无论佛、道、仙、神，能救孤命者，敕封为王，修庙塑像祭祀，永享人间烟火。"刚一说毕，忽然只见天空中出现一朵祥云，上立一位八九岁的粉面童儿，头生三撮发束，身穿观世音菩萨所赐"登云鞋"，一手持太上老君所赐"逼水珠"，一手持斩妖降魔剑，挺立俯瞰。只见他挥动斩妖降魔剑，刺向两蛟龙。霎时，孽龙钻入水底，潜逃无影，江面风平浪静。康熙帝得救，逃脱此劫，忙回头看时，那仙童早已不见了去向。

康熙帝回朝后，下诏绘画师画影，亲视审验，祭拜还愿。大臣们一看画像，有人不禁惊呼，原来此仙童正是汉光武帝刘秀钦封的杨四将军，明朱洪武赐封的镇江王，急忙向康熙帝奏明原委。于是康熙敕封其为"翻江倒海镇江王菩萨"，其后康熙又降旨雕塑师和地方官员在白水江畔，他曾遇救的牛街古镇（现为甘肃文县碧口镇）建庙、塑像。此后，白水江不再吞噬生灵，水患也再未发生。

第七章 玄奘取经

第七章

玄奘取经

自从汉武帝派张骞通西域以后，中国和中亚及欧洲的商业往来迅速增加。通过这条贯穿亚欧的大道，中国的丝、绸、绫、缎、绢等丝制品，源源不断地运向中亚和欧洲，因此，希腊、罗马人称中国为赛里斯国，称中国人为赛里斯人。所谓“赛里斯”即“丝绸”之意。

19 世纪 70 年代，德国地理学家李希霍芬（1833—1905 年）在他的著作《中国，亲身旅行的成果和以之为根据的研究》一书中，把公元前 114 年至公元 127 年近两个半世纪开辟的，经西域将中国与中亚的阿姆河—锡尔河地区以及印度连接起来的丝绸贸易道路命名为“丝绸之路”。也就是说，他将西汉大臣张骞（公元前 164—公元前 114 年）出使西域作为丝绸之路的发端。还有一些学者通过研究，不断对其路程和内容加以扩充。如关于丝绸之路在西方的终点，20 世纪 20 年代，德国历史学家阿尔伯特·郝尔曼就在他写的《中国和叙利亚之间的古丝绸之路》与《从中国到罗马帝国的丝绸之路》等著作中，即将该路的西端由中亚内陆地区向西延伸到西亚濒临地中海的叙利亚，进而达到南欧亚平宁半岛上的罗马。阿尔马特·赫尔曼在《中国与叙利亚之间的古代丝绸之路》中写道：“我们应该把这个名称——丝绸之路的含义进一步延长通向遥远的西方叙利亚……虽然叙利亚不是中国生丝的最大市场，但是，却是较大的市场之一。叙利亚主要是通过陆路从遥远的丝国获得生丝。”由此可见，这条大道在历史上发挥的作用之大，影响之广！

丝绸之路贯通了中国与中亚、西亚、南亚、欧洲、北非等地区，使这些地区的商贸联系越来越密切，促进了东西方文化的交流和生产力的发展，推动了欧亚大陆的文明多维度融合。文化交流，是丝绸之路承载的重要内容之一，包括文学艺术、科技、医药、宗教（包括石窟）、习俗、歌舞等。在促进经济交流过程中，沿线各国在不侵犯其他民族文化的前提下，努力寻找与他国文化相包容的契合点，将不同的民族与文化融合到一起，丰富自己的文化，促进其他民族和文化的成长，形成了和而不同的世界文明格局。丝绸之路不仅是古代亚欧互通有无的商贸大道，还是促进亚欧各国和中国的友好往来、沟通东西方文化的友谊之路。历史上一些著名人物，如出使西域的张骞，投笔从戎的班超，永平求法的佛教东渡，西天取经的玄奘，他们的一些故事都与这条路有关。

一、玄奘取经与黄河石林及红山峡谷

黄河石林景区积淀了深厚的文化底蕴，创造了光辉灿烂的历史文化。景区内形态万千的石柱石笋，都有一个美丽神奇的传说。如“西天取经”就是讲述了玄奘取经途经鹯阴古渡、黄河红山峡谷和黄河石林的故事。

《金龙训言》曰：“八朝连贯佛中缘，吾当身背一草帽，双双滑（麻）鞋背袱包，谁能理会此神灵？二次奔赴丝绸路，这指武威雄关看。”训言是说金龙的化身曾经二次奔赴过丝绸之路，并且第二次奔赴丝绸之路时，是经过了武威和“天下第一雄关”——嘉峪关。由前述可知，第一次奔赴丝绸之路的这位化身就是汉武帝。元鼎五年（前 112 年）十月西巡。汉武帝这次西巡，从长安出发是顺着丝绸之路东段南道行进，返回时是从媪围古城沿着丝绸之路东段北道而归。

那么，金龙又是以哪一位化身“二次奔赴丝绸路”的呢？他就是人们将汉武帝长途跋涉，历经艰险的西巡壮举“传颂人间八百载”后的“唐玄奘”。（图 65）唐代初年，龙神金龙为了充分体现中国龙文化的融合精神和将老子的《道德经》传播到海外去，决定传化转世投身于河南洛州缑氏县（今河南偃师市南三十四里缑氏镇），家族本是儒学世家陈氏——陈祎。他就是让自己的名字传遍整个亚洲，千百年来受人尊敬和膜拜的唐朝著名第一高僧三藏法师——玄奘，汉传佛教历史上最伟大的译师。世称唐三藏，意谓其精于经、律、论三藏，熟知所有佛教圣典。

玄奘取经是件了不起的事情，虽然他并不是第一位去天竺取经的僧人，但他的成就和影响特别大，具有的文化意义特别深远。玄奘取经，一是为了解决佛经中的疑惑，再一个是当时东土的经文太少，他要看更多的经文。所以，玄奘取经也是对3世纪以来不断往西天求法这个传统的继承。他决定去西天取经，用我们今天的话来说，这也是对真理的追求。人类对人生、社会、宇宙的真相和意义的探求，从未停止，到玄奘这里，为我们留下了一座伟大的丰碑。对玄奘来说，为天下黎民苍生寻找离苦得乐之路，就是一个佛教徒义无反顾的使命。玄奘历尽千辛万苦赴西域取经的精神，正是中华民族千百年来舍生取义精神的最生动和真实的写照，为后人树立了为求真理，舍生取义精神的光辉典范。这种追求真理的精神，是我们中华民族最宝贵的精神财富！

图65　宋代《玄奘负笈图》

那么，唐玄奘从长安出发至凉州，具体走的是丝绸之路的哪条线路？从地理环境和萧关古道上遗留的历史文物印证，唐玄奘取经和返回都走的是丝绸之路东段北线的萧关古道。其一，宁夏大学资源环境学院教授，中国地理学会首批资深会员汪一鸣从地理环境角度分析其必然性之所在："丝绸之路穿越渭河谷地的这条道古时就存在很多问题，因为渭河上、中游区域间的地质、地形比较复杂，山地构造很不稳定，地壳运动比较活跃，一遇到大雨或者暴雨很容易发生山崩、塌方、滑坡、泥石流等地质灾害。道路阻断，人马不得通行，而这段区域每年夏秋季节降水较多，道路中断的现象时有发生。"又因玄奘孤身一人，所以，不可能选择丝绸之路东段南线这一线路。其二，从关中至河西走廊，走丝绸之路东段之北道，比取南道捷径。《元和郡县图志》载，凉州"东北至上都，取秦州路二千里，取皋兰路一千六百里。”（李吉甫《元和郡县图志》卷四十《陇右道·凉州条》）严耕望先生认为：“‘北’为‘南’之伪，取秦州路者（丝绸之路东段南道），经兰、临、渭、秦、陇五州及凤翔府至长安；‘皋’为‘乌’之伪，取乌兰路者（丝绸之路东段北道），经会、原、泾、邠四州至长安。”（严耕望《唐代交通图考·河陇碛西区》）其三，唐王朝当时不同意玄奘出国，也就没有拿到通关的文牒，在这种情况下玄奘也就不敢选择丝绸之路东段的中道。因为，中道要通过作为连接中原和西域的交通枢纽金城关。其四，位于萧关古道靖远境内的卧龙山、苍龙山、屈吴山等山的庙宇中都建有大佛殿、斗战圣佛（孙悟空）殿、白马殿。并塑有唐僧、孙悟空、八戒、沙僧的塑像及唐僧取经壁画。对此，《金龙训言》曰：“丝绸古道更深牵到唐阁之寻真经访古，为何当今的殿堂内吾右边之像为法王（孙悟空）之容？这关联到那时坎坷路中访取真经的典故。”

玄奘西行取经时，是从丝绸之路东段的萧关古道经黄河古渡口过河，到达凉州一路西去。那么，玄奘西行取经与返回归来时，是经过黄河五大古渡口的哪一个渡口呢？玄奘在通过对黄河三大古渡乌兰关、索桥渡和鹯阴渡的全面了解后得知，当时的索桥渡和乌兰关是唐初通往西域最为繁忙的两大渡口，官方东西往来的车辆人员大都从这两大渡口渡河。鉴于此，玄奘决定夜间从鹯阴渡口下游处沿黄河红山峡谷走向今天龙湾盘龙洞。然后攀登一条峭壁上的羊肠小道，这条路被龙湾人称为“天桥崖”，有一道天然石门可供通过扼守村外的“天桥古道”到达古媪围县域，奔赴西凉地。

鹯阴古渡口位于今天平川区境内的黄湾中村。（图 66）东南距鹯阴古城 10 千米。处于黄河红山峡的上口。玄奘当年取经西行与返回归来时都是经过鹯阴古渡口。因为，唐王朝当时不同意玄奘出国，也就没有拿到通关的文牒。在这种情况下玄奘遇到重要关卡或渡口时，行走方式只能是选择昼伏夜行。《玄奘负笈图》，又称《玄奘取经图》，是很著名的玄奘画像，几乎各种有关玄奘的书籍，都会看见这一幅画像。从图中我们可以看出当时玄奘西行取经的情景，画中的玄奘大师，赤足芒履，身负满载佛经的行笈，前悬灯盏，生动表现了玄奘日夜兼程、坚定取经的形象，使人们对这位跋涉数万里、历尽艰辛的文化交流使者产生由衷的崇敬和钦佩。画中的负笈是古行军或外出时背在背上的衣被包裹；前悬灯盏，正是对遇到需要昼伏夜行时的真实描绘。

图 66 鹳阴古渡口

黄河红山峡长 90 多千米，南起今小黄沙湾，北到五佛寺盆地南端东山峡口。这是黄河上游最长的峡谷区，水急浪大，险石丛生，自然也是危险重重的地带。峡谷内有“蹼鸽堂”、“洋人招手”、“大观音堂”、“一窝煮”等地名。听了这些名字，就能知道峡谷的险峻。进入红山峡，只见峡谷深、水流急，一座座陡峭的山崖迎面而来。越往前走，山崖越陡峭，几乎可以用壁立千仞来形容了。当年玄奘夜行红山峡时，遇到陡峭山崖处，只能是一手抓扶崖壁，一手捧灯照岸，一步步艰难行进，稍有不慎就有坠入黄河深渊的危险。

从鹳阴古渡至黄河石林的红山峡谷，不仅是危险重重的峡谷地带，而且险峻陡峭的山崖还有远古先民凿刻或磨绘于岩石上的黄河岩画。这一段峡谷内有两处黄河岩画，分别为野麻黄沙岩画和白杨林黄河岩画。这两处岩画组成野黄沙岩画系列。白银平川区境内野麻滩黄沙岩画和景泰县红水镇姜窝子沟凿磨岩画被专家考证鉴定为旧石器时期的岩画。（《白银市第一批市级文物保护单位名单》）

野麻黄河岩画位于红山峡谷黄河西岸，米家山脉大浪山东麓，白银市平川区水泉镇野麻村境内，东距水泉镇水泉村（国道 109 线）15 千米，南距红山峡口黄湾下村 8 千米。岩体为红砂岩，面南背北，势随山坡，与山体间有裂缝；岩面约成平行四边行状，高 7.5 米，宽约 4.4 米，为自然断面，平整无裂缝，成立墙状，人畜不可攀，右上角和左下角各有一岩眼，位于同一垂线，上眼口径约 17—18 厘米，下眼口径为 10 厘米；岩面久经风雨，呈黑褐色，岩体下方有碱蚀；岩画地处偏僻，行人稀少，画面保存完好。

野麻黄沙岩画共有图像 24 幅，其中人体像 10 幅，人头像 5 幅，动物像 8 幅，器物像 1 幅，另有磨迹 1 处。整幅画看似零乱，但分析其内容，可分为家庭图、狩猎图、农耕图三部分。家庭图位于画面的左上方，由 6 幅人体像组成。图核心为一男性，人体刻画完整，头部硕大，躯体细小，四肢成线，平顶，高竖三根平行头饰，眉鼻连刻成“T”字形，背角眼，躯干敲凿成长三角形，右臂伸张上扬持物，或弓或杖，左臂弯向腰，或抽箭或插腰，该男人抽箭搭弓或持杖而立，身材魁梧，形象威严，呈王者风范，推断此人为家长或族长或部落首领人物。男子右面有上下二人，上者体小，磨刻成形，头部浑圆，腹部肥大饱满有坠感，手臂平展，下肢分叉；下者体大，划刻成形，圆头，敲凿嘴眼，两耳成像远，胸腹圆大，下肢分叉，两人应为女性。男人和女人之间有上下两人，划刻成形，头部均成倒三角形，头面无器官，躯干成线，无上肢，下肢短小，应为两小孩。男子左上方一人，如线拽气球，圆头，双眼、鼻、嘴磨刻连成“工”字形，头像感观良好。该图中有一男性，二女性，三孩童，共计六人，好似一夫两妻妾三小孩一家人。

狩猎图共有 9 幅图像，其中动物像 5 幅，人体像 2 幅，人头像 2 幅。五只动物三左两右，对头，磨刻，左三只动物体型小，似羊只；右上一只动物头有大角，长尾，似鹿类；右下只动物体躯较大，前肢短小，脖颈长伸，似奔跑中的鹿类。动物群的右侧并立两人，划刻成形，头大躯小、短四肢，位左者圆头硕大，高竖三根平行头饰，前额有下弧线发际，阴刻双眼，眶大仁小，点状鼻，刻大口嘴，无耳；位右者较小，方头，天际眼，点嘴，两耳平凸，倒八字头饰，两人右手均持物，似弓；方头人上方一头像，圆面、凿眼、嘴、倒八字头饰。动物群左上有一头像，方头，凿点状眼、嘴，倒八字头饰，饰物顶端凿成球状，似太空人。该图中，狩猎者对动物群成包围之势，动物已有察觉，右上那只鹿成急走状，右下那只鹿成惊跑状。

农耕图位于画面的右下部，该图共有 9 个图像，其中动物像 3 幅，人体像2幅，人头像3幅，器物像1幅。该图核心是三只动物像，磨刻，位置上下排列，整齐划一，动物头部高扬，四肢蹬劲，尾巴后展有力，阳具硕大，应为骡马类，为忙耕中的畜力体态，其形紧凑，体态矫健，走姿有力。骡马后紧跟一人，磨刻躯体，右手扬起似持鞭，左手后伸似扶犁。该人头上一方头像，凿眼嘴，倒八字头饰；动物图上方一椭圆头像，面似瘦猴，两耳位低，眼、鼻、嘴、耳连成“¥”字形，倒八字头饰。该图右上方立一人，阴刻躯体，两臂平伸，左手持物，呈拉弓状，腰系尾饰，阳具明显；该人右下方一头像，直立两根头饰，凿双眼，立眉连天孔鼻。三只骡马头部位置下，有凿痕，因碱蚀严重，保留面小，疑为同类骡马头顶部，整个画面的右上方有一长柄斧状物。

玄奘取经历时十九年，行程五万里。在异国的土地上，他被奉为“先知”，在佛陀的故乡，他成为智慧的化身。因为他的缘故，大唐的声誉远播万里，就连他脚上的麻鞋也被信徒供为圣物，然而他放弃了一切荣耀，依然返回故土。后来玄奘口述西行见闻，由弟子辩机辑录成《大唐西域记》十二卷。但这部书主要讲述了路上所见各国的历史、地理及交通，没有什么故事。直到他的弟子慧立、彦琮撰写的《大唐大慈恩寺三藏法师传》，则为玄奘的经历增添了许多神话色彩。从此，唐僧取经的故事便开始在民间广为流传。吴承恩也正是在民间传说和话本、戏曲的基础上，经过艰苦的再创造，完成了一部令中华民族为之骄傲的伟大文学巨著《西游记》。

在中国古典小说中，《西游记》的内容是最为庞杂的。它融合了儒、道、佛三家的思想和内容，既让道、佛两教的仙人们同时登场表演，又在神佛的世界里注入了现实社会的人情世态，有时还插进几句儒家的至理名言，使它显得亦庄亦谐，妙趣横生。《金龙训言》曰：

赶在太宗三教兴，玄奘西域演华文。

八十一难是大关，借用神龟带经卷。

五龙显应出龙洞，演化真文传后世。

《西游记》第九十九回“九九数完魔灭尽，三三行满道归根”中载：“蒙差揭谛皈依旨，谨记唐僧难数清。金蝉遭贬第一难，出胎几杀第二难……铜台府监禁七十九难，凌云渡脱胎八十难。路经十万八千里，圣僧历难簿分明。”这是五方揭谛、四值功曹、六丁六甲、护教伽蓝给观音菩萨递交的唐僧西天取经一路上经历过的灾愆患难簿目。菩萨将难簿目过了一遍，急忙说道：“佛门中九九归真，圣僧受过八十难，还少一难，不得完成此数。”即令揭谛，“赶上金刚，还生一难者。”这揭谛得到旨令，飞云一驾，便一直向东而来。经过一昼夜的奔驰，终于赶上了奉旨送唐僧师徒四人东回的八大金刚，随机附耳低言道：“如此如此，谨遵菩萨法旨，不得违误。”八大金刚闻得此言，立即刷的把风按下，将唐僧师徒四人，连马和经卷一齐坠落于地。此地正是今天黄河石林的观景台。

三藏脚踏了凡地，自觉心惊。八戒呵呵大笑道：“好，好，好！这正是要快得迟。”沙僧道：“好，好，好！因是我们走快了些儿，教我们在此歇歇哩。”大圣道：“俗语云，十日滩头坐，一日行九滩。”三藏道：“你三个且休斗嘴，认认方向，看这是甚么地方？”沙僧转头四望道：“是这里，是这里！师父，你听听水响。”行者道：“水响想是你的祖家了。”八戒道：“他祖家乃流沙河。”沙僧道：“不是，不是，此通天河也。”三藏道：“徒弟啊，仔细看在那岸。”行者纵身跳起，用手搭凉篷，仔细看了，下来道：“师父，此是通天河西岸。”三藏道：“我记起来了。东岸边原有个陈家庄。那年到此，亏你救了他儿女，为了深切地感谢我们，要造船相送，幸白鼋伏渡。我记得西岸上，四无人烟，这番如何是好？”八戒道：“只说凡人会作弊，原来这佛面前的金刚也会作弊。他奉佛旨，教送我们东回，怎么到此半路上就丢下我们？如今岂不进退两难！怎生过去”！沙僧道：“二哥休报怨。我的师父已经得了道，前在凌云渡已脱了凡胎，今番断不落水。教师兄同你我都作起摄法，把师父驾过去也。”行者频频暗笑道：“驾不去，驾不去！”

行者为何要说个驾不去？因为，只有他心里明白，知道三藏九九之数未完，应该还有一难，故被羁留于此。师徒们口里纷纷地讲，足下还是沿着“天桥古道”徐徐地向前行走，直至河边才发现来到了通天河岸边的五龙洞（今黄河石林盘龙洞）。居于龙洞中的五方龙神，当得知三藏师徒取经返回时，便分别显化出五方龙帝之身，出龙洞迎接唐僧一行。在龙洞中，五方龙神显灵应化出他们为之守护了数千年的“天书龙图”（太极图）赠予圣僧。随后，五方龙神又带领玄奘一行实地察看另一副呈现于大地的天然龙图（洛书）——黄河石林。

游览完黄河石林后，三藏在五龙洞辞别了五方龙神，踏上了继续返回长安的路程。正当师徒一行沿通天河岸往通天河东岸（鹯阴古渡口）行走时，忽然，只听得有人叫道：“唐圣僧，唐圣僧！到这里来，到这里来！”师徒四人皆惊。举头观看，四处却看不见一个人影，又没有舟船，仔细一看，却是一个大白赖头鼋在岸边探着头叫道：“老师父，我等了你这几年，却才回也?”行者笑道：“老鼋，向年累你，今岁又得相逢。”三藏与八戒、沙僧都欢喜不尽。行者道：“老鼋，你果有接待之心，可上岸来。”只见那个龟即纵身爬上河岸来。如同上次，行者叫把马牵上龟身，八戒还蹲在马尾之后，三藏站在马颈的左边，沙僧站在马颈的右边，悟空一脚踩着老龟的颈项，一脚踏着老龟的头说道：“老鼋，好生走稳着。”只见老鼋蹬开四足，踏水面如行平地，将他们师徒四众，连马五口，驮在身上，溯黄河径直向通天河东岸游去。

老鼋驮着他们，躧波踏浪，行经多半日，将近天晚，快要达到东岸时，忽然老鼋问道：“老师父，我向年曾央到西方见我佛如来，与我问声归着之事，还有多少年寿，果曾问否?”原来，唐僧自到西天玉真观沐浴，凌云渡脱胎，步上灵山，专心拜佛及参诸佛菩萨圣僧等众，意念只在取经，其他事宜一概不理，所以在佛前也就没有问及老鼋年寿，这时无言可答，却又不能欺哄神龟，打诳语，沉吟半晌，不曾回答。老鼋即知不曾替问，就将龟身一晃，呼啦的淬下水去，把唐僧师徒四众连马并经，一起通通皆落于水中。幸喜唐僧脱了胎，成了道，若似前番，早已经沉入河底了。又幸白马是龙，八戒、沙僧会水，悟空笑微微大显神通，把唐僧扶驾出水，登上东岸。只是经包、衣服、鞍辔俱已湿透了。师徒们刚登岸整理，忽又一阵狂风，天色昏暗，雷闪俱作，走石飞沙。“那风搅得个通天河波浪翻腾，那雷震得个通天河鱼龙丧胆，那电闪照得个通天河彻底光明，那雾盖得个通天河岸崖昏惨。”

吓得唐僧急忙按住了经包，沙僧压住了经担，八戒牵住了白马，孙悟空却双手抡起铁棒，左右护持。原来那风雾雷闪乃是些阴魔作怪，欲夺唐僧所取之经，骚扰了一夜，直到天明，却才止息。这时，只见唐僧全身的衣服全都被水打湿，战兢兢地说道：“悟空，这是怎的起？”行者气呼呼地道：“师父，你不知就里，我等保护你取获此经，乃是夺天地造化之功，可以与乾坤并久，日月同明。寿享长春，法身不朽；此所以为天地不容，鬼神所忌，欲来暗夺之耳。一则这经是水湿透了；二则是您的正法身压住，雷不能轰，电不能照，雾不能迷；又是老孙抡着铁棒，使纯阳之性，护持住了；及至天明，阳气又盛；所以不能夺去。”三藏、八戒、沙僧这才恍然省悟，各谢不尽。少顷，太阳高照，师徒们将经卷移于高崖上，开包晒晾，至今此处晒经之石尚存。他们又将衣、鞋都晒在崖旁，立的立，坐的坐，跳的跳。此正是《金龙训言》所曰：“八十一难是大关，借用神龟带经卷。”

唐僧师徒四众又逐一检看经本，一一晒晾。这时，只见有几个打鱼人来到河边，他们看见唐僧四人，其中有认得唐僧的说道：“老师父可是前些年过此河往西天取经的？”八戒道：“正是，正是，你是哪里人？怎么认得我们？”渔人道：“我们是陈家庄上人。”八戒道：“陈家庄离此还有多远？”渔人道：“过此冲（这里指平地）南有二十里，就是也。”八戒道：“师父，我们把经卷搬到陈家庄上晒去。他们那里有住有坐，又有得吃，就教他家与我们浆浆衣服，却不是甚好？”三藏道：“不去罢，在此晒干了，就收拾找路回也。”那几个渔人行过南面这块平川，恰好遇着陈家庄的陈澄，急忙说道：“二老官，前年在你家替祭儿子的师父回来了。”陈澄道：“你在哪里看见？”渔人回头指道：“都在那河边的石上晒经哩。”

陈澄是距通天河此处约二十里地的陈家庄人，兄弟二人，其弟名陈清。陈澄有一女，名叫一秤金，陈清有一儿名叫陈关保。《西游记》第四十七回“圣僧夜阻通天水，金木垂慈救小童”中讲述了当年唐僧师徒西行取经夜阻通天河，悟空、八戒舍身化作童男、童女，救下了陈澄的幼女陈一秤金，陈清的幼儿陈关保。却不料被河中水怪设计封冻通天河，将唐僧师徒四众陷沉河底，这就是第四十八回“魔弄寒风飘大雪，僧思拜佛履层冰。”因孙悟空不惯水战，所以，无法胜取水怪。为了营救师傅和夺回神龟府第，永保两岸民众的安乐，孙悟空只得前往南海普陀山拜请观音菩萨帮助。“好大圣，急纵祥光，躲离河口，径赴南海。”由于悟空请来了观音菩萨前来救难，菩萨用紫竹鱼篮收回了水怪金鱼，唐僧得救。于是就有了第四十九回“三藏有灾沉水宅，观音救难现鱼篮。”

神龟为了感谢宅第还归，老小团圆，特将唐僧一行驮伏渡到通天河西岸。唐僧上崖，合手称谢道：“老鼋累你，无物可赠，待我取经回谢你罢。”老龟道：“不劳师父赐谢。我闻得西天佛祖无灭无生，能知过去未来之事。我在此间，整修行了一千三百余年；虽然延寿身轻，会说人语，只是难脱本壳。万望老师父到西天与我问佛祖一声，看我几时得脱本壳，可得一个人身。”唐僧答应道：“我问，我问。”那老鼋才淬水中去了。孙悟空遂服侍唐僧上马，八戒挑着行囊，沙僧跟随左右，师徒们找大路，一直奔西。

当陈澄得知唐僧师徒西行取经回来时，高兴得不得了。陈澄随带了几个佃户，穿过平川来到通天河畔，望见唐僧师徒四人，急忙近前跪下道：“老爷取经回来，功成行满，怎么不到舍下，却在这里盘弄？快请，快请到舍。”悟空道：“等晒干了经，和你去。”陈澄又问道：“老爷的经典、衣物，如何湿了？”唐僧道：“昔年亏白鼋驮渡河西，今年又蒙他驮渡河东。已将近岸，被他问昔年托问佛祖寿年之事，我本未曾问得，他遂淬在水内，故此湿了”，又将前后事细说了一遍。只见陈澄拜请甚恳，唐僧盛情难却，遂收拾经卷。不料石头上把佛本行经粘住了几卷，遂将经尾沾破了，所以至今本行经不全，晒经石上犹有字迹。唐僧很是懊悔地说道：“是我们怠慢了，不曾看顾得好！”孙悟空却不以为然地笑道：“不在此！不在此！盖天地不全。这经原是全全的，今沾破了，乃是应不全之奥妙也，岂人力所能与耶！”师徒们收拾完毕，同陈澄一齐赶赴陈家庄。

一时间陈家庄上人，一个传十，十个传百，百个传千，若老若幼，全都前来观看。陈清听说之后，急忙在门前摆香案迎接，又命鼓乐又吹又打。唐僧师徒一行到了陈家庄，陈清领合家人眷全都出来拜见，拜谢昔日救女儿之恩，随之命看茶摆斋。唐僧自受了佛祖的仙品仙肴，又脱了凡胎成佛，全不思凡间之食。二老苦劝，没奈何，唐僧只得简略地表示了一下。孙大圣自古以来不吃烟火食，也道："彀了。"沙僧也不甚吃，八戒也不似前番，就放下碗筷。悟空道："呆子也不吃了？"八戒道："不知怎么，脾胃一时就弱了。"遂此收了斋筵，二老便向唐僧问起了取经之事。唐僧又将先至玉真观沐浴，凌云渡脱胎，及至雷音寺参拜如来，蒙珍楼赐宴，宝阁传经，始被二尊者索人事未遂，故传无字之经，后复拜告如来，始得授一藏之数，并将老龟淬水，阴魔暗夺之事，细细地陈述了一遍，唐僧起身就欲拜别。那二老全家老少，如何肯放，一齐说道："向蒙救拔儿女深恩莫报，已创建一座院宇，名曰救生寺，专侍奉香火不绝。"又唤出原替祭之儿女陈关保、一秤金一齐叩谢，复请至救生寺观看。唐僧四众只得将经包儿暂且放在他们家门堂之前，又给他们念了一卷《宝常经》。然后来到救生寺中，只见陈家又设馔在此。

唐僧看毕，这才上了高楼，楼上果然装塑着他们四众之像。八戒看后，扯着孙悟空道："兄长的相儿甚像。"沙僧道："二哥，你的又像得紧。只是师父的又忒俊了些儿。"唐僧道："却好，却好！"师徒四众遂下楼来，只见下面前殿后廊，还有摆斋的候请。这时，众老们一齐向唐僧四众说道："老爷，这寺自建立之后，年年成熟，岁岁丰登，全是老爷之福庇。"悟空笑着说道："此天赐尔，与我们何与！但只我们自今去后，保你这一庄上人家，子孙繁衍，六畜安生，年年风调雨顺，岁岁雨顺风调。"众人纷纷叩头拜谢。

时已至深夜，唐僧一直守在真经旁边，不敢擅离，就在楼下打坐看守。将及三更，唐僧悄悄地叫道："悟空，这里人家，识得我们道成事完了。自古道：真人不露相，露相不真人。恐为久淹，失了大事。"悟空道："师父说得有理，我们趁此深夜，人皆熟睡，寂寂的离去了吧。"八戒却也知觉，沙僧尽自分明，白马也能会意。遂此起了身，轻轻地抬上驮垛，挑着担，从庑廊驮出。到了山门，只见门上有锁。悟空又使个解锁法，开了二门、大门，寻路望东而去。

唐僧与神龟的故事，虽在时间上前后跨越十余载，但故事的发生地都在《西游记》中的同一地点——通天河。今天流经青海省西南境内的通天河是不是就是当年唐时的通天河？若要探讨这一问题，首先，我们必须要确定唐僧取经的基本线路，也就是"唐僧取经故事遗迹。"在古丝绸之路的河西走廊一带，一直就流传着许多关于唐僧取经的民间故事，其中一部分故事基于玄奘取经的真人真事而又作了传奇化处理。长篇神话小说《西游记》的问世，是"在民间通过口耳相传、舞台扮演、绘画雕刻、陶瓷工艺等许许多多的艺术途径，不断充实、不断丰富、不断加工、不断完善才得以完成的。在这个创作活动的过程产生了不少成果，如南宋刊行的《大唐三藏取经诗话》、元代杨景贤的《西游记》杂剧、元磁州窑的瓷枕唐僧师徒四众取经图像，特别是丝绸之路上的甘肃敦煌莫高窟、安西榆林窟、张掖大佛寺分别留下玄奘取经史传系统的画绢（唐代）、属《大唐三藏取经诗话》系统的三藏与猴行者壁画（西夏）、属《西游记》系统的取经连环画壁画（元末明初）。"（杨国学《丝绸之路〈西游记〉故事情节辨析》）鉴上所考，我们明确了玄奘取经是沿古丝绸之路而往返，青海的通天河与古丝绸之路相距甚远，可谓"天南地北"。因此，唐玄奘西行取经并未经过今天青海境内的通天河。

那么唐僧取经往返途经的通天河究竟属于哪条河？首先，我们从《西游记》中对通天河的描述来了解这条河流。唐僧师徒西行夜阻通天河，玄奘派悟空前去侦探，悟空回来道："师父，宽哩宽哩！去不得！老孙火眼金睛，白日里常看千里，凶吉晓得是，夜里也还看三五百里。如今通看不见边岸，怎定得宽阔之数？"（《西游记》第四十七回）从悟空的回答中得知，这条河的河面非常宽阔。古丝绸之路上沿途遇到的河流只有黄河具有宽阔的河面，由此，我们可以锁定通天河就在黄河与古丝绸之路相交的域段。

古丝绸之路东段北道，分别从靖远黄河段的古渡口渡河，经景泰抵达凉州，通过《西游记》中对通天河的记述和根据各种"唐僧取经故事遗迹"分析判断，黄河红山峡谷今靖远、平川段就是唐僧取经所遇的通天河：

第一，《西游记》中对通天河河面宽阔的记述，只有黄河具备这一条件。因为，黄河不仅是当年唐僧取经在西域遇到的最大河流，而且至今也是中国北方最大的河流。《西游记》第九十九回中关于通天河的记述：行者纵身跳起，用手搭凉篷仔细看了，下来道："师父，此是通天河西岸。"三藏道："我记起来了，东岸边原有个陈家庄。那年到此，亏你救了他们的儿女，深感我们，要造船相送，幸老龟伏渡。我记得西岸上，四无人烟，这番如何是好？"三藏在陈家庄与陈澄道："昔年亏老龟驮渡河西，今年又蒙他驮渡河东。"从以上描述中可以得知，通天河是南北流向，黄河红山峡段正是从靖远东湾镇开始，河水流向是由南向北而流。

第二，鹯阴古渡口位于今天平川区境内的黄湾中村，处于红山峡的上口。进入红山峡，只见峡谷深、水流急，一座座陡峭的山崖迎面而来。若在谷底，抬头远望，只见河天相连，黄河从天地之间的连绵群峰中奔涌而出。"君不见，黄河之水天上来，奔流到海不复回。"这是唐代诗人李白赞美黄河的一句名句，也是黄河红山峡段的真实写照。诗人刘禹锡在《浪淘沙》中更是道出了黄河白银段所蕴藏的奥秘："九曲黄河万里沙，浪淘风巅自天涯。如今直上银河去，同到牵牛织女家。"数百年后，在古人眼里，这与天上银河相对应的黄河白银段，就被吴承恩在《西游记》中称为了"通天河"。

第三，《西游记》载："那二老举家，如何肯放，且道：'向蒙救拔儿女，深恩莫报，已创建一座院宇，名曰救生寺，专侍奉香火不绝。'又唤出原替祭之儿女陈关保、一秤金叩谢，复请至寺观看。……三藏看毕，才上高楼，楼上果装塑着他四众之像。"（《西游记》第九十九回）这段记述是说，陈澄兄弟为了感谢唐僧师徒救下儿女性命之恩，特意修建了一座寺院，名曰："救生寺"，寺内塑有唐僧师徒四位之像，专侍奉香火不绝。离红山峡鹯阴古渡口相距不远的卧龙山，即位于萧关古道上的苦水堡东侧"升云寺"内，至今保留着唐僧师徒四位的塑像。（图 67）在升云寺大佛殿内，正面塑有如来佛祖的坐像，殿内东侧正中塑有唐僧之像。出大佛殿，在其东侧有一殿名曰"法王殿"，殿内塑有孙悟空、八戒、沙僧三众之像，悟空居中，被当地人尊称为"法王爷。"殿内墙壁彩绘画则是一幅描绘以唐僧师徒四众西行取经为内容的横幅连环画。

图 67 卧龙山升云寺佛殿中的唐僧塑像（右三）

第四，古丝绸之路上的鹯阴渡口，两千多年来，无数的僧侣使节、军队官员，从这里东来西往，给这块古渡口留下了无数繁华旧梦。唐代这里繁盛至极，连武则天也极为关注，给这里留下了一段神秘故事。据说武则天要夺李唐江山，但又担心气运不够，她便请袁天罡帮忙，就以巡视黄河为由寻找改造气运。袁天罡来到黄河红山峡后，几经堪舆决定在今塔儿山，依照北斗七星方位修建了七座塔，补全了唐初大将秦琼未能完工的天罡图，替武则天祈天禳地，谋求迅速取得皇位。据记载，明代嘉靖年间、清代乾隆年间，人们都曾修葺七星塔，令人可惜的是古塔在二十世纪六七十年代被毁。至今塔儿山山顶还有七座古塔基座的遗迹。

袁天罡在塔儿山修建七座塔的过程中，听工匠们和当地的老人讲述了玄奘西行取经，为了躲避官方的查捕而夜行红山峡的事迹后，面对红山峡如此险峻的深谷急流，想起玄奘一手扶崖，一手捧灯，为求真理，舍生取义的精神，不由产生由衷的崇敬和钦佩。为了让人们永远牢记玄奘大师这位为天下黎民苍生寻找离苦得乐之路的伟大使者，缅怀大师义无反顾，历尽千辛万苦赴西域取经的精神。袁天罡决定在塔儿山为玄奘大师留一丰碑，于是令工匠在临近黄河的一面摩崖上刻下了“捧灯照岸”四个大字，这四个字每个有三四十厘米见方，双钩摹勒正在悬崖的最高处，看上去极为显眼。（图 68）“捧灯照岸”四个大字，正是对玄奘取经夜行黄河红山峡最生动和真实的写照，这幅四个字的“捧灯照岸”一方极大的摩崖石刻与山顶上的星塔共同组成为一个天人合一的巨大丰碑，铭记着玄奘大师西天取经的伟大壮举。

图 68　红山峡塔儿山唐代石刻“捧灯照岸”

后世的人们为了纪念玄奘和瞻仰塔儿山这座天人合一的巨碑，纷纷踏险而至，并留下了许多石刻。有人认为，这里应该是黄河沿岸为数不多真正意义上的黄河摩崖石刻，因而人们称之为黄河石刻。今天的人们如要去塔儿山游览黄河石刻，从小黄湾可乘坐快艇，顺水而下，从鹯阴古渡口边划过，直奔下游的塔儿山。快艇顺着水势，在黄河中拐过几个弯后，对着山崖间一处两三米宽尚算平缓的浅滩靠过去。从晃动的艇头，使劲跳到陆地上，等站稳了，一幅极大的摩崖石刻便出现在人们的左面。这是一处乾隆年间的石刻：“福寿山初蹟”。踩着山间乱石，小心翼翼地爬到石壁下的石台上，就接近黄河摩崖了。

塔儿山摩崖石刻大体有三四处，“福寿山初蹟”是最北面的一块。踩着悬崖上的小径，看着奔腾的黄河，由北而南，石刻顺着山势，自然分布在悬崖上比较平整的地方。大体上分为石刻水兽、寺院四至记载、道家经文、塔儿山记这几个方面，时间多为清代中期，石刻字数加起来有数千字之多，有行书、草书、隶书等书体，仅从书法的角度看上去都令人大开眼界，有美不胜收之感。

从北往南行走，过了一处极为狭窄的石缝隙后，山崖分裂成了上下两层，两层之间的缝隙有二三十厘米，大块乱石压在其间。古代工匠们利用这种自然条件，将一块缝隙中的大石头刻成一兽头。兽头活灵活现，看上去像一个被压在山中的老龟，挣着伸出的龟头。(图 69) 没有任何文字说明这

图 69　红山峡谷中的石龟首

个兽头的来龙去脉，为何古代工匠们要在这里雕刻如此一个兽头呢？

人们百思不得其解。相传，这就是当年玄奘大师取经东返，在这里过河时，驮他过河的老龟，因为打湿经文而被压在了山崖下，就成了今天的这个样子。留在红山峡的这位神龟，当年曾驮载唐僧师徒渡河取经，至今仿佛在向过往的人们叙说着金龙化身“唐玄奘”与神龟在“通天河”的美丽传说。

二、玄奘取经与“德”（卍）字符和洛书

《金龙训言》：“五龙显应出龙洞，演化真文传后世。”训言是指当年唐僧去西天取经，历经“金蝉遭贬第一难……凌云渡脱胎八十难”返回时，八大金刚奉如来佛祖旨意，使神威驾送圣僧一行返回东土大唐。“唐僧等俱身轻体健，荡荡飘飘，随着金刚，驾云而起。”（《西游记》第九十九回）既将快到之时，八大金刚忽然接到观音菩萨“还生一难者”的法旨，遂将唐僧一行从空中降至地面的黄河石林。

唐僧一行从空中降落时，眼前出现了神奇的一幕，即发现大地上伏卧着一个巨大无比的大乌龟。悟空道：“师傅，快瞧地上怎么有那么大的一只乌龟！”唐僧仔细一看，那乌龟头伸出向东，龟甲由形似洛书九数的九座山头组成。随后，唐僧玄奘一行在五方龙神的带领下实地察看“天下第一大神龟”——黄河石林。这里群山环抱，环境幽静，空气清新，风景秀丽。以古石林群最富特色，规模宏大。

从黄河石林返回五龙洞后，玄奘将“天下第一大神龟”展现的龙图洛书进行了认真仔细地研究。忽然，他惊奇地发现，如果将洛书的九组数字4、9、5、1、6和2、7、5、3、8分别用直线连接起来，它们就形成了一个“卍”字符号，同样，将2、7、5、3、8和6、1、5、9、4；6、1、5、9、4和8、3、5、7、2；8、3、5、7、2和4、9、5、1、6这三组数字分别用直线连接起来，便又形成了三个“卍”字符。虽然这四个“卍”字符其分别起始于不同的方位，但是它们即都重叠于一起，形成总体为一个“卍”字符。

在五龙洞中，五方龙神告诉玄奘“通天河”（今黄河白银段）在此方

形成了一个巨大的“S”形，它就是一个天然的太极图，与天上的银河遥相对应，“天下第一大神龟”又居于“通天河”的中间部位。这不由使玄奘将“卍”字符与中国古代的阴阳太极图联想到了一起。太极是阴阳分明时的宇宙，太极图黑白之间的曲线就是一个S（或反S），而黑白外圈的两个半圆如与前面那个S相连，又构成了另外一个S（或反S），这两个S（或反S）相交，就形成了卍字符。玄奘抑制不住内心的兴奋道：“原来龙图洛书含有四个‘卍’字符，它不仅是天河（银河系）显于大地的影像，而且还是中国古代的阴阳太极图动态的标志！太极图是‘卍’字符的变形，‘卍’字符也是太极图的变形，二者本是一物。”此刻，玄奘彻悟了如来佛祖胸前显现金光的“卍”字符奥秘，因为，“卍”字符有着旋转和轮回之像，所以，“卍”字符代表佛教和印度教的教义之用，能够成为佛教和印度教的标志。“卍”字符是运动的十字，十字由横一和竖一组成，其意义在于教育众生拥有善良、仁爱、宽容、平等、和谐的本体同时，要树（竖一）个志向目标，保持独一不二，坚持恒一（横一）的目标十年，十字的运动代表精进与智慧，“卍”字符代表了三昧的境界，即专于一境，众生大势可至。

东晋时，后秦高僧，著名的佛经翻译家鸠摩罗什将“卍”字符译为“德”字。北魏菩提流支在所译《十地经论》卷十二中，将“卍”字符译为“万”字，意思是集天下一切吉祥功德。玄奘通过对太极图、河图、洛书、八卦相关性的推演，联想到五龙洞（今盘龙洞）洞顶之天然太极图和《易经》、《易传》对乾卦的详尽描述，使他对“卍”字符有了更深的认识。因此，玄奘非常赞同鸠摩罗什观点，也将“卍”字符译为“德”字。玄奘发现这个“德”字蕴含“天道龙德”之奥秘，“卍”字符是河图洛书的标志，即“天书龙图”——太极图的标识。玄奘经过进一步的探究和推演，认为“卍”字符不仅是太极文化的标识，也是中华龙文化的标识。《易经》对天理、人道乃至万事万物的认识成果，就概括在以八卦图为核心的“卍”字符之中。清代著名学者、大学士李光地的《御纂周易》以《河图》为“加减之原”，《洛书》为“乘除之原”。并认为：“《河图洛书》之中，有天地人之数，又有天地人之象，还有天地人之道。”

河图洛书是儒家经典《易经》之源。《易经》中的乾卦象征天，是万物创始的伟大根源，乾道亦曰“天道”。《周易·乾卦》载：“彖曰：乾道变化，各正性命。保合大和，乃利贞。首出庶物，万国咸宁。”“天道”也来自先哲老子讲的“道”，老子说：“道可道，非常道。”就是说，这个道可以讲，但不是一般意义的作为道路、方法的道，而是作为宇宙本原、世界总根、万物之母、众象法则、演化规律的道。乾卦又被称“龙卦”，乾为天，“乾德”就是“天德”，就是“龙德”。关于“龙德”，在《周易·乾卦》中有详尽的描述，“文言曰：子曰：‘龙，德而隐者也。不易乎世，不成乎名，遁世无闷，不见是而无闷。乐则行之，忧则违之，确乎不可拔，‘潜龙’也。’”又云：“子曰：‘龙德而正中者也。庸言之信，庸行之谨，闲邪存其诚。善世而不伐，德博而化。’”

“卍”符号从远古至现今之所以没有因岁月的变迁所湮没，且在世界范围内都曾经流行，表明它并不是一个一般意义的符号，而是有其特殊的内涵。在发现了洛书隐含“卍”字符的奥秘后，玄奘又对洛书与河图的关系进行了研究。经过仔细辨析，玄奘发现了洛书包含的数理关系：

（一）等和关系。非常明显地表现为各个纵向、横向和对角线上的三数之和相等，其和为15；等差关系。细加辨别，洛书隐含着等差数理逻辑关系。（1）洛书四边的三个数中，均有相邻两数之差为5，且各个数字均不重复。（2）通过中数5的纵向、横向或对角线上的三个数，数5与其他两数之差的绝对值相等。

（二）洛书中数字排列关系的奇妙之处在于：1、其周边之阳数（1、3、7、9）、阴数（2、4、6、8）交错排列（亦即《周易·系辞上》所谓“参伍以变，错综其数”），象征着阴阳交合而万物化生；2、周边阳数（1、3、7、9）之和与阴数（2、4、6、8）之和均为20（这与河图相同），象征着阴阳平衡；3、以“5”为中心，周边相互对应的两个数字之和均等于10，而10乃是阴数，且与中央之阳数5之间构成倍数关系，其寓意与河图中央二数（10、5）及太极图中“阴阳龙”双眼完全相同，象征着阳中有阴、阴中有阳、阴阳在一定条件下可以相互转化。

（三）在“卍”字符的结构状态下，洛书中“卍”字符的两个曲臂上的各数之和相等，均为25，如4、9、5、1、6和2、7、5、3、8；6、1、5、9、4和8、3、5、7、2等。这两个曲臂上各数之和均为25的数字竟然是河图天数之和25；因为，河图中的点数是55，其中1、3、5、7、9是天数，2、4、6、8、10是地数，天数累加是25，地数累加为30，两数之和为55。

(四) 洛书中两组十字交叉的数字之和均为30，即9、5、1与3、5、7之和；4、5、6与2、5、8之和，这个30正好是河图地数累加之数，这充分反映了洛书与河图在数理方面的内在联系。另外，只要把“卍”字符的曲臂外侧拉直，洛书的结构形态就与河图一致。

综合以上分析，玄奘认为数理关系和对称性是河图洛书的基本特点，河图洛书包含着基本的自然数之间“和或差”的数学逻辑关系，尽管两者有所差别，但是它们表示的数理关系有相似共同之处，有内在的必然联系。河图洛书以图示方式表示出最基本的自然数之间的“和差关系”，本质上表现为数学思想。数学是人类走向文明的向导，人们离不开数学，否则，就不能正确分析和把握客观事物，就不能正确认识客观世界。河图洛书所表达的是一种数学思想。数字性和对称性是河图洛书最直接、最基本的特点，“和”或“差”的数理关系则是它的基本内涵。由此可见，河图洛书同出一源“天书龙图”——太极图。

玄奘回到长安后，便开始组织翻译经文的工作。与此同时，玄奘又对华夏民族的龙文化之源——太极图、河图、洛书、八卦进行了深入地研究，终于揭开了其中的奥秘：原来，太极图、河图、洛书、八卦都是华夏史前的文化遗产，统属“符号文明”的范畴（因为当时尚未产生文字）；从时间上讲，太极图产生最早，由于它有着非同寻常的内涵和价值。因此，作为华夏远古“符号文明”时代的光辉遗产，上述四者间存在着同源、共生、互通的内在联系，河图、洛书、八卦都是从太极图演化而来的。玄奘从以下三个方面阐述了太极图、河图、洛书、八卦的相关性。

(一) 河图是用数字方式表达出来的静态太极图，它的本义是要在太极图的基础上进一步揭示物质运动的状态——旋转、互动、守衡。

纵观古代文献资料中的有关论述，玄奘认为：八卦乃《易经》之源，而太极图、河图、洛书则又是八卦之源。在华夏远古历史上，太极图→河图→洛书→八卦按先后顺序渐次发展，它不仅符合人类思维及记事符号发展进化的一般规律，而且符合“易学”形式由形象向抽象渐次演进的一般规律。

太极图与河图之所以存在渊源关系，不仅由于二者同为史前文明，同系“易学”之源，而且由于二者均属远古宇宙论范畴，更重要的则在于河图乃是从太极图那里直接演变而来的，是用数字方式表现出来的太极图。主要理由如下：

第一、从总体上讲，河图与太极图所表达的含义完全相同，都是旨在说明天地万物的由来与演化的。河图中用以表示阳数（“○”）、阴数（“●”）的圆点符号直接发源于太极图阴阳龙的双眼，它本是由太极图中的阴阳（黑白）两种图像简化而来的。其中，由黑点构成的数为偶数，由白点构成的数为奇数，表达了数的奇偶观念。因此，数字性是河图洛书的基本内容之一。

第二、河图中阴、阳数字的排列错落有致，这与太极图中阴阳交合的图形寓意相同（即所谓阴阳合而变化生）；而且河图中阴数（2、4、6、8）、阳数（1、3、7、9）的走向与太极图中“阴阳龙”的走向完全相同，皆呈顺时针方向旋转。

第三、最重要的是如果将汉代被称之为“天地生成数”的河图图案稍做变化，便可发现，它与太极图之间是能够相互还原的。

太极图向河图演变之原：第一步，将太极图的主要特征用特殊的数字关系表示出来，即成为河图与太极图之过渡形态；第二步，将图案进一步简化，即成为汉代河图，即所谓“天地生成数”；第三步，将汉代河图中的数字用圆点符号表示出来，即成为河图。

河图向太极图还原之原理：第一步，将现传河图转换成汉代河图；第二步，在汉代河图基础上将阴阳数字的走向用箭头标出，即成为河图与太极图之过渡形态；第三步，将奇妙的数字关系转换成图像，即成为太极图。

（二）洛书是用数字方式表现出来的动态太极图，它的本义是要在太极图的基础上进一步揭示物质运动的结果——运动产生变易、变易产生万物。

洛书的本质是什么？根据《周易·系辞上》所云："参伍以变，错综其数。通其变，遂成天下之文；极其数，遂定天下之象。"玄奘认为洛书同样是描述天地万物变化之理的，洛书（"数"）与太极图（"象"）之间同样存在着不寻常的关系。理由如下：

第一，与河图一样，洛书中用以表示阴阳数字的圆点符号"○"、"●"也是源于太极图中"阴阳龙"的双眼。"○"表示1；"●●"表示2，……依次类推，洛书含有1—9共9个自然数。

第二，洛书在汉代以前亦称为"九宫图"或"太乙九宫图。"（源于"太一行九宫"的古老观念）那么古人为什么要将洛书称之为"太乙九宫图"呢？《吕氏春秋·仲夏纪》云"太一出两仪……"与《易传》所谓"太极生两仪……"含义完全相同，"太乙"、"太一"实乃"太极"之别称。因此，太乙九宫图其实也可称之为太极九宫图。

第三，更重要的一个理由是，玄奘通过对洛书中数字排列关系的深入研究，发现它与太极图之间是能够进行双向还原。洛书中数字排列关系的奇妙之处在于：周边相互对应的两个数字与中心数字5的间距相等，且呈递进关系(如4、6与5的间距均为1；3、7与5的间距均为2；2、8与5的间距均为3；1、9与5的间距均为4)，表明洛书本是用特殊的数字关系(即圆周上的各点与圆心的距离相等)表示出来的四个同心圆。如果再根据洛书中所固有的阴阳交错原理将这四个同心圆的半边（以纵轴线为界）分别涂以黑白色彩，即可得到一幅完整的动态太极图，而在这其中又包涵着八个弧状阴阳图像（即八卦之像）和九个阴阳交会点（即洛书九数）。

太极图向洛书演变之原理：第一步，将普通太极图由静态视为动态(按顺时针方向旋转)，即成动态太极图；第二步，沿圆心画一横轴线，可得九个阴阳交会点（即洛书九数），再将九个点（数）按"一中同长"原理分置米状九宫，且将图像数字化，即成为动态太极图与洛书之过渡形态；第三步，从审美需要出发，将各线条画齐，即成为"太乙九宫图"式洛书；第四步，将奇偶数字分别以圆点符号表示出来，即成为洛书。

（三）八卦则是用卦爻方式表现出来的特殊太极图，它的本义是要在太极图的基础上进一步揭示物质运动的特点规律——周而复始、循环往复；对立统一、相反相成；物极必反、量变质变。

八卦是由阴阳二爻（“—”、“--”）组合而成的，因此，要想揭开八卦的奥秘，必须首先搞清阴阳二爻的本源。玄奘研究发现，与太极图（图像）、河图洛书（数字）相比，八卦所采用的是一种更加抽象简洁的表意符号（卦爻）。阴阳二爻的本源，实际上也即太极图中的阴阳图像，前者乃是从后者身上直接简化而来的；因此，原始八卦的真正本质，其实也就是用卦爻符号——阴阳二爻表示出来的太极图。主要理由如下：

第一、《易传》中所谓“易有太极，是生两仪，两仪生四象，四象生八卦”是说八卦的产生乃是模仿太极图中“四象”（阴阳龙及其双眼）的结果；所谓“昔者圣人之作易也……参天两地而倚数，观变于阴阳而立卦”，是说圣人伏羲当年作八卦进而将河图、洛书（“数”）、太极图（“阴阳”在宋代一度是太极图俗名）统统当成了参照物。由此看来，太极图不仅在形成时间上早于八卦，而且它们的存在还为伏羲创设八卦奠定了基础，成了八卦产生的直接源泉。

第二、八卦的本义也是为了演示天地万物由来与变化之理的，这与太极图、河图、洛书的寓意完全一致。例如，《易传》有云：“圣人设卦，……刚柔相推而生变化”；“易与天地准，故能弥纶天地之道”等等。这些都说明圣人之所以要创设八卦，原本并非为了占卜，而是为了阐明宏大玄奥的“天地之道”。

第三、八卦用以表示阴阳的二爻符号（“—”、“--”）是在河图洛书圆点符号的基础上对太极图中阴阳图像作出的更进一步的简化，其简化过程符合原始刻画符号由形象到抽象渐进发展的客观规律。简化过程是在圆形的太极图中心画一个十字，使阴阳龙双眼的中心都居于横向中轴线上，然后在横向中轴线的上方和下方，画二条连接阴阳龙的双眼圆周外边的连线，且分别平行于横向中轴线，这时，阴龙与其龙眼就形成了“阴中有阳”之阴爻（“--”）图像，阳龙与其龙眼就形成了“阳中有阴”之阳爻（“—”）图像。这说明，阴阳二爻的产生与太极图、河图、洛书是一脉相承的。

第四、当得知构成八卦的基本要素“阴阳二爻”来源取像于太极图后，玄奘将上图继续推演：如果将处于纵向中轴线左下方和右上方的阴阳龙部分，分别用平行于纵向中轴线的四条线等分后，便形成了八个带状图像，在这八个带状图像中，由以横向中轴线和与其平行的阴阳龙双眼连线以及黑白相间的阴阳龙部分组成。将这八个带状图像用阴阳的二爻符号(“—”、“--”）表示出来，它们分别是：“☰”、“☴”、“☵”、“☶”、“☷”、“☳”、“☲”、“☱”。“易有太极，是生两仪，两仪生四象，四象生八卦”是说八卦的产生乃是模仿太极图中“四象”（阴阳龙及其双眼）的结果；由此可见，八卦中的每一卦象的产生，事实上都是对“阴阳龙”在太极图上下两个半圆中的实际图像（包括形状和比例）的一种惟妙惟肖的象形。而且，如此产生的八卦，其由乾至坤的排列顺序与千古流传的《伏羲八卦次序图》完全一致，它恰恰证明了《易传》所谓圣人先“观象”，而后“设卦。”

第五、通过对八卦之间特殊的排列关系以及阴阳二爻在八卦中的奇妙变化进行深入地研究，玄奘还发现八卦之中存在着太极图的若干主要特征。如将乾、坤二卦相叠，上下顺推一周，可得六卦“☰”、“☴”、“☶”、“☷”、“☳”、“☱”，这六卦之间存在循环关系；而且，阴阳二爻在六卦中也呈现出周期性变化，由少到多，由小到大，阴极则阳，阳极则阴，所有这一切，象征着太极图中周而复始，循环往复的“阴阳龙”；八卦中的其余二卦“☲”、“☵”与上述六卦不存在循环关系，也无法由乾坤推转中产生，它实际上是圣人用来象征太极图中“阴阳龙”的黑（“●”）白（“○”）双眼的，阳中有阴、阴中有阳，寓意形象而深刻。所以说，八卦中蕴涵着太极图的全部信息。

静态太极图向圆状八卦演变原理：第一步，根据“阴阳龙”在太极图上下两个半圆中所呈图像的形状和比例，用卦爻符号表示出来，即成为太极图与圆状八卦之过渡形态（也即原始圆状八卦发生图）；第二步，略去图像，将太极图主要特征和原理完全用卦爻符号显示出来，即成为太极图之卦爻模型；第三步，将八个卦象均匀地分置于圆周上，即成为圆状八卦。

三、《大唐西域记》中的记载

玄奘是唐代著名高僧，是享誉世界的旅行家和最早全面地记述古代丝绸之路沿途情况的伟大作家。佛教自两汉期间传入中国后，至南北朝开始大行于中国，并使之中国化——禅宗佛教。但是至隋唐时，当时佛教各派学说纷岐，难得定论，为探求答案，“以释众疑”，玄奘决心到佛教发源地天竺求取经文。唐太宗时，玄奘由陆路经中亚前往印度取经、讲学，历时约 19 年，游历三十多个国家，长途跋涉十余万里，沿途记录了各国的风土人情，弘扬传播佛法和大唐文化，大大促进了中原与西域、中国和印度等国之间的文化交流。史载当时玄奘取经返回长安，出现了“道俗奔迎，倾都罢市”的场景，不久，唐太宗接见并劝其还俗出仕，被玄奘婉言辞谢。尔后其留长安组成完备的译场，据载，其前后共译经论 75 部总计 1335 卷。由玄奘口述，弟子编辑记录的《大唐西域记》，记述了其西行取经沿途见闻，为我们了解西域、印度、巴基斯坦及中亚等地古代历史地理情况，了解丝绸之路的面貌提供了极其宝贵的资料，具有重大科学价值。

《大唐西域记》记载了东起中国新疆、西尽伊朗、南到印度半岛南端、北到吉尔吉斯斯坦、东北到孟加拉国这一广阔地区的历史、地理、风土、人情，科学地概括了印度次大陆的地理概况，记述了从帕米尔高原到咸海之间广大地区的气候、湖泊、地形、土壤、林木、动物等情况，而世界上流传至今的反映该地区中世纪状况的古文献极少，因而成了全世界珍贵的历史遗产，成为这一地区最为全面、系统而又综合的地理记述，是研究中世纪印度、尼泊尔、巴基斯坦、斯里兰卡、孟加拉国、阿富汗、乌兹别克斯坦、吉尔吉斯斯坦等国、克什米尔地区及中国新疆的最为重要的历史地理文献。《大唐西域记》不仅记录了印度、西域各国的历史、地理及交通，也还记载这一广阔地区中的龙文化：

玄奘离开原先高昌国的故地，经过阿耆尼国（以前称之为焉耆），到达屈支国（以前称为龟兹）。在屈支国东部有座城池，城北天祠前，有一个巨大的龙池。池中的龙经常化作马形，和母马交配，生下暴戾凶悍、难以驾驭的龙驹。龙驹所产马匹，才能够被驯养，并可以用来驾车。这也是该国盛产良马的原因。听老人说：以前有位名叫金花的国王，治理国家公正廉洁，池中之龙大为感动，便甘愿为国王驾驭车马。国王临终前用鞭子触碰龙耳，龙立即隐没于池水中，从此再也没有出现过。因为城中没有水井，所以人们就饮用池中的水。龙幻化成人形，与许多妇人交合后生下后代，这些人非常勇猛强悍，奔跑之快，如同骏马。日子久了，当地人均成龙种，开始自恃神力为非作歹，而拒绝服从国王的命令。于是国王便引来突厥，开始进行血腥屠杀，不管老幼，全部赶尽杀绝。如今，该城已经荒无人烟，成了一座名副其实的废墟。（《大唐西域记·屈支国》卷一）

经过凌山（耶木素尔岭）、素叶城、喝捍、忽懔、揭职、梵衍那等国，玄奘来到迦毕试国。从迦毕试国的都城向西北方向走二百多里，有一座大雪山。这座山的山顶上有一个池塘，在这里祈求晴雨，非常灵验。听老人讲：以前健驮逻国有位阿罗汉，常受到池塘里龙王的供养，每到斋日中食的时候，他就凭借神力，坐于绳床之上，凌空前去。一次，侍奉他的沙弥悄悄攀附在床的边缘，躲在绳床之下，阿罗汉到了吃饭的时候就去了，直到龙宫才发现沙弥。于是龙王就请阿罗汉留下沙弥一起吃饭。龙王请阿罗汉食用天上的甘露，请沙弥吃人间的佳肴。

阿罗汉吃完后，为龙王阐述佛学要旨。沙弥则像平常一样为师父洗刷食具，食具上有吃剩的饭粒，他惊讶于饭粒的香味，起了邪恶的想法，埋怨师父，恼恨龙王："希望我的所有福力，都在此刻显现，了断这个龙王的生命，让我成为龙王。"沙弥发下这个愿望的时候，龙王已经觉得头痛了。阿罗汉说法教诲龙王，龙王谢罪自责。而沙弥却心怀怨忿，并没有悔改之心。回到寺庙后，沙弥诚心诚意发愿，他的福力发挥了作用，当天夜里沙弥死了，转生为大龙王，相貌威严凶猛。他来到龙池，杀死龙王，入住龙宫，掌控了龙王的部属，掌握了所有的统治权。因为他先前发下誓愿，于是开始掀起狂风暴雨，拔起树木，企图毁坏寺庙。迦腻色迦王感到疑惑不解，便向阿罗汉发问，阿罗汉就把事情的始末告知国王。于是国王在雪山下为大龙王建造寺庙，并修建了高达百尺的佛塔。大龙王怀着往日的怨恨，又开始掀起狂风暴雨。国王以救济广大众生为怀，而大龙王因狂怒而行凶作恶，致使寺庙、佛塔六次被毁，第七次才建成。迦腻色迦王因

此深感耻辱，准备填平龙池，毁掉龙宫，于是调集军队，前往雪山之下。

大龙王非常害怕，于是变成一个老婆罗门，勒住迦腻色迦王骑乘的大象进谏道："大王前世行好事，培植了善的根性，才得以成为人王，无人敢反抗您的意志。今天为什么要与龙开战呢？龙只不过是个畜生罢了，卑劣丑陋，但却有很大威力，不可与它较量力气。它可以乘风驾云，凌空涉水，非人力所能降服。大王何必对它心怀怒气呢？大王如今调动全国的兵马，和一条龙战斗，如果胜了，大王也不能获得令远方降服的威望；如果失败了，大王就有了失败的耻辱。为大王着想，最好立即罢兵返回。"迦腻色迦王没有答应。大龙王于是返回池中，天空雷声大作，暴风将树木连根拔起，沙石如暴雨般落下，天昏地暗，士兵和马匹都惊恐不安。于是国王诚心祈求庇护："前世广积德，我才能成为人王，威风震慑强敌，统领赡部洲。现在，我竟为畜生所屈服，实在是因我的福力浅薄。愿各种福力能立即实现。"祈求完毕，他的双肩顿时燃起火焰，龙王逃走，而风也随之停止，云雾开始散退。国王命令士兵搬运石头，用来填平龙池。龙王又变回婆罗门，再次请求国王说："我就是那个池里的龙王，害怕大王的威武而归顺。希望大王慈悲怜悯，赦免我先前犯下的罪过。大王的教化众生之心，庇护了天下生灵，可为何却单单对我痛下杀手呢？您如果杀了我，我和您都会堕入恶道，因为大王您有杀生之罪，而我有怨恨之心。善恶报应不爽，因果昭昭。"于是国王与大龙王立下誓约，如果此后再有冒犯，绝不赦免。龙王说："因前世的果报，我转世为龙。而龙性情凶猛，无法自我控制，时有嗔恶之念，那时就会忘记制约。大王现在重新建立寺庙，我绝不敢再进行破坏。请大王命人每日观察山岭，如果升起黑云，就立即敲击犍椎。我听到犍椎的声音，作恶之心就会平息。"于是国王开始重修寺庙，并建造了佛塔，派人守候，观望云气，至今都未曾间断。

听当地人讲：这座佛塔中供奉着如来的骨肉舍利，大约有一升多。神异奇妙之事，多得难以详细叙述。有时，佛塔中会突然升起烟雾，顷刻之间便会冒出大火，当时人们以为佛塔已经烧毁了。可许久之后，火灭烟消，便看见舍利如洁白的玉珠，环绕在塔的表面，宛转上升，升至云端，之后又慢慢地旋转而下。（《大唐西域记·迦毕试国》卷一）

离开迦毕试国后，进入古印度国的滥波国，经过那揭罗曷国、乌仗那国等国，玄奘便来到迦湿弥罗国。根据《国志》记载：迦湿弥罗国原本是一个龙池。当年世尊在乌仗那国降服了恶神以后，便返回中印度。腾空飞行途中经过该国上空时，世尊告诉阿难说："我涅槃之后，在这片土地上会出现一个叫末田底迦的阿罗汉，他会在此创立国家，安抚人民，宣扬佛法。"世尊圆寂后五十年，阿难的徒弟末田底迦得到六神通，并获取了八解脱的定力。他听说佛陀的预言以后，心中感到十分喜悦和庆幸，于是就来到此地，然后静坐在一座山岭的树林中，显示出其广大的神通。龙王见后，对佛法深信不疑，希望能够满足阿罗汉的任何要求。阿罗汉说："希望在你的龙池中能有容我双膝之地。"龙王于是缩减部分池水，以给阿罗汉腾出干地。可阿罗汉却显现神通，使身躯增大，龙王只好竭尽全力缩减池水，最后，池水全部干涸，龙王反要请求阿罗汉赐予栖身之地。阿罗汉就在该国的西北留下一池，方圆一百多里。龙王的其他族群，另外居住在小池之中。龙王说："我的池子都已经施舍给您了，但愿您能永远受我的供养。"末田底迦说："不久之后，我就会进入涅槃，我虽然愿意接受你的请求，可怎样才能实现呢？"龙王再一次请求说："但愿我能供奉五百罗汉，直到大法灭尽之后，我再占领这个国家，作为龙池而居住。"末田底迦答应了它的要求。后来阿罗汉得到此地后，就运用巨大的神力，建立了五百座佛寺，又买来其他各国的贱民当作奴役，用来侍奉僧人。末田底迦涅槃之后，那些贱民便自立为王。邻近各国鄙视他们身份低贱不与他们亲近交往，还把他们称为讫利多（唐朝语言称"买得"）。如今，迦湿弥罗国的泉水已在境内多处泛滥。（《大唐西域记·迦湿弥罗国》卷三）

自迦湿弥罗国进入半笯嵯国，经曷逻阇补罗国、阇烂达罗国等国，至垩醯掣呾罗国。这个国家方圆三千多里，都城方圆十七八里，依靠地势修建，险要坚固。这里适宜种植稻谷、麦子，有许多森林和泉水。气候和暖舒适，风俗敦厚质朴。这里的人勤奋好学，博学多才。国内有十座寺庙，僧徒一千多人，研习的是小乘佛教的正量部法。天祠有九所，异道有三百多人，是供养自在天的涂灰派。

城外龙池旁边有一座佛塔，是无忧王所修建。以前如来转世龙王的时候曾在这里说法七天。塔旁还有四座小一点的佛塔，是过去四佛打坐和经行的遗迹。

从这里向南走二百六七十里，渡过殑伽河，再往西南，就到达了毗罗删拿国（在中印度境内）。（《大唐西域记·垩醯掣呾国》卷四）

玄奘自垩醯掣呾罗国，过毗罗删拿国，经劫比他国、钵逻那伽国等国，抵达蓝摩国（在中印度境内，故址约在今尼泊尔南的达马里一带）。在蓝摩国旧城的东南方向有一座高近一百尺的砖塔。当初，如来寂灭后，这个国家的前代君王分到了舍利，自把舍利带回本国，隆重建立了佛塔之后，这里不时闪耀神光，总是出现灵异事件。

佛塔旁边有一清池，池中的龙王总是变化成蛇的形状出游，绕着塔向右旋转。每当这时还会有成群的野象行走，采花散发，神力在暗中不断地警戒。当初无忧王建造佛塔，以用来分别供养舍利，那时候其他的七个国家都已经动工兴建了，这个国家也正要开始。这个清池的龙王由于担心住宅被占，于是变为婆罗门，来到无忧王骑的象前，叩请无忧王说："大王心向佛法，广泛建造福田，恕我冒昧，邀请您屈驾光临我家。"无忧王说："你家在哪里？是远是近"？婆罗门说："我即是这个水池的龙王，因大王要在这里建造积福的胜迹，所以斗胆前来谒见。"无忧王接受了邀请，进入龙宫。坐了很长时间后，龙王诉说道："由于我前世做了恶事，今世受到报应，转生为龙身。现在我在这里供养舍利，希望可以消除罪过。现在请大王亲自前去观看礼敬。"无忧王观看之后，连忙赞叹道："这些供养物品，都不是人间所能有的。"龙王说："如果是这样，就请不要毁弃它吧"！无忧王自知不是龙王的对手，于是不再在这里动工建塔。无忧王走出龙池的地方，现在还立有标志。（《大唐西域记·蓝摩国》卷六）

从蓝摩国向东北方向大树林中行走，走出这片树林后，便到达了拘尸那揭罗国（在中印度境内。一说其故地在今印度北部戈拉克普尔东之卡西亚；一说在今尼泊尔首都加德满都东部）。拘尸那揭罗国的城墙已经倒毁，城镇萧条。在城外西北方向三四里远的地方，渡过阿恃多伐底河（唐朝语言称无胜），来到西岸，不远处就是娑罗林了。娑罗树看上去很像槲树，有青白色的树皮和光滑的叶子，其中有四棵特别高大的树是如来涅槃的地方。

在如来显现双脚处的旁边，有一座为无忧王所建的佛塔，八位国王曾经在这儿分舍利。佛塔前建有石柱，石柱上刻记着这件事情。佛陀入涅槃以后，焚化完毕，八位国王纷纷出发，各自率领四个兵种赶过来。他们派遣直性婆罗门对拘尸城的力士说："如今，天界尘世人间的导师在此国涅槃了，所以我们从远方而来，要求分给我们舍利。"力士说道："如来曾屈尊降临在我国，现在这世间英明的导师、众生慈爱的父亲与世长辞了，我国理应供养如来的舍利。你们长途跋涉而来也是徒劳，你们最终也是不会有收获的。"这时，各国王看以谦逊的语气求取得不到应允，于是又对拘尸城的力士说："既然以礼相求你们都不肯，那么就等待以武力解决吧。"直性婆罗门高声说道："请想想吧！大悲世尊忍辱慈悲修行，历经漫长岁月、种种劫难来积累福德，想来大家都应该知道。现在要以武力相侵，实在不应该。现在应当把舍利平均分成八份，各国都能得以供养，为什么要一定兵刃相见呢？"各力士们依照直性婆罗门的意见，当即称量舍利，准备分割成八份。然而帝释对各位国王说道："天神也应当分得一份，请不要以武力争夺。"阿那婆答龙王、文邻龙王、医那钵怛罗龙王也提出这样的意见："不要把我们遗忘，如果以武力相争，众人恐怕都不是我们的对手。"直性婆罗门说："不要吵闹了，大家平分舍利吧。"于是把舍利分为三份：一份交给天神，一份交给龙王，一份留在人间，留在人间的舍利再平分给八国。天神、龙王、国王都悲伤感怀。（《大唐西域记·拘尸那揭罗国》卷六）

玄奘"西天取经"返回时经过的黄河石林，自大禹和汉武帝相隔数千年先后拜谒之后，又因至八百载后玄奘的拜谒和考察，从此，"天下第一大神龟"成了黄河石林文化的重要组成部分之一。关于"天下第一大神龟"的美丽神话传说，一直在周边地区广泛地传颂着，并且这一龙文化在该地区得到了传承和发展。在今景泰县城西南27千米处有一座形似金龟的城堡，名叫永泰龟城。据记载，永泰龟城始建于明代万历三十五年（公元1607年），当时为了军事边防需要，明朝政府在兰州至武威间的古丝绸之路沿线，共建了永泰、镇虏、保定三座城堡，如今保存下来的只有永泰一个。整个龟城呈椭圆形，周长近 1700 米，高 12 米，城门朝南，外设半圆形瓮城构成“龟头”，在城的东、西、北三面筑有封闭式的月城，构成了“龟脚”和“龟尾”。永泰龟城就是对黄河石林是“天下第一大神龟”的有力佐证。

第八章

龙凤呈祥

第八章

龙凤呈祥

金龙因营造中国的三大干龙汇聚于马衔山的伟大功绩而被龙祖敕封居于天龙之宫（太阳）。从此金龙（风神翼龙）每天伴随天龙穿行于太空，“翱翔四海之外，过昆仑，饮砥柱，濯羽弱水，暮宿风穴。”（《说文·鸟部》）金龙在营造中国北干龙起始段时，首先营造了长白山天池。这里的“风穴”，是后世人们为了缅怀风神翼龙营造三大干龙，便将古之长白山天池称之为“风穴”。后来，又因金龙每天伴随着天龙巡视大地万物，将阳光洒向人间，所以远古的先民们便将金龙尊称为“太阳神鸟”——凤凰。

数千年来，由金龙开创的凤文化在长白山广大地区得以生根和广泛传播。从距今约6800年赵宝沟文化遗址出土的“四灵”陶尊中凤鸟和陶凤杯，到距今约5500年红山文化遗址出土的玉凤就是最好的见证。在红山文化玉器中，不仅发现了牛河梁遗址出土的“沉睡中的凤”和内蒙古巴林右旗出土的“玦形凤”，而且大量的红山文化玉凤都是以凤凰的化身——鹰、鸱鸮、燕等出现的。（图70）在学术界把它们称为玉鸟形器。玉鸟形器可以被称为玉鸮，或者被称为玉鹰，也可称为玉燕。凤凰的化身——鹰，在新开流文化和茶啊冲文化中又被尊称为“海东青”，成为远古东北夷各族系的图

图70　红山文化玉鹰

腾。凤文化与龙文化，从而在中国北干龙起始段广大区域内形成了龙凤呈祥的文化形态。

肃慎族，是东北最古老的民族之一。《竹书纪年·五帝纪》说："肃慎者，虞夏以来东北大国也。"虞，就是"唐尧虞舜"中的舜帝；夏，就是公元前2100年建立的夏朝。这就是说，早在4000多年以前，肃慎人已经定居在白山黑水之间。所谓白山黑水，就是今天的长白山与黑龙江一带，一般也泛指东北地区。《山海经·大荒北经》说："大荒之中，有山名曰不咸，有肃慎之国。"

在中国历史上曾两度建立过中原王朝的少数民族——满族，历史悠久，据推测其祖先最早可以追溯到肃慎人。肃慎、挹娄、勿吉、靺鞨、渤海、女真，是现代满族一脉相承的祖先。吉林市满族博物馆推出的一篇文章认为："满族先祖是6800年前的东北民族三大族系之一的肃慎，这个民族接续下去更名为挹娄、勿吉、靺鞨、女真、满洲（满语吉祥之意），直至满族。"（伯文研《满族历史上的三大传说》）黑水靺鞨是满族的直系祖先，后发展为女真。

满族的历史很悠久，在漫长的历史长河中发现有许多古老而珍奇的神话传说。其中最著名的就是肃慎族起源的传说——"三天女浴躬"。这一关于满族先世肃慎祖先的原始神话传说，在《清太祖武皇帝实录》、《满文老档》、《皇清开国方略》、《满洲源流考》以及《清史稿》、《清鉴》等史著和典籍中都有记载，伯文研先生根据《清太祖武皇帝实录》译述如下：

古时候的长白山，山高地寒。冬天里狂风劲吹不停，夏日里环山的野兽憩息山中。山的东北布库里山下，有个湖泊曰布尔瑚里。传说很早以前从天上降下三位仙女，到湖里野浴，长名恩古伦，次名正古伦，三名佛库伦。突然飞来一只神鹊（喜鹊）口衔一个红果，在三天女佛库伦头上盘旋，丢下红果正入佛库伦口中（另一说法为神鹊将红果放在岸边三天女佛库伦的衣服上，佛库伦上岸时发现红果颜色鲜美，爱不释手，含入口中）。三天女洗

浴完毕上岸穿衣服时，口中红果吞下腹内，并感而怀孕，告别二位姐姐，留下来想等生了孩子再回天庭。不久，佛库伦生下一男孩。据说这个男孩生下来就会说话，并很快长大。这便是满族先世肃慎人的祖先。（伯文研《满族历史上的三大传说》）

这一古老神话传说，反映了远古肃慎人对自己部族起源的认识。他们把喜鹊视为自己的祖先，显示了一种凤鸟崇拜。三天女神话中，佛库伦吞下了神鹊衔来的红果，生下了肃慎人的祖先。神鹊是上天派下来的使者——凤凰的化身，这就是说，肃慎人的祖先是由集龙凤于一身的龙神金龙所传化。

一、雍正皇帝与龙文化

在清代，清兵入关定鼎中原以后的顺治初年，清朝王室从相对文化荒漠的关外，一下子变成拥有数千年文明汉族的统治者，制定各种礼仪大典，就变成了头等大事。《清朝通志之礼略卷》中记载，顺治元年，清皇室就制定了祭祀天地、祖宗、社稷、山川之礼。“定崇祀岳、镇、海、渎。及直省有司春秋致祭之礼。凡山川之祀鉴于前典。以五岳、五镇、四海、四渎配享方泽”，其中四渎指“黄河、长江、济水、淮河”这四条各自独立入海且全程都在中国境内的河流。前已述及，根据《周官》记载，官方将河神列入天下名山大川一起祭祀，且黄河河神在山川之中又占据着首要位置。因此，清代致祭河神的祭文中多次赞颂河神“派衍昆仑，四渎称宗。”《清朝通志之礼略卷》中规定，“四海四渎之为正祇位，以京畿名山大川天下名山大川之祇为从位。凡岳镇海渎所在，地方有司岁以春秋仲月诹日致祭。”

长白山一直被认为是大清的“兴祥之地”，大清入主中原后，实行封禁，百姓不得擅入。康熙十三年（1677 年）特命内大臣觉罗穆讷拜谒长白山，封长白山神，永著祀典。康熙二十一年（1682 年）三月二十五日，康熙东巡，历时一个多月，到达乌拉（吉林）地方，亲率大小官员数百人“诣松花江岸，东南向，望秩长白山，行三跪九叩头礼，以继承老祖宗龙兴之地。”清王朝不但对长白山神顶礼膜拜，而且对千百年来数次修身于长白山天池的龙神金龙的化身“金龙四大王”——谢绪尤惟崇尚、隆祭，无以复加。《金龙训言》曰：

龙天大章从何去？伸手只见土养情。
动吾文章撼天下，兵兴盔甲人共识。
龙山龙地何变荣？最吾金身助兴龙。
雍正康王三世载，康熙祭吾头玄功。

清代延续明制将金龙四大王纳入国家祀典。据《清史稿·礼志卷三》记载：“夫直省御灾捍患，有功德于民者，则赐封号、建专祠，所在有司秩祀如典。世祖朝，宿迁祀河神宋谢绪。”顺治二年（1646年），“以黄河著异”，敕封金龙四大王为“显佑通济之神”并建庙宿迁。此后，国家祭祀更为频繁，形式多样，每当黄河与运河出现大的灾情时，在官员地请封下，皇帝赐予金龙四大王封号以报神佑。自顺治帝第一次敕封金龙四大王以后，清王朝各代就接二连三地对其进行敕封。据《金龙四大王祠墓录》载：从顺治二年加封神为“显佑通济”四字至光绪五年加封“溥佑”止，共加封18次，封号长达44字。即敕封“显佑、通济、昭灵、孝顺、广利、安民、惠浮、普运、护国、孚泽、绥疆、敷仁、保康、赞翊、宣城、灵感、辅化、襄猷、溥靖、德庇、锡佑、溥佑金龙四大王”长达50字。这在历代神祇封禅中是极为罕见的，按封禅的规则是不准超过40个字的。

雍正统治短短十三年，对于金龙四大王——谢绪的膜拜比起其祖、父更是有过之而无不及。（图71）雍正即位后，在经济上采取了一些旨在发展农业生产的措施。雍正二年（1724年），开始实行直隶巡抚李维均提出的“摊丁入亩”的赋役制度，减轻农民负担。同时，为了解决人口日益增长的粮食问题，更加严格地执行传统的重农抑末方针，鼓励垦荒，强调粮食生产，反对种植经济作物，并反对开矿和发展手工业（这是封建统治者的局限性）。他注意兴修水利，除治理黄河，修筑浙江海塘外，命怡亲王允祥在直隶开展营田水利，在宁夏修筑和疏浚水渠。在治河疏浚的过程中时刻不忘弘扬中华民族的龙文化，从雍正元年（1723年）开始，清廷连续拨发帑金，花费巨额新建和重修了河南武陟、江苏宿迁皂河、浙江钱塘的三大金龙庙。

图71　雍正皇帝画像

（一）黄河浩渺广大，浊浪滔天，无束无羁，奔泻而下。只有置身于这样的气势中，才会对以上所述黄河灾难造成的剧烈伤痛产生形象理解和深切感受。濒河而生的兰阳县人许廷弼在《次渡黄河有感韵》诗中这样描述道，“排空猛浪飞危巘，震地威声起浩波。”北直大名府长垣县知县张治道（正德十年任）在登临大堤时记下了他的感受：“每一临眺，见其巨浪洪浸，骇心眩目。时日之间，盈缩百变。其来无御，其去无迹，若神灵为之者焉。”明朝崇祯末年（1642年），李自成久攻开封不下，便挥军决开黄河大堤，水灌汴梁（今开封市）之后，黄河堤坝屡塞屡决。顺治初期由于战争尚未结束，清初政府无法全力顾及黄河的治理。因此，黄河这一时期几乎是年年决口，在顺治朝中18年间仅大的决口就有20次，朝廷只能是穷于应付，防不胜防。康熙前期，河患仍然有增无减，特别是在康熙十六年（1677年）靳辅任河道总督以前，黄河同顺治时期一样年年决口，甚至一年决口数次。

雍亲王胤禛年轻时曾随康熙到河南武陟巡河，病中的康熙将治河大事交给他负责，因此，雍正在登基前就已负责武陟河工。由于自武陟以下地势平坦，黄河的落差减小，造成河道淤积，容易决口。在武陟上游河段伊河、洛河等河注入黄河，沁河则在武陟入黄，每到汛期，大水汹涌而至，沁河入黄一带，成为黄河著名的险工段。康熙六十年（1721年）至雍正元年，两年多的时间里黄河在武陟秦厂、詹店、马营、魏庄四次决口，洪水淹没焦作、新乡、安阳后顺势向北流去，经卫河入海河，直逼京津，危害华北。在雍亲王地调度下，以钦差大臣牛钮为首的近10名中央大员和众多地方官员云集武陟。其中齐苏勒、赵世显、张鹏翮、陈鹏年都是当时有名的水利专家。

经历艰难的堵口之后，人们意识到，如果没有一条新的大坝，黄河在武陟就难以安澜。雍正决心在旧堤前临水筑坝，根治沁河口这段黄河防汛的“豆腐腰”。在国库倾力支持下，根据牛钮的设计方案施工，从武陟钉船帮到詹店的大坝，限制沁河口，并将黄河水“挑”向南边的邙山。雍正元年秋汛前，四公里长的巍巍黄河大坝终于修筑起来，这时，黄河、沁河一起涨水，河水波浪翻滚地冲向大坝。如果此时再次决口，不仅证明这地方确实不能建坝，而且北方将再次遭殃。面对滚滚洪水，牛钮、嵇曾筠率民工日夜守护大坝，加高加固。等汛后水退，奇迹出现了：一方面被挑往南岸的河水主流冲击河沙，刷深了河道；另一方面大坝背水，泥沙淤积，成了高滩，最终的结果是武陟由临水险工从此变成了滩坝。此后至今270多年，黄河再也没有从这里决口，雍正二年四月，胤禛亲书“御坝”二字，命人刻碑，立在坝上。

雍正皇帝在这一次武陟堵口之初，曾许诺说：如果堵口成功，就在武陟修建大小河流总龙王庙。在经过四堵四决后的第五次堵口成功后，在建“御坝”的同时，雍正不忘当年的承诺，同时敕令建造嘉应观。命河南巡抚田文镜、河臣齐苏勒派御匠，调河南、山东、山西、陕西、安徽五省能工巧匠，大兴土木，历时四载，建成了规模宏大，纯满族风格集宫、庙、衙三体合一的清代建筑群。嘉应观占地140庙，分南北两大院。北院为祭祀河神，巡河行宫建筑群；南院原有戏楼、牌坊。中轴线南北依次有山门、御碑亭、严殿、中大殿（金龙殿）、恭仪亭、禹王阁。两侧对称有掖门、御马亭、钟、鼓楼、更衣殿、龙王殿、风雨神殿。东西跨院为治台、道台衙署。御碑亭造型精致独特，伞形圆顶，酷似清代皇冠，内立雍正皇帝亲自撰文书丹的大铜碑，高4.3米，铁胎铜面，碑周雕龙，底座为蛟，工艺精湛，全国罕见，为国之宝。

在嘉应观所有的建筑之中，最高的是禹王阁。禹王阁雕栏楼阁，典雅华贵，颇具南方风格，阁前有一碑为清水碑，也叫灵石碑，轻轻一敲，灵石碑声若铜磬，娓娓动听。大禹不是“龙王”，因为没有一个帝王敢自不量力地封赏他。虽然不是龙王，但在各处龙王庙中，大禹都威然凌驾于诸龙之上。如具同样规模的江苏宿迁皂河龙王庙，龙王殿后就是禹王殿。这是为什么？这主要缘于金龙以化身“应龙”帮助大禹治水。《太平广记》中记载：“禹治水，应龙以尾画地，导决水之所出。”另外，因为大禹他是中华民族治水成功的第一位圣人，在嘉应观，最高的建筑自然留给了大禹。

嘉应观历经沧桑，主要建筑仍保持完整，现存房屋有200多间，系清代宫式建筑。远望楼阁凌空，殿宇栉比，参天古柏与红墙碧瓦交相辉映；近看雕梁画栋，翅角飞檐，布局严谨，气势宏大壮丽，是镶嵌在黄河岸边的一颗璀璨明珠。观内设置与各地龙王庙、观有别，却与皇宫类似，特别是中大殿，就是故宫太和殿的缩影。中大殿天花板上彩绘65幅各不相同、栩栩如生的龙凤图，为天下一绝。故宫里也有龙凤图，但故宫的龙凤图为满汉合璧，而这里的龙凤图却是清一色的满族文化风格，天下独此无二。有关专家称，目前在故宫、颐和园、避暑山庄、东陵等代表建筑群，尚未发现有此图案的。据说圆明园曾有，可惜被当年入侵的八国联军烧了，因而它成了全国又一绝唱。

嘉应观，俗名庙宫，实为金龙庙。雍正三年（1725年），田文镜奏称：“臣于本年三月二十五日前赴武陟县地方金龙庙，会同河臣齐苏勒、副河总嵇曾筠于三月二十七日卯时开光，巳时恭上御书匾额，臣见敕建庙宇极其精工壮丽，豫省士民莫不感颂皇恩。”（《世宗宪皇帝朱批谕旨》卷一二六）在嘉应观建成时隔不到一年，即雍正四年（1726年）十二月初出现了黄河水清二千里的国家祥瑞。雍正皇帝笃信佛老之说，而中国千古以来世代相传就有“黄河清，圣人出”的说法。“圣人出，黄河清”出自明程登吉《幼学琼林》，意思指黄河之水常年浑浊，如果变得清澈则被视为祥瑞的征兆。又传说黄河五百年变清一次，甚至还有“千年难见黄河清”的说法。这次“河清”的规模比较大，持续的时间也较长，从雍正四年十二月上旬末开始，陕西、山西、山东和江苏五省的河水逐渐变清，次年年初仍可见到。（乾隆《陕西通志》、《山西通志》）因此，朝野上下都以为当今皇帝是圣人，雍正朝是太平盛世。在得到河清的奏报后，雍正表面上说："受宠若惊，不以为喜，实以为惧。"但雍正帝怎能不举国欢庆呢？他除接受百官朝贺外，诏令全国官员官升一级，犒赏河防兵丁，特颁《圣世河清普天同庆谕》昭告天下，令沿河百姓与地方官员，驻守官兵欢庆三天。在其当年的闰三月初一日、十二月十四日和以后雍正六年（1728年）十二月初九日、雍正十一年（1733年），先后四次致祭金龙四大王。感谢神灵默佑，祈求四海升平，永奏安澜。

（二）江苏省宿迁市城区西北的皂河镇，有一座国家级文物保护单位：敕建安澜龙王庙。数百年来，当地老百姓流传着很多关于此庙的神话传说。该庙规模宏大，雄伟壮观，整个建筑群坐北朝南，轴线分明，左右分列殿宇14座，东西院各有附属建筑。四周宫墙完好，护庙河直通运河，整体建筑分为"前庙"和"后宫"两大部分，依次建有戏楼、东西牌坊、禅殿、御碑亭、钟鼓二楼、仪殿、东西配殿、大王殿、灵官殿、东西两庑、东西宫、后大殿。其建筑布局规整，结构严谨，装饰华丽，工艺精湛，处处显示出这一大型古老建筑富丽堂皇的皇家气派，整座建筑至今保存完好，是研究我国明清两代文化、宗教、河工、漕运历史的一处不可多得的实证。全国祭祀金龙四大王的祠庙众多，但唯独皂河龙王庙的地位超然其上，它不仅享受着最高统治者三番五次的反复加封和岁时致祭，同时几次亲临皂河龙王庙"诣庙瞻礼"，拈香祭拜，还多次由朝廷拨帑金鼎新神庙。

在河南武陟县淮黄诸河龙王庙落成后不久，雍正帝又准予河臣关于宿迁皂河龙王庙修复的奏请。在皂河安澜龙王庙的御碑中明确记载，皂河安澜龙王庙最大的一次修复工程恰恰也正是在雍正五年，也是准河臣所请："祠宇岁久且圮，弗称祀典受允河臣之请，特发帑金，鼎新神庙，经始于雍正五年五月，落成于是年十一月，钜丽崇严，丹碧辉映。"庙的建筑形制是标准的皇家建筑，参照于河南武陟县嘉应观，"规模与豫省同"，门前的一对正面石狮据考证在全国民间庙宇中绝无仅有（一般石狮都是偏头向内），与故宫门前如出一辙。庙内建筑讲究对称，轴线分明，大殿、寝

宫、御碑亭都是彩色琉璃瓦覆面，建筑中所有的斗拱、额枋、廊柱的彩绘都是与故宫相同等级的“和玺彩绘”。

雍正皇帝敕令修建河南武陟县黄淮诸河龙王庙与江苏宿迁皂河河神庙的重修，正是官方祈求“黄河安澜，漕运畅通”的体现。因为，从明代开始金龙四大王就是广为信奉的黄河之神与运河之神，金龙四大王信仰最早在徐州吕梁洪至临清间的黄河、运河沿岸传播，于兖州府、徐州府、淮安府的黄河及运河地带形成中心祭祀区。因地域邻近，又有黄河水道相通，河南亦是黄河河患的多发区，故信仰在河南地区也广为传播。明代国家认为黄河的安定以及漕运的顺畅均系金龙四大王，从而金龙四大王在明代中后期已独步河上，成为黄河、运河一带首屈一指的河神。淮安清口至徐州茶城长期利用黄河河道行运，在特殊的自然环境下，金龙四大王被赋予黄河河神的职能，兼司运河，具备治河济运的双重神格。徐州至张秋段运河受黄河干扰，黄河决口东泛多冲毁运道，阻碍漕粮北运，金龙四大王治河济运的双重神职得到明代官方的重视，明代国家建庙祭祀金龙四大王的地点集中于这一区域。

黄河长期夺淮入海，徐州、淮安两府为黄河下游流经入海之地，黄、淮、运诸河交织，又有骆马、洪泽等湖泊，水患频发。而皂河正是处在这样一个特殊的河段所在地。翻开历史书籍，只要一讲到黄河与运河，就必然讲到宿迁皂河，自宋代到清代中叶，黄河与运河在这片土地上纠缠不清，让所有的统治者都为之头痛。在宋代，就有治河大臣提出在这一片土地上为黄河另开一条河流，就是著名的“开浃之议”。一直到清代康熙河道总督靳辅才完成另修皂河（河名），避开了徐州吕梁洪至淮阴清口的黄河急流。

皂河口通漕时间虽短，但皂河集的地理位置甚为重要。皂河开通后，“上至温家沟起，下至皂河，又历龙冈岔头口，达张庄运口止，计长四十里”，（清·崔应阶《靳文襄公治河方略》卷三）皂河集正处皂河中段河湾处，且南临黄河，位置险要。为治河护运，靳辅奏令刘马庄巡检驻扎皂河集，“修防黄河北岸汛地”，运河主簿驻扎皂河集，“修防运河汛地，上自邳州界起，下至皂河口止。”（清·靳辅《文襄奏疏》卷四）雍正五年

(1727年)，总河齐苏勒重修皂河龙王庙，庙宇南临黄河，后靠皂河运道，成为祭祀黄河与运河之神金龙四大王的理想地点。

明清之际，皂河集交通位置凸显。皂河开通后，沟通泇、黄二河，皂河集地处黄河、运河之间。而金龙四大王是广为信奉的黄河和运河之神，“护河济运”的金龙四大王信仰在此地广为传播，沿河庙宇众多。《宿迁县志》载：“黄河福主金龙四大王庙，明隆庆辛未（1571年），兵备冯敏恭、知县宋伯华建。万历辛卯灾，参政郭子章、知县聂铉建……”（康熙《宿迁县志》卷二）清初，顺治三年（1646年），“封浙人谢绪为显佑通济之神，庙祀江南宿迁县。”同治《宿迁县志》云：“金龙四大王庙（宿迁）城西南，明知县宋伯华建，康熙二十四年改建于西南堤上，有御敕祭文。”（同治《宿迁县志》卷一一）此庙在明代就是官方祭祀的庙宇，清代仍沿明制，国家祭祀地应是宿迁县治西南的金龙四大王庙。《铜山县河神庙碑记》载：“我圣祖仁皇帝德协清宁，省岳巡河，亲筹底绩。康熙三十九年，敕加封神为显佑通济昭灵效顺金龙四大王。维兹清江暨皂河并建有灵庙，春秋永祀。”（中华书局《徐州府志·新千年整理全本·卷一》）

皂河龙王庙重修与雍正年间的“河清祥瑞”有关，清代官方多将黄河水清视作盛世吉兆。明初著名诗人高启在《黄河水》中云：“旧传一清三千年，圣人乃出天下安。”河清现象对朝野的影响自不待言。雍正五年(1727年）正月二十六日，官员奏称：“河清献瑞，地连四省，时逾三旬，为从古未有之奇征。”（《雍正朝起居注》）雍正帝在派人巡视后对此深信不疑，除遣官祭河南武陟县金龙庙（即今天嘉应观）外，敕令重修江南宿迁皂河龙王庙和钱塘安溪下墟湾金龙四大王庙。皂河龙王庙由河道总督齐苏勒主持重修，其奏折云：“臣酌佐修建金龙四大王庙一事，臣谨查江南黄河一带所建龙王庙宇甚多，或地处沮洳，或庙貌狭小，均不足以壮观瞻，惟宿迁县西皂河之庙地势高阜，四面宽敞，庙貌轩昂，且介于黄、运两河之间，与朱家口相近。”（《世宗宪皇帝朱批谕旨》卷二）皂河旧庙规模亦当不小，重修较之新建开支较少，虽然皂河庙修成时“规模与豫省同”，而耗银仅三千九百九十九两，同是齐苏勒参与修建的河南武陟县金龙四大王庙耗银多达八千余两。（《世宗宪皇帝朱批谕旨》卷一二六）当然，国家祭祀庙宇选址皂河集与齐苏勒的治河经历亦有关系，雍正三年（1725年），朱家口河水溃决，齐苏勒率员堵筑，决口于雍正四年（1762年）十二月十三日才告合龙，（《雍正朝起居注》）而皂河庙因地近朱家口，故亦有震慑河患，祈神报功之意。

皂河龙王庙修成后规模宏大，齐苏勒奏称："大殿添新补旧，复加修整，并改造大门、仪门、配殿、廊房，外面周砌围墙，修造钟鼓楼以及建立牌坊，盖造东西道院。"（《世宗宪皇帝朱批谕旨》卷二）所需费用由户部动用内帑抵销，此外，因淮徐道康弘勋在睢宁工次堵筑漫口"屡见神明显佑"，"陡遇工险，随祷辄应"，愿捐家资三千两酬神，"以一千五百两交付江南宿迁县，以一千五百两交浙江钱塘县"，在庙宇附近购置田产"以备朝夕香火不时修葺之用。"而雍正帝批曰："庙宇工程出于朕之诚意，毋庸捐助置买田地以为香火之资，康弘勋既有此愿，自属可行。"此后，皂河集龙王庙载入清代国家祭典，官方对此庙尊崇有加。

雍正皇帝敕令修建河南武陟县黄淮诸河龙王庙与江苏宿迁皂河河神庙的重修，庙的建筑形制是标准的皇家建筑，是中国历代建筑最雄伟的龙王庙。庙内建筑讲究对称，轴线分明，大殿、寝宫、御碑亭都是彩色琉璃瓦覆面。庙内设置与各地龙王庙、观有别，却与故宫类似。故宫前朝由五门三朝和文武二楼组成，这是从《周礼》那继承下来的，几乎历代的宫城都遵循这一礼制。五门三朝是皇权的象征，象征统治者承袭了大统，只有皇帝才能拥有它，就像九鼎一样，谁也不能僭越，突出了皇权的至高无上。

（三）在三大金龙庙中，浙江钱塘县的金龙四大王庙，最初是谢绪祖祠，建于南宋度宗德佑二年（1266年），位于金龙四大王梓里安溪孝女北乡（今余杭区良渚镇下溪湾村）。据《康熙钱塘县志》载："谢绪，理宗皇后谢氏之族也，世居邑之安溪孝女北乡……遂赴水死，时苕水陡涌高丈余，绪尸立而逆流，山川变色，禽鸟异声，举葬于金龙山祖墓之侧，立祠其旁。"（仲学辂《金龙四大王祠墓录》卷一）历经数百年，由于神庙地处偏僻乡隅，迨及康熙年间，祠宇荆榛，庙倾像毁，邱垄倾颓，坟墓荒芜。

明代至清代初期，在杭州一直没有极其精工壮丽的庙宇祭祀金龙四大王。直到清朝康熙三十四年（1694年），金龙四大王十七世嫡孙谢崧高以神功丕著、默护河漕，呈文河漕二院恳恩重修祠墓，钱塘县委派安溪奉口税课司大使李廷贵与谢崧高及泥工石匠等人亲赴孝女北乡，查勘估修金龙四大王祠宇神墓工料费用，逐一确估各项修造费用共计四千二百两。因钱塘县“无额款可动”，经浙江粮储道与浙江布政两宪酌议会商后批示：“在于杭、嘉、湖三府凡有河漕州县，分别上中下共为均派捐轮，若有余资置田产以供祭祀，如不足置田，应令钱塘县每年捐资致祭二次岁以为常。”（仲学辂《金龙四大王祠墓录》卷三）又在何源浚、敖福合、邵远平、严曾矩、许延邵等众官员积极募宣大力支持下，以及当地绅士和谢绪后裔的不懈奔走努力，从而得到社会各界鼎力相助，孝女北乡的金龙四大王庙得以重新修葺，殿堂门庑，金碧腾光，为了方便杭州城的广大居民敬祀金龙四大王之神，并在杭州北新关水口新建金龙四大王行宫。

雍正四年十二月初，出现了黄河水清二千里的国家祥瑞，为了答谢金龙四大王神佑，雍正皇帝敕令重修江南钱塘安溪下墟湾金龙四大王庙。雍正五年，雍正皇帝准予当时的河道总督齐苏勒关于修缮浙江钱塘孝女北乡谢绪家族祖庙的奏请：“臣酌佐修建金龙四大王庙一事，臣谨查江南黄河一带所建龙王庙宇甚多，或地处沮洳，或庙貌狭小，均不足以壮瞻……本藉祠墓亦行修理，以彰盛典。”（《文津阁四库全书》第143册40）“敕建庙宇，气象辉煌，永昭祀典。”并“设祭田以供春秋”，而由朝廷拨帑金修建，享受国家祭祀之礼这还是第一次。

雍正六年（1727年），钱塘孝女北乡下墟湾（今良渚镇下溪湾）金龙四大王庙鼎新落成，每岁春秋由钱塘学官主祭，另给祀田将每年租息作为时祭、殿宇岁修等费。时任杭州知府秦炌在其《置祭田记》一文中对此作了详细记载：“雍正纪元之四年，河清万里，皇帝敬隆秩祀以答神庥，诏发帑银建金龙四大王庙于江南之皂河，而浙江钱塘县金龙山之阳神之祠墓在焉，奉旨整而修之殿堂门庑，金碧腾光，荆棘攸除，鸟鼠攸去。工程既竣，而淮徐道康公藉神之佑朱家海大工告成，愿捐赀三千两，以一千五百两置祭田于江南（宿迁皂河），以一千五百两置祭田于钱塘（孝女北乡），俾世奉烝尝，而以其余为岁修之费。炌摄篆钱邑，六年三月初六日，奉河院齐公宪牌饬炌董其事，谨按神尽节于宋末，效力于明初，自永乐时议海道不便复修漕运，凡东南飞挽悉资河道，惟尔神默相于冥冥者。三百余年，是以璧马不沈宣房不筑，神之御灾捍患于河者为最著，我国家克修水政怀柔百神，吉乃大来德水休徵，震耀今古。炌闻之天之所助者顺也，人之所助者信也，圣天子崇祀四渎，牺牲圭璧视古有加，而康公宣上意酬神贶，不费度支而春秋克举，岂惟嘉靖鱼台之建不能加，隆庆之祝不能为及，而考后是于三王稽先事于晋国天人佑助，典礼宣昭未有盛于我朝者也。炌材力弗逮谨承宪意，买本县调露十五图陈黄氏徵田二百二十亩一厘八毫三丝五忽，委本县儒学曹廷献履亩以稽，于是正其广轮，总其岁入，守之于官。凡牺币之数、岁修之费书之于籍，使千百年嗣守兹土者永有法则，呜呼休哉！来假来飨，允猶翁河，此岂独康公之志，乃圣天子所以隆望祀也，恪守成规，以妥以侑，是在后人。雍正六年嘉平月吉旦。”（仲学辂《金龙四大王祠墓录》卷二）

钱塘孝女北乡下墟湾金龙四大王祠墓，至咸丰庚申（1860年）、辛酉二年，迭遭粤匪兵燹，庙貌倾废，祀典缺如。光绪十三年（1886年），山东巡抚张曜批准浙江绅士函商重建神庙之请求，特捐廉银二千两，并奏请礼部获准修复，奉部咨明浙江巡抚饬照章认真办理。此次修复工程，将头门主殿、寝宫并金龙山茔墓、神之先世“灵惠祠”尽行建竖，祠墓乃得焕然一新，计费工料合纹银五千余两。为了更好地保护钱塘孝女北乡下墟湾金龙四大王祠墓免遭侵害，光绪十七年，钱塘县公布《钱塘县柬告示》：“为永禁照得本县境内孝女北乡下墟湾向有金龙四大王祠墓，历奉钦加封号……查该祠前对西险大塘，经绅士丁丙、仲学辂谨择要区，设立险塘岁修，公所据称该祠系奏明兴修之处与寻常社庙不同，诚恐无知乡愚寄顿什物柴草，不顾体制，以及外来游痞托言逃难盘居旅宿，非特损伤墙屋亦且亵渎神明，殊非朝廷设祀崇祠之至意。为此合行出示永禁仰诸色人等知悉，尔等须知金龙四大王忠肝义胆，身后不磨灵绩，所昭岂惟河渎，凡有血气者咸宜尊敬，况下所董事暨管庙司事，鸣保禀县以凭究办，决不姑宽，毋违特示，光绪拾柒年肆月日。”（仲学辂《金龙四大王祠墓录》卷三）

国家为治理黄河河患及保护漕运的需要，将金龙四大王视为国家河务、漕运的精神象征，不断为其加封、建庙。明清国家祭祀金龙四大王具有应急性的特点，祭祀行为多与重大河工及漕运中的突发事件有关，而明清时期是黄河决口的多发期，国家在河患的多发地及漕运关键地段建庙祭祀金龙四大王，祈求神灵震慑河患、护佑漕运。国家建庙祭祀客观上推动了信仰的扩展，此外，国家的祭祀政策亦影响信仰的传播和扩展。明朝奉行儒教原理主义的祭祀政策，重视人格神生前的义行，明初被列入王朝祭典的人格神几乎都是先帝、明王、忠臣、烈士之类。明中期儒教原理主义祭祀观念更为盛行，原本属于忠臣、烈士的人格神迅速走强。（朱海滨《祭祀政策与民间信仰变迁——近世浙江民间信仰研究》）金龙四大王的人物原型谢绪忠于宋室，于南宋灭亡之际投水而死，属于忠义之士，谢绪在吕梁洪之战中显圣大败元军的传说更突出了其忠义形象，迎合了儒教原理主义祭祀政策。在儒教原理主义地影响下，金龙四大王谢绪的忠义形象得以推广。

国家祭典赋予了金龙四大王国家正神地位，为其跨地域传播提供了礼制依据。金龙化身“金龙四大王”谢绪的忠义形象符合国家祭祀理念，得到明清官方的认可和支持。国家祭祀金龙四大王具有双重意义，一方面，通过祭祀传达国家祭祀理念，掌控民间信仰资源，国家权力渗入民间信仰领域，加强了专制统治。另一方面，祭祀以国家福祉为中心，旨在祈求神灵护佑河道安澜、漕运平安，带有功利性色彩。官员祭祀沟通了国家与地方社会。官员从国家立场出发，奉行国家的祭祀政策，尊重民间的祀神文化，对巫觋、祭蛇等风俗予以认可和利用。具有礼治意义的国家祭祀文化与世俗祀神文化相互塑造和影响。河患的多发和漕运的兴盛是金龙四大王信仰扩展的外部环境，国家祭祀政策的认可是信仰扩展的前提条件，而金龙四大王信仰地域扩展的根本原因是社会经济的发展和社会群体流动性加强，漕运官军、商人、官员等社会群体往来于大运河、黄河、长江、淮河等水体之上，推动了信仰的扩展。

二、雍正皇帝与黄河石林

由于大清王朝对神山圣水的长白山崇祀有加，因此，“数千岁月，越于长白，任乎久修也。”的龙神金龙，先后传化了两位化身降于大清王朝之中。一位是康熙年份降生于皇宫的康熙皇四子——胤禛，是清朝入关后的第三位皇帝。逝世后又还回龙身——“雍正龙王”，居于今甘肃省黄河石林老龙湾盘龙洞。营修黄河石林百余载后，至清咸丰年间，金龙又奉上苍之令，转化为清王朝的一位将军，即清光绪年间的黑龙江将军——袁寿山，世称“寿山将军”。《金龙训言》曰：

刚刚提有龙王事，身赶龙脉一家亲，

盘龙洞中莫分离，九曲黄河养人体。

追根问由说年份，康熙年份坐驾宫。

里中奥由时传闻，跨到雍王年正逢。

皇家皇位变龙神，雍正修为一长龙，

坐渡时空吾将军，……

雍正皇帝勤于政务，生活俭朴。从历史资料看，雍正现存仅朱批奏折就达 35000 多件，其总字数以雍正执政十三年相除，平均每天是 8000 多字！即使比之用上电脑的今天，有多少人能做到在十三年中平均每天写 8000 多字？更何况是一个“日理万机”的皇帝？这个细节充分说明，雍正是我国历史上一位非常罕见的勤政皇帝。康雍乾盛世，是中国两千多年封建社会辉煌的时期之一。康熙给雍正留下的并不多，而雍正留给乾隆的却是充裕的物质基础，廉洁的干部队伍和清明的吏治环境。可以说，没有雍正的历史贡献，就没有乾隆时代的历史辉煌。雍正皇帝励精图治的十三年，是承前启后的十三年，是康乾盛世的枢纽。

在萧关古道穿越白银段的线路中，苦水堡、卧龙山、莲台山的名字常常会呈现在我们的眼帘。前已述及，萧关古道经过白银境内的线路，只有从杨崖湾古城经青砂岘，沿黄家洼山至卧龙山苦水堡，过莲台山至水泉堡、裴家堡、哈思吉堡，渡过黄河到达媪围古城，这是最捷径的路线。苦水堡、卧龙山、莲台山就处在这条线路的中间。

莲台山地处靖远县东升乡东升村境内，所在地王庙社的名称“王庙”，也与金龙的两位龙化身有着历史渊源。一位是唐代贞观年间时的“泾河龙王”，后因尉迟敬德奉唐太宗旨意来到莲台山为“泾河龙王”建庙塑像，尊驾由此坐于莲台山，这也就是莲台山最早的龙王庙。另外一位则就是“雍正龙王”。龙神金龙康熙年份传化人间，为康熙玄烨皇四子胤禛，是清朝入关后的第三位皇帝。雍正逝世后，又还回龙身——“雍正龙王”。那么，还回龙身的“雍正龙王”又去了哪里？《金龙训言》曰：

弹指一挥一百年，玲玲潇洒在此间，
翻开历史看今朝，吾当笑容达九霄，
盘龙往日呼感应，挥毫提马世不明。
潇潇洒洒度人生，吾当修林三百整，
回忆往事不容易，非凡道中非凡地。

《金龙训言》又曰：“提起往事，吾住盘龙洞与龙王之曰（说）的故典，周方人士也可知晓。”从金龙训言得知，金龙化身“雍正龙王”是来到了黄河石林老龙湾，居于今盘龙洞，汉唐时期称为五龙洞。在被金龙称为“非凡道中非凡地”的黄河石林，雍正龙王开始肩负起另一艰巨的使命，即营修黄河石林之塑雕。正是《金龙训言》所曰：“潇潇洒洒度人生，吾当修林三百整。”训言中“三百整”这里金龙应用了倒装句的手法，“吾当修林三百整”实意为“吾当营修黄河石林之塑雕一百三十年整。”《金龙训言》：“雍正三六民乐间，藏涵龙洞光绪含”进一步说明了这一点。

黄河石林是风格迥异的高品位自然景色优越组合。其造型天造地设，鬼斧神工，犹如雕塑大师之梦幻杰作。这位具有鬼斧神工，造化神奇之伟力的雕塑大师就是雍正龙王，他在黄河石林原有的粗犷、雄浑、朴拙、厚重之特色基础上，利用这亘古旷世的独特地貌奇观，创造了具有浓郁梦幻色彩，超越时空的自然景色呈现于龙湾大地。从此，黄河石林展现出了撼动山川骨架发育成千姿百态的艺术造型，十里长峡，如同画廊。奇峰绝壁，崖壑裂隙，千姿百态，神妙无穷。或亭亭玉立，婀娜秀丽；或粗犷古朴，壮观恢宏。峡谷蜿蜒曲折，如蛇明灭，皆以沟命名，从东南至西北，共有八沟之多。

在这个神奇的世界里，挺拔伟岸、摄人心魄的峡谷石林与迤逦绵延、荡气回肠的黄河曲流山水相依，动静结合，刚柔互济；古朴润泽的龙湾绿洲与疏放干亢的坝滩戈壁隔河而望，两种生态对比鲜明，反差强烈。景区集中展现了纯天然、大构造、多层次、紧界面的优越组合，浸透着浓厚的原始古韵，令人叹为观止，流连忘返。2012 年 5 月，高财庭先生作赋颂赞：

黄河石林赋

雄哉石林，大气磅礴。二百万年岁月风雨浸润，成包容之情怀；五十万平方丹霞地貌，铸不屈之气节。上凌重霄，下瞰人寰，滨黄河而踞龙湾，伴大漠而雄北地。古奇险雄，黄河、石林、绿洲、沙丘天然一体；瑰伟峻秀，休闲、娱乐、度假、览胜自有情趣。诚乃国家地质公园、中华自然奇观。

奇哉石林，天下一绝。一水中分，成太极八卦图像；两岸天壤，见绿洲戈壁景观。黄沙砾岩，鬼斧神工巧作合；大漠绿洲，天造地设见匠心。二十二道弯，弯弯景色奇异，百单八座峰，峰峰气象突兀。色如渥丹，灿若明霞。如柱、似笋、像塔、若剑，千帆竞发下西洋；似狮、如虎、类龙、赛犬，万象峥嵘冲云天。苍鹰回首，壮千年风云；将军守关，锁一域门户。重崖凌空，石峰突起，聚若堆砌，散若瓦解，惊浪突起，波涛尽卷。昼为孪生兄妹，夜成月下情侣；身似屈子问天，影成文姬归汉；正观孔雀开屏，侧视老鸢振翮；左仰西天取经，右俯孔圣劝学；灵象汲水于溪流，神龟昂首傲苍天。步移景换，气象万千。

秀哉石林，物华天宝。黄河之水天上来，奔流到此西北回。君不见黄河浪里，筏子客搏浪渡河；古柳岸边，老水车车水播雨。百辆“驴的”，显现古朴民俗；“三红”果蔬，尽乃绿色食品。君不见湖山风月，孕一代丹青妙手；大漠绿洲，引万千骚客放歌。农家乐乐农家春光有约，自在游游自在时尚无限。游客八方来，览胜睹奇争作赋；赞声四面起，黄河奇观载嘉誉。

美哉石林，风光无限。开放开发，开旅游之先河；倾心倾力，注文化之意韵。地质博物馆，尽展石林风采；五A级景区，彰显最美乡村；滨河大道，连接兰州成百里风情；龙湾古镇，远眺哈思望千岩锦绣。嗟乎，黄河石林，天下一绝；洵矣，北国天物，石中奇观。得天之独厚兮，宜高怀而远翥；藉地之深蕴兮，犹携风而翩跹。天时地利，复臻人和，试看明日之黄河石林，必当翘楚北国而独领风骚焉。

经过一百三十年间的不懈努力，雍正龙王终于修造出黄河石林一个个蕴涵着美丽神奇传说的景点后，决定前往龙之圣地——莲台山。雍正龙王来到莲台山所在地——王庙，是一个真实而又神奇的佳话。“王庙”本是靖远县东升乡东升村的一个社，因莲台山的龙王庙而得名。这里居住的大多数都是王姓人家，据当地大夫王万坤的讲述，他们的祖先来自甘肃永登县，先辈由于对龙文化圣地莲台山闻之已久、仰慕多时。终于与清康熙元年（1662年）决定迁往莲台山，其中一部分至今还居于永登县。到王万坤他们这一辈已是第十四代，距今大约350年。他们的第七代先祖王登堂，是一位军人出身，在西凉浴血征战多年后官升三品，衣锦还乡时，回到莲台山王庙。王登堂回到家中后，受到族人及亲朋好友的隆重欢迎。当家人搬运和安置带来的行李时，突然从行李间掉落出一位尊神的头像，这时，王登堂和在场的众多族人及亲朋好友都哗然惊愣，不知所措。王登堂也连连说道：“真不知从何而来？”经众人商议，决定将神像先送往龙王庙内供奉。后来得知，因王登堂为国征战有功，上天恩赐王登堂由其将“雍正龙王”头像带上莲台山，并负责为雍正龙王塑金身，从此雍正龙王尊驾也就坐到莲台山了。

三、“苍鹰回首”与铜城白银

图 72 黄河石林“苍鹰回首”

在黄河石林中，有一名曰“苍鹰回首”的景点惟妙惟肖，栩栩如生，是雍正龙王这位雕塑大师的梦幻杰作。（图 72）那么，雍正龙王为何要在这里塑造一个形神兼备的回首苍鹰呢？这主要为了与盘龙洞窟外的那一只仰首展翅的苍鹰“配成双鹰坐天际”，这是因为鹰是凤凰的化身。分布在中国北部和西北部的阿尔泰语系的蒙古族和突厥语系各族都有对凤凰的化身——鹰的图腾崇拜。

鹰在蒙古族社会中确实有非凡的地位。蒙古族布里亚特部、雅库特部都有大同小异的关于萨满是神鹰后裔的传说。传说早年的萨满会像鸟一样飞。后世蒙古族萨满的铜铁冠“多郭拉嘎”冠顶有三棵铜神树，树顶各有一只铜制小鸟，叫“布日古德”，即鹰，又各系铜铃三只，象征鹰鸣，再系五根长绸条，以示鹰尾，据传象征“勃额”：（萨满）始祖郝伯格泰居住的白雪山顶的参丹树和神鹰。蒙古族所崇神鹰色白。传说成吉思汗的父亲为儿子铁木真（即后来的成吉思汗）向德薛禅家求婚时，德薛禅说他夜里梦见一只白鹰落在手上，白鹰正是铁木真所属氏族的祖灵神（应由氏族图腾演变而来），于是就把女儿嫁给了铁木真。在其他蒙古族古籍和传说中，也多次提到神鹰保护成吉思汗的故事。（乌丙安《神秘的萨满世界》）

回纥人也有崇拜鸟（鹰）的习俗。《多桑蒙古史》记回纥传说，其第一位可汗即位以后，“天帝赐之三鸟，鸟尽知诸国语，汗常遣之往访各国之事。”《新唐书·回鹘传》记，唐贞元四年（公元 788 年），回纥要求唐朝用汉文译写其族称时，将回纥改为“回鹘”，并说明是取“回旋轻捷如鹘”之意。鹘是一种凶猛的猎鹰。在维吾尔族神话中，最初组成回纥部的

24个氏族中，有20个氏族以各种鹰为汪浑（图腾）。其中4个是白鹰,4个是鹫，4个是猎兔鹰，4个是隼，4个是青鹰（小鹰，捕鸽鹰）。史书记载，回纥战士“所戴头盔的两翼犹如鹰的双翅”。回纥所出的狄（翟）入诸部多奉翟鹰为图腾，后世多豢鹰，当是狄人鹰图腾的继承和演化。只是赤翟（赤鹰）之外，又多了自鹰，青鹰等。

塔吉克族崇拜鹰，以鹰为图腾，在古老的传说中，鹰都是英雄的形象。塔吉克牧民最爱吹的短笛“那艺”是用鹰翅骨做成的，牧民最出色的舞蹈是模拟雄鹰回旋、飞翔的动作，并以鹰为吉祥物。

中国古代象形文字甲金文中的“凤”字有多种写法，其中两种“凤”字的上部均取像于鸟的体型，而下部则取像于鸟的翅膀，这翅膀如此阔大而醒目，以至于占据了整个字形的一大半。而事实是，鸟类世界如果要评选大翅王的话，冠军肯定会出自鹰类猛禽。显然，能够生有这样巨大翅膀的鹏鸟，在现实世界中只能对应鸟类大翅王——鹰。

雍正龙王为何要选择以苍鹰为凤凰化身的代表？这是因为苍鹰最具有凤凰涅槃的伟大精神。郭沫若在《凤凰涅槃》中说：“凤凰每500年自焚为灰烬，再从灰烬中浴火重生，循环不已，成为永生。引申的寓意：凤凰是人世间幸福的使者，每五百年，它就要背负着积累于人世间的所有不快和仇恨恩怨，投身于熊熊烈火中自焚，以生命和美丽的终结换取人世间的祥和与幸福。同样在肉体经受了巨大的痛苦和磨炼后它们才能得以更美好的躯体得以重生。”苍鹰拔去羽毛，磨光喙和指甲以延续寿命；凤凰自焚，在烈火中获得新生和苦难，成就不屈的生命。

一位鸟类研究专家说，苍鹰是自然界中最长寿的鸟，它们通常可以活到70岁。然而，在活到40岁的时候，鹰的爪子开始老化，以致无法有效地抓住猎物。同时，它们的喙变得又长又弯，几乎碰到胸膛，难以进食。它们的羽毛也长得又长又厚，翅膀异常沉重，使得飞翔十分吃力。这时候，苍鹰面临两种选择：要么等死，要么经过一个十分痛苦的过程再获新生，通常情况下，苍鹰都选择后者，并从此走上了非常艰难的蜕变之路。首先，它们必须竭尽全力飞到山顶的悬崖上筑巢，并待在那里150天不得飞翔。在这个过程中，苍鹰要用自己的喙不停地击打岩石，直到喙完全脱落，然后静静地等待新的喙生长出来。它们再用新的喙把指甲一根一根地拔去。当新的指甲长出来后，它们再把羽毛一根一根地拔掉。5个月之后，新的羽毛生长出来了，苍鹰才重新飞上蓝天。苍鹰由此获得新的生命力，可以再活30年。

对于盘龙洞窟外面展翅欲飞的鹰，《金龙训言》曰："青山依旧还未老，鹏程鸟飞盘旋高。仰慕蓝天如河洲，层层龙鳞辉光耀。沐浴青天登云看，外面世界是自然。"从训言中可见，金龙在这里将这一只鸟——鹰称为"鹏"。金龙为何要将盘龙洞窟外的这一只鸟（鹰）称为"鹏"？（图73）因为，根据《说文·鸟部》中的说法"鹏，亦古文凤"，我们可以知道古文中的鹏，也就是代表着凤。鹏在中国古代文献中，记载最早的当属《庄子》。

图73　盘龙洞外的大鹏鸟——凤（局部图）

《庄子·逍遥游》载："北冥有鱼，其名为鲲。鲲之大，不知其几千里也。化而为鸟，其名而鹏。鹏之背，不知其几千里也。怒而飞，其翼若垂天之云。是鸟也，海运则将徙于南冥。南冥者，天池也。""水击三千里，抟扶摇而上者九万里。""绝云气，负青天，然后图南。"至汉代，东方朔在《神异经》中也有记载："昆仑之山有铜柱焉，其高入天，所谓'天柱'也，围三千里，周圆如削。上有大鸟，名曰希有，南向，张左翼覆东王公，右翼覆西王母；背上小处无羽，一万九千里，西王母岁登翼上，会东王公也。"（《神异经·中荒经》）这里的大鸟"希有"就是大鹏鸟。

在《庄子·逍遥游》中，鲲可以化大鸟——鹏。庄周用汪洋恣肆、气势磅礴的笔调描绘出双翅宽阔而巨大的鹏鸟，所谓"鹏举翅摩天"，鹏就是凤鸟的异名。关于鹏与凤的关系，如来佛祖曰："自那混沌分时，天开于子，地辟于丑，人生于寅，天地再交合，万物尽皆生。万物有走兽飞禽。走兽以麒麟为之长，飞禽以凤凰为之长。那凤凰又得交合之气，育生孔雀、大鹏。孔雀出世之时，最恶，能吃人，四十五里路，把人一口吸之。我在雪山顶上，修成丈六金身，早被他也把我吸下肚去。我欲从他便门而出，恐污真身；是我剖开他脊背，跨上灵山。欲伤他命，当被诸佛劝解：伤孔雀如伤我母，故此留他在灵山会上，封他做佛母孔雀大明王菩萨。大鹏与他是一母所生，故此有些亲处。”（《西游记》第七十七回）因此，雍正龙王在营造黄河石林雕塑时，特意在盘龙洞窟外雕塑一尊巨大的鹏鸟——凤。

图 74　雕塑龙

雍正龙王在盘龙洞窟外不仅营造巨大的鹏鸟——凤，而且还在凤的东南侧塑造了一个抬头仰望的龙首，（图 74）于凤的下方塑造了一只安卧的虎首，（图 75）又在盘龙洞窟外的顶部塑造了一个徐徐爬行的龟的雕塑。（图 76）那么，雍正龙王为何要在盘龙洞窟外天然混成的太极图四周营造龙、凤、虎、龟的雕像？这主要是为了传承和弘扬龙文化的重要组成部分——四大星象龙文化。前已述及，龙祖盘古在创造天龙（太阳）与地龙（地球）的同时，又创生了天象龙中的星象龙，这主要是为了传承和弘扬龙文化的重要组成分——四大星象龙文化。前已述及，龙祖盘古在创

图 75　雕塑虎

图 76　雕塑龟

造天龙（太阳）与地龙（地球）的同时，又创生了天象龙中的星象龙，这些星象龙是由天空的星体组成的。四大星象龙源于远古先民的星宿信仰，从而形成了四象文化。该文化的核心内容就是龙神崇拜，其崇拜蕴藏着丰富而深远的龙文化内涵。《周易》将这一龙文化内涵概括为一句话："是故易有太极，是生两仪。两仪生四象，四象生八卦。八卦定吉凶，吉凶生大业。"（《周易·系辞上》）这是《系辞》阐述《易经》的宇宙生成理论和"一阴一阳之为道"的宇宙结构学说。

凤是会飞的神物龙，神物当有神性。凤的神性可以用向阳、喜火、达天、自新、秉德、兆瑞、崇高、好洁、示美、喻情、成王来概括。《山海经·南次三经》："又东五百里，曰丹穴之山，其上多金玉。丹水出焉，而南流注于渤海。有鸟焉，其状如鸡，五采而文，名曰凤皇，首文曰德，翼文曰义，背文曰礼，膺文曰仁，腹文曰信。是鸟也，饮食自然，自歌自舞，见则天下安宁。"今天的白银旧称"白银厂"，白银厂矿区古称凤凰山。同国内众多凤凰山一样，白银厂凤凰山也有一个"凤凰来集于山巅"的美丽传说，充分彰显了凤的"兆示祥瑞"神性。

在距今5亿年前古生代早期，白银厂凤凰山及整个白银地区、整个甘肃中部及河西走廊，全部淹没在一个被称为祁连海槽西祁连海的茫茫大海之中，深深地海底接受了厚厚的沉积。不知从什么时候开始，祁连海槽变得不安分起来，天崩地裂的海底火山突然迸发，纵横无涯的海面上腾起万古奇观的火龙，巨量喷射物呼啸着蹿出水面，遮天蔽日，又纷纷降落沉积于海底，形成了总厚度达上万米的火山岩及海相碎屑岩。与此同时，大规模的断裂活动，各种各样的岩浆热液活动，上演了一出出旷世绝古的地质构造运动大戏。终于，在一次被称之为"加里东大构造"的运动之后，祁连海槽完全褶皱隆起，形成了一个巨大的北祁连加里东地槽褶皱带。经过漫长的地质岁月，历经多次构造运动，北祁连褶皱山系最终变成今日的形态，成为中国及世界上最重要的块状硫化物矿床成矿省之一。白银厂矿田，一个世界上典型而稀有的海相火山岩黄铁铜型铜矿床及铜铅锌多金属矿床，就像一串璀璨的明珠镶嵌在这一巨大成矿带的东段，而白银厂矿区就是最耀眼的一颗。

白银厂矿区黄铁铜型铜矿床被深深掩埋在一个巨大的“铁帽”——厚度达几十米的黄铁矿之下，因此，从她诞生那天起就被蒙上了一层神秘的面纱。千万年来，她雄居黄土高原的黄河边，一直默默地注视着这里的先民们洪荒初起。在最初的恐慌中度过漫长的日日夜夜后，开始了砸制石器，钻木取火，使用弓箭矛器捕猎狩渔、采集野果的原始生活；又目睹了伏羲氏、神农氏、轩辕氏的子民们临水源聚集定居，熟练地使用石制和陶制工器具，建造房屋，种植粟稷，缫丝纺织，驯养家畜，烧饮煮食，顽强地为生存而战斗，用双手和智慧创造了博大精深的黄河文化和黄河文明，迎来了华夏文明的绚丽曙光。

《山海经·南山经第一》对于凤凰的记述，是将人间的五种德行和凤相联系了。这五种德行被规范成人们通常说的“仁、义、礼、智、信”，从而成了中国儒家伦理文化的架构——三纲五常。中国传统吉祥图案中有《五伦图》，由凤凰、白鹤、白头、鸳鸯、燕子组成，以“五翎”谐“五伦”，象征君臣、父子、夫妻、朋友等五种人伦关系。在中国很长一段历史时期内，人们把五伦作为一种道德标准，不尊五伦的人，被看成是不可交友的人。

三纲五常来源于西汉董仲舒的《春秋繁露》一书，但作为一种道德原则、规范的内容，它最早渊源于孔子。因为，孔子所提倡的宗法等级道德体系的核心或基础是宗族内部自然的伦理秩序。孔子曰：“君子务本，本立而道生。孝悌也者，其为仁之本与。”（《论语·学而》）在孔子那里，自然血缘关系的伦理化正是社会道德规范建立与践行的核心与基础。这样，家庭道德推之于家族、社会组织、国家政府机构等，整个社会的道德规范与道德价值便建立起来了。从《山海经·南山经第一》可以看出，凤凰的一个重要神性——秉德。这个德就是道德之“德”，德行之“德”，恩德之“德”，德政之“德”。品行高洁，动静有节，克己奉公，惠及苍生，从善如流，勤政爱民等等，都在这个“德”字的规范之内。

由于凤凰禀赋着高尚的德行，史书中有关凤凰兆瑞的记载也是很多的。从远古开始，只要是明王贤臣当政，一般都有凤凰的瑞象出现。相传黄帝即位后，推行仁政，施恩于民，遂使天下归心，宇内和平，但却一直未见凤凰出现。于是就召天老来问，天老先讲了一番凤凰的形象特征，说凤凰是“首戴德，颈揭义，背负仁，心入信，翼挟义，足履正，尾系武，小音金，大音鼓，延颈奋翼，五彩备举。”（《韩诗外传》）黄帝听后，不免心仪神往，就服黄衣，带黄绅，戴黄冠，在殿中设斋，结果凤凰便遮天蔽日地飞来了。另据《淮南子》、《吕氏春秋》、《尚书》、《春秋元命苞》及历代史书载，伏羲、神农时期“凤至于庭”。帝喾时“凤凰鼓翼而舞”。尧舜禹三代“凤至于门”，其中“尧即政七十载，凤凰止庭巢阿阁”；虞舜在位，“凤凰翔天下”，且“百兽凤晨”。周室兴起后，“凤鸣岐山”，“凤至于泽”，“凤凰衔书游文王之都，故武王受凤书之纪”……

元鼎五年（前112年），汉武帝西巡来到了黄河石林的盘龙洞窟，得到了“真文”——天书龙图，并观看了由五方龙神幻刻于洞窟顶的天然太极图。为了答谢龙祖盘古的恩赐，以及龙龟历经艰辛的传送和五方龙神数千年的守护，汉武帝决定向黄帝一样，于盘龙洞窟设斋酬神。在庄重地设斋拜谢过程中，武帝抬头仰望天然太极图中活灵活现、栩栩如生的龙和凤，心中默默地再次祈祷凤凰“见天下”降福祉、惠苍生，护佑他开创汉王朝最鼎盛繁荣的时期。

汉武帝西巡返回不久，忽然，有一天从西北方飞来了一只金凤凰，栖落于白银厂矿区的山巅上，使得漫山遍野“如霞之蔚，云之蒸。”因此，人们将栖落金凤凰的这座大山称为“凤凰山”，从而千古流传。“凤凰不落无宝之地”，自从凤凰栖落于凤凰山后，人们奔走相告，争先恐后地前往目睹和拜谒凤凰。在拜谒凤凰的过程中，人们无意中发现了山中的黄金和白银。同时，在凤凰山周边地区，也先后发现了黄金和白银。从此，在凤凰山及其周边掀起了挖山寻宝的热潮。至今相传未改的一些地名则是有力佐证。如今天白银通往水川的这条路所经过的山谷，古称为“金沟”，今水川镇所在地则称为“金沟口”；位于四龙镇北1.5千米的剪（捡）金山，海拔1746米，是丝路之路东段中道上一座突兀奇秀的山峰；丝路之路东段中道至刘川乡吴家川后，经过“银洞沟”至景泰的脑泉。由此可见，地名有特定的含义，因为它和军事、经济、文化、地理、历史都有密切的关系；地名有时候还是一种载体，是一段历史文化的沉积和见证，是一种特定的历史文化的化石。

白银厂不仅矿产资源十分丰富，而且开采的历史源远流长。它早期的开发，民间传说始于汉朝。有关白银厂金银活动的记载史不绝书。《汉书·地理志》记：兰州“初筑城得金，故曰金城也。”《新唐书·地理志》称曰：“兰州金城郡，以皋兰山名州。土贡麸金。”而这些金子的产地，据《兰州府志》和《皋兰县志》的记载，就是凤凰山。历史上白银厂一带的隶属多次变更，先后入皋兰、靖远县境。因此，对这里早期的采矿活动，《皋兰县志》、《靖远县志》和《兰州府志》多有记载。

据文字记载和矿山遗迹遗物考证分析，从明朝洪武年间（1368年—1398年）开始，白银厂就已有大量的矿业开采活动。但这种开采只是以地表铁帽氧化带为开采对象的金银开发活动。采矿达到繁盛时，矿工人数达到三四千人，主要是采炼金、银，当时还有“日出斗金”、“集销金城”之说。成书于道光年间（1821—1850年）的《靖远县志》记载：“自明朝万历二十年（1592年）前，敢战之风，稍非故矣，兼之白银厂、剪金山亡命之徒，多逃匿其中，窃矿营利。”这一记载反映了白银厂的采矿活动由来已久，但也说明了白银厂的矿产资源屡遭盗挖。因为明代金银矿开采大都采用官府垄断制，由政府主持开采。间有民采，须经允许，其课额税赋也重。朱元璋即位后，禁止采矿，认为采矿有伤风水，但后来却是屡禁屡开。官办也好，禁采也罢，“盗矿之事，史不绝书”，而且遍及各省，大都是银矿，其中多是民间零星偷采，也有凭借势力占领官家的银场，更有的建立武装公然和官府对抗。白银厂的情况，看来不过是一些“亡命之徒”或走投无路的老百姓，逃入深山，“窃矿营利”。

天有不测风云，一场灾难不期而至。1738年（乾隆三年）11月24日，甘肃靖远、庆阳和宁夏银川、平罗、中卫等地发生强烈地震，“地震有声，一月方止。”凤凰山山体腰折，矿洞塌陷，造成重大人员伤亡。经历了大劫难的人们似乎对大地震而腰折的凤凰山产生了莫名的恐惧，遂把凤凰山改名为“折腰山”。矿区大规模的金银开采活动也戛然而止，人们不再关注山中的黄金和白银，更无人去探寻埋藏在大山深处巨大的铜矿资源。只是偶有一些热心人士前来采挖黄铁矿熬制硫黄。凤凰山无奈地选择了沉默，独自承担着白银厂的衰落与磨难，在历史的风云变幻中忠实地守护着大自然赐予人类的这一方可持续发展的宝贵资源和巨大财富。

“一唱雄鸡天下白”，当新中国宣告成立的礼炮声还在中华大地回响，凤凰山惊喜地发现，沉寂了两百多年的白银厂突然变得喧闹起来。先是国家地质计划指导委员会组织了60多人的地质队伍进驻凤凰山，进行地质普查，完成了地质地形图和矿区槽探、坑探及古矿洞清理工作，提出了进一步的勘探方案。几个月后的严冬，空旷的群山间又响起了甘肃境内有史以来第一台机械岩心钻机的轰鸣声。随后，来自五湖四海的地质专家和地质队员，全国十余所著名大学和地质院校的毕业生，中国人民志愿军某独立团成建制改编的地质部勘探独立团的官兵，从四面八方齐聚白银厂，开展了大规模的地质勘探工程。

穿透厚厚的大铁帽，凤凰山宝库的大门缓缓打开的一刹那，人们惊呆了：凤凰山蕴藏着的巨大财富不仅仅是已经开采了数百年乃至上千年的黄金和白银，而是我们的祖先在四千多年前创造辉煌灿烂“青铜时代”就使用过的铜，凤凰山是一座百万吨级的特大型铜矿山！1953年2月21日，新华通讯社一则电讯稿宣告：“甘肃皋兰县白银厂发现大型铜矿！”白银厂凤凰山始为天下人所知。

在任何时候，只要一说起白银厂的开发建设，总会离不开一个人、一个队。这个人，就是宋叔和；这个队，就是当年宋叔和率领的641地质队。宋叔和1938年毕业于清华大学地质地理气象学系。1949年以来曾先后任地质部白银厂地质勘探队队长、甘肃省地质局总工程师和地质部西北和北京地质矿床研究所副所长以及中国地质学会矿床专业委员会主任等职。1980年当选为中国科学院学部委员。他是中国找矿勘探地质学、矿山地质学、矿床地质学的领军人物。

宋叔和一生中最杰出的贡献之一，就是在新中国急需矿产资源的关键时刻，以严谨的科学态度，力排众议，坚持不懈，在白银厂“铁帽”下发现并探明了一处规模巨大的富铜矿。这一历史性突破，不仅满足了当时国家对铜资源的需求，还找到了伴生的金、银、铅、锌、硫等诸多矿产资源，使一矿变多矿，自此，一座新兴的工业城市——铜城白银崛起于荒漠戈壁之中。他的这一成果，开创了在中国地槽褶皱带海相火山岩建造铜、多金属硫化物矿床勘查成功和地质研究的先河。许多人知道宋叔和，也是因为他的这一杰出贡献。

1956年12月31日下午3时整，在中国的西北地区，东经104°11′—104°19′、北纬36°36′—36°40′的交叉点处，海拔2000米左右的高度上，突然响起一声震天撼地的爆炸声，一团巨大的蘑菇云腾空而起，周边30千米范围内的天空、山岳顿时笼罩在一片尘埃迷雾之中……大地在一阵剧烈的震颤后很快恢复了平静，但由此引发的震波却传遍全世界，西方的一些新闻媒体惊呼：中国成功爆炸了一颗原子弹！当然，这只是西方媒体凭空猜测出来的消息，实际上这是发生在甘肃白银厂，新中国第一个大型铜工业基地建设过程中进行的万吨级露天矿山大爆破，号称“中国第一爆”！

当初，白银厂凤凰山的开采价值被确定后，1953年3月，中华人民共和国原重工业部所属西北办事处在西安成立了“白银厂炼铜小组”。次年，在中华人民共和国成立五周年前夕，“白银厂有色金属公司”在兰州正式宣告成立，新中国第一个大型铜基地的建设很快被列入国家第一个五年计划的156项重点建设项目，确定由苏联政府援建。根据两国政府签订的协议和中国重工业部、国家计委批准的设计任务书，白银厂凤凰山矿床的开采方法为露天开采，并采用大爆破的方法进行剥离。

凤凰山冲天一爆，泣鬼神，惊天地。大爆破后的实测数据表明，爆破完全达到了设计要求，矿区的凤凰山、火焰山等七座山峰的山头，在起爆的瞬间以排山倒海之势崩塌，高度平均降低了50米；爆破的抛掷物范围达450米，爆破总面积40万平方米，实际爆破岩石量906万立方米，其中留在采场内的松动岩石量679万立方米，抛出采场外的岩石量227万立方米。大爆破冲天腾起的蘑菇状烟云高达400多米。据后来的专家测定，这次大爆破对地球的震撼，相当于6级以上的大地震。

白银一爆日，凤凰涅槃时。白银厂凤凰山，五六百年来历经风霜雪雨和历史沧桑，在世间罕见的大爆破的浴火中重生，以翻天覆地的巨变展现在世人面前。大爆破胜利成功后，白银厂铜基地的建设全面展开，矿山剥离创造了年剥离量达480万立方米的高水平，大大缩短了矿山基建时间。

1959年10月1日，在庆祝中华人民共和国成立十周年的礼炮声中，露天矿比计划提前一年多正式投产出矿。仅仅过了五个半月，1960年3月14日，选矿厂比计划提前一年建成投产；整整三个月后，冶炼厂比计划提前九个月建成投产，炼出了第一炉铜水。到1965年底，铜硫采矿、选矿、冶炼生产能力及机修、动力、运输等辅助生产能力全部建成。至此，新中国规模最大、工艺技术和装备为当时世界先进水平的铜硫联合企业已具规模，“铜城白银”，一座新兴工业化城市白银市宣告诞生。

图77　白银城市主题雕塑“凤之韵”

凤凰是中华民族的吉祥物，由于白银凤凰山有一个“凤凰来集于山巅”的渊源传说，所以凤凰成了白银市的标志和象征。今天，一座巨大的凤凰雕塑——凤之韵就矗立在西区中央，她展翅欲飞、栩栩如生，似乎就要腾空而起，她就是白银市的标志性城市雕塑。（图77）在雕塑的近旁就是巍然耸立的白银市委、市政府的统办大楼，大楼南面就是恢宏壮观的人民广场，那里绿树成荫，花团锦簇，喷泉飞雨，游人如织。

站在广场的高台上放眼望去，宽敞平坦的马路四通八达，一片片厂房高低错落，一幢幢楼房鳞次栉比，一座现代化城市巍然展现在眼前，这就是欣欣向荣的白银西区经济开发区。

白银“凤之韵”雕塑是根据俄罗斯著名雕塑艺术家A.C·查尔金先生的创意设计而制作，历时两年多完成，是白银打造的大型城市主题雕塑。“凤之韵”雕塑长4.2米、宽2.5米、高2.7米，全身以铜铸成，彰显白银的“铜城”文化元素，雕塑以拟人化的艺术表现手法，展现了白银的历史、文化、发展和未来。一只浴火重生的凤凰，寓意白银这座资源枯竭城市的成功转型即将展翅腾飞。整座雕塑刚柔相济、顺天应人、至善至美。凤凰是白银历史文化的凝聚和升华，是白银人民对美好生活的无限向往。

昔日栖落于白银凤凰山的金凤凰，为白银带来了巨大的物质财富，成就了“铜城白银”，并为新中国的建设做出了巨大贡献。今天矗立在白银西区中央的凤凰雕塑——凤之韵，不仅是白银历史文化的凝聚和白银市的标志，而且她是一只象征白银历史文化升华的文化凤，是一只能为白银带来丰富精神财富的凤凰。这只凤凰有着无比巨大的身躯：铜城白银是凤凰的凤首，起源于黄河石林景区寿鹿山的陇山山脉和中国北干龙黄河石林至马衔山段分别是这只凤凰的两个巨大翅膀，昆仑山东大龙脉、黄河石林至长白山天池段的中国北干龙、黄河从黄河石林至黄河入海口段是这只凤凰的超长凤尾。

从文化的角度来看，今天白银的这只凤凰，她的凤首凝聚着白银历史文化——凤文化；凤凰的左翼（陇山山脉）连接着中华文明的破晓、孕育之地及陇山文化——伏羲文化、陇山龙文化；她的右翼（中国北干龙黄河石林至马衔山段）连接着远古凤文化的发祥地马衔山以及马家窑文化中的凤文化。这只凤凰的巨大的凤尾分别连接着昆仑山东大龙脉的龙文化、长白山天池的凤文化、奔腾不息的黄河文化。所以说白银这只凤凰是集龙凤文化、黄河文化于一身的文化凤，是对黄河石林盘龙洞窟天然太极图中龙凤文化的充分彰显，进一步说明今天的白银大地，不仅是远古太极文化的圣地，而且是远古中华龙凤文化的肇始之地。

参考文献

1.邵伟华：《周易与预测学》，花山文艺出版社1991年1月版。

2.朱净宇、李家泉著：《少数民族色彩语言揭秘》，云南人民出版社1993年8月版。

3.吴承恩：《西游记》，中州古籍出版社1994年8月版。

4.苏开华：《太极图、河图、洛书、八卦四位一体论》，《学海》1998年1月。

5.郭大顺：《龙出辽河源》，百花出版社2001年9月版。

6.王文元：《追寻玄奘在靖远的足迹》，《兰州晚报》2004年6月20日。

7.凌立：《藏族“卍”符号的象征及其审美特征》，《康定民族师范专科学校学报》2006年2月。

8.黄兆宏：《元狩二年霍去病西征路线考释》，《兰州大学学报（社会科学版）》2006年11月第34期。

9.［日］小南一郎著、孙昌武译：《中国的神话传说与古小说》，中华书局2006年11月版。

10. 庞进：《中国凤文化》，重庆出版集团重庆出版社2007年4月版。

11. 宋乃秋：《汉武帝传》，中国戏剧出版社2007年9月版。

12. 刘永胜：《靖远古渡口考证》，《丝绸之路》2009年16期。

13. 玄奘：《大唐西域记》，万卷出版公司2009年5月版。

14. 明赐东：《“太极图”是世界哲学的起源》，《中医理论》2009年6月16日。

15. 王大庆：《清乾隆朝黄淮下游地区的祭河与祀神》，2009年9月。

16. 班固：《汉书》，吉林出版集团有限责任公司2010年10月版。

17. 孔子等著：《四书、五经》，华文出版社2009年10月版。

18. 姬昌著、杜海泓辑：《周易大全》，华文出版社2009年11月版。

19. 陇原春秋：《铜魂一曲对天歌》，2009年12月26日。

20. 老子、庄周：《老子、庄子》，华文出版社2009年11月版。

21. 司马迁：《史记》，北方联合出版传媒（集团）股份有限公司万卷出版公司2010年1月版。

22. 褚福楼：《明清时期金龙四大王信仰地理研究》，2010年6月。

23. 徐宗显：《论中华盘古神话的考古、文体及其历史价值》，2010年10月。

24. 和建华：《藏族本教文化对生态的保护作用》，2010年11月。

25. 张晓虹、程佳伟：《明清时期黄何流域金龙四大王信仰的地域差异》，2011年3月。

26. 王娟娟：《中国古代的黄河河神崇拜》，2012年5月。

27. 王文元：《甘肃白银摩崖反字：袁天罡留在黄河边的神秘暗示图》，《兰州晨报》2012年7月19日。

28. 鑫胜：《地球的风水龙脉带》，2013年4月5日。

29. 马博主编：《山海经》，线装书局2013年10月版。

30. 易洲编著：《恐龙百科》，中国华侨出版社2013年10月版。

31. 王充：《论衡》，岳麓书社2015年2月版。

32. 霍彦儒：《试论史前陇山地区在中国历史上的地位》，2015年4月。

33. 滕力：《龙文化与中国传统文化》，2016年6月。

34. 滕力：《丝路莲台话雷祖》，甘肃人民出版社2016年9月版。

35. 滕力：《龙凤呈祥话金龙》，2017年8月。